电子工程师
从入门到精通

韩雪涛　主编　　　　　　　吴　瑛　韩广兴　副主编

U0248856

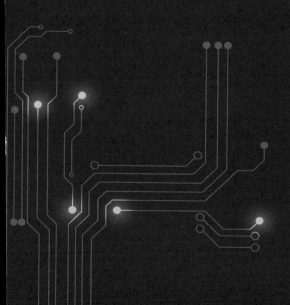

化学工业出版社
·北京·

内容简介

《电子工程师从入门到精通》采用全彩图解的方式，全面系统地讲解了电子工程技术人员需要掌握的专业知识和操作技能，内容主要包括：电路基础，电子元器件、常用半导体器件和集成电路的种类、识别与检测，模拟电路和数字电路的特点与电路分析，电子仪器仪表的使用，常见信号的特点与测量，常见功能部件的特点与测量，传感器与微处理器电路，实用电路的装配技能，电子产品的检修方法与焊接技能，电子产品装配制造，电子电路调试，电子产品电路设计和电子产品制作。

本书内容由浅入深，全面实用，图文讲解相互对应，理论知识和实践操作紧密结合，力求让读者在短时间内掌握电子工程技术人员所需的基本知识和技能。为了方便读者的学习，本书还对重要的知识和技能点配置了视频资源，读者只需要用手机扫描二维码就可以进行视频学习，帮助读者更好地理解本书内容。

本书可供电子工程技术人员学习使用，也可供职业学校、培训学校作为教材使用。

图书在版编目（CIP）数据

电子工程师从入门到精通 / 韩雪涛主编. —北京：化学
工业出版社，2021.2（2022.11 重印）
    ISBN 978-7-122-38085-2

Ⅰ.①电…　Ⅱ.①韩…　Ⅲ.①电子技术　Ⅳ.①TN

中国版本图书馆 CIP 数据核字（2020）第 244592 号

责任编辑：李军亮　万忻欣　徐卿华　　　　　　　　　装帧设计：王晓宇
责任校对：宋　夏

出版发行：化学工业出版社（北京市东城区青年湖南街 13 号　邮政编码 100011）
印　　装：涿州市般润文化传播有限公司
787mm×1092mm　1/16　印张 23¾　字数 588 千字　2022 年 11 月北京第 1 版第 3 次印刷

购书咨询：010-64518888　　　　　　　　　售后服务：010-64518899
网　　址：http://www.cip.com.cn
凡购买本书，如有缺损质量问题，本社销售中心负责调换。

定　　价：99.00 元

随着新产品、新技术、新材料、新工艺的不断升级，电子产品的结构和电路都越来越复杂，这给从事电子电工相关工作的技术人员提出了更高的要求。掌握电子技术相关知识以及操作技能是成为一名合格的电子工程师的关键因素。为此，我们从初学者的角度出发，根据实际岗位的需求，全面介绍了电子工程技术人员必须具备的专业知识和实操技能。

本书是一本适合电子工程技术人员入门与提高的图书，在表现形式上采用彩色图解，突出重点，其内容由浅入深，语言通俗易懂，为了使读者能够在短时间内掌握电子工程技术的知识技能，本书在知识技能的讲解中充分发挥图解的特色，将电子技术的相关知识和技能以最直观的图解方式呈现给读者。本书内容以行业标准为依托，理论知识和实践操作相结合，帮助读者将所学内容真正运用到工作中。

本书由数码维修工程师鉴定指导中心组织编写，由全国电子行业专家韩广兴教授亲自指导，编写人员有行业工程师、高级技师和一线教师，使读者在学习过程中如同有一群专家在身边指导，将学习和实践中需要注意的重点、难点一一化解，大大提升学习效果。另外，本书充分结合多媒体教学的特点，不仅充分发挥图解的特色，还在重点难点处附印二维码，学习者可以用手机扫描书中的二维码，通过观看教学视频同步实时学习对应知识点。数字媒体教学资源与书中知识点相互补充，帮助读者轻松理解复杂难懂的专业知识，确保学习者在短时间内获得最佳的学习效果。另外，读者可登录数码维修工程师的官方网站获得超值技术服务。

本书由韩雪涛担任主编，吴瑛、韩广兴任副主编，参加本书编写的还有张丽梅、吴玮、韩雪冬、周文静、吴鹏飞、张湘萍、唐秀鸯。

编 者

Contents
目录

第1章
电路基础

1.1 电流和电压 ················· 002

    1.1.1 电路中的电流 ········· 002

    1.1.2 电路中的电压 ········· 003

1.2 欧姆定律 ················· 005

    1.2.1 欧姆定律的概念 ········· 005

    1.2.2 欧姆定律的应用 ·········· 007

1.3 直流电路 ················· 008

    1.3.1 电路的工作状态 ········· 008

    1.3.2 电路的连接状态 ········· 009

第2章
电子元器件的种类、识别与检测

2.1 电阻器 ················· 016

    2.1.1 固定电阻器 ·············· 016

    2.1.2 可变电阻器 ·············· 021

2.2 电容器 ················· 034

    2.2.1 固定电容器 ·············· 034

    2.2.2 可变电容器 ·············· 039

2.3 电感器 ················· 041

    2.3.1 固定电感器 ·············· 041

    2.3.2 可变电感器 ·············· 046

第3章
常用半导体器件的种类、识别与检测

3.1 二极管 ················· 050

    3.1.1 二极管的种类特点 ········· 050

    3.1.2 二极管的识别方法 ········· 052

    3.1.3 普通二极管的检测 ········· 054

    3.1.4 发光二极管的检测 ········· 055

    3.1.5 变容二极管的检测 ········· 056

    3.1.6 双向触发二极管的检测 ··· 057

3.2 晶体三极管 ················· 057

    3.2.1 晶体三极管的种类特点 ··· 057

    3.2.2 晶体三极管的识别方法 ··· 059

    3.2.3 PNP型晶体三极管的
检测 ·················· 061

    3.2.4 NPN型晶体三极管的
检测 ·················· 063

    3.2.5 晶体三极管放大倍数的
检测 ·················· 065

3.3　场效应晶体管 ·················· 066

　　3.3.1　场效应晶体管的种类特点　066

　　3.3.2　场效应晶体管的识别方法　068

　　3.3.3　场效应晶体管类型的判别

　　　　　检测 ··················· 069

　📹 3.3.4　场效应晶体管性能的

　　　　　检测 ··················· 070

3.4　晶闸管 ······················· 072

3.4.1　晶闸管的种类特点 ········ 072

3.4.2　晶闸管的识别方法 ········ 073

3.4.3　单向晶闸管检测 ·········· 074

📹 3.4.4　单向晶闸管触发能力的

　　　　检测 ··················· 076

3.4.5　双向晶闸管的检测 ········ 077

3.4.6　双向晶闸管触发能力的

　　　　检测 ··················· 079

第4章
集成电路的种类、识别与检测

4.1　集成电路的种类与识别 ······ 082

　　4.1.1　集成电路的种类特点 ····· 082

　　4.1.2　集成电路的识别方法 ····· 084

4.2　集成电路的引脚分布规律 ··· 088

4.3　集成电路的主要参数 ········ 089

4.4　典型集成电路的检测 ········ 089

📹 4.4.1　三端稳压器的检测 ········ 089

4.4.2　运算放大器的检测 ········ 091

📹 4.4.3　交流放大器的检测 ········ 092

4.4.4　开关振荡集成电路的

　　　　检测 ··················· 093

4.4.5　微处理器的检测 ·········· 094

第5章
模拟电路的特点与电路分析

5.1　电源电路 ··················· 098

📹 5.1.1　电源电路的结构特点 ····· 098

📹 5.1.2　电源电路的分析实例 ····· 102

5.2　基本放大电路 ··············· 108

　　5.2.1　基本放大电路的结构

　　　　　特点 ··················· 108

5.2.2　基本放大电路的分析实例··· 111

5.3　检测控制电路 ··················114

　　5.3.1　检测控制电路的结构

　　　　　特点 ··················· 114

📹 5.3.2　检测控制电路的分析

　　　　实例 ··················· 116

第6章
数字电路的特点与电路分析

6.1 脉冲信号产生电路 ············ 120

　6.1.1 脉冲信号产生电路的
　　　　结构特点 ············ 120

　6.1.2 脉冲信号产生电路的
　　　　实例分析 ············ 124

6.2 实用逻辑电路 ············ 126

　6.2.1 实用逻辑电路的结构
　　　　特点 ············ 126

　6.2.2 实用逻辑电路的分析
　　　　实例 ············ 128

6.3 定时及延时电路 ············ 130

　6.3.1 定时及延时电路的结构
　　　　特点 ············ 130

　6.3.2 定时及延迟电路的分析
　　　　实例 ············ 132

6.4 实用变换电路 ············ 134

　6.4.1 实用变换电路的结构
　　　　特点 ············ 134

　6.4.2 实用变换电路的实例
　　　　分析 ············ 137

第7章
电子仪器仪表的使用

7.1 指针万用表 ············ 140

　7.1.1 指针万用表的结构特点 ··· 140

　7.1.2 指针万用表的使用方法··· 142

7.2 数字万用表 ············ 144

　7.2.1 数字万用表的结构特点 ··· 144

　7.2.2 数字万用表的使用方法 ··· 146

7.3 模拟示波器 ············ 147

　7.3.1 模拟示波器的结构特点 ··· 147

　7.3.2 模拟示波器的使用方法 ··· 149

7.4 数字示波器 ············ 152

　7.4.1 数字示波器的结构特点 ··· 152

　7.4.2 数字示波器的使用方法 ··· 153

7.5 信号发生器 ············ 156

　7.5.1 信号发生器的结构特点 ··· 156

　7.5.2 信号发生器的使用方法 ··· 156

7.6 场强仪 ············ 158

　7.6.1 场强仪的结构特点 ······ 158

　7.6.2 场强仪的使用方法 ······ 159

7.7 频谱分析仪 ············ 160

　7.7.1 频谱分析仪的结构特点 ··· 160

　7.7.2 频谱分析仪的使用方法 ··· 162

第8章
常见信号的特点与测量

8.1 交流正弦信号 ············ 164

　8.1.1 交流正弦信号的特点 ······ 164

　8.1.2 交流正弦信号的测量 ······ 165

8.2 音频信号 ············ 166

8.2.1　音频信号的特点 ………… 167

📹 8.2.2　音频信号的测量 ………… 168

8.3　视频信号 ……………………… 170

8.3.1　视频信号的特点 ………… 170

📹 8.3.2　视频信号的测量 ………… 170

8.4　脉冲信号 ……………………… 174

8.4.1　脉冲信号的特点 ………… 174

8.4.2　脉冲信号的测量 ………… 176

8.5　数字信号 ……………………… 178

8.5.1　数字信号的特点 ………… 179

8.5.2　数字信号的测量 ………… 179

8.6　高频信号 ……………………… 180

8.6.1　高频信号的特点 ………… 180

8.6.2　高频信号的测量 ………… 181

第9章
常见功能部件的特点与检测

9.1　开关部件 ……………………… 184

📹 9.1.1　开关部件的功能特点 …… 184

9.1.2　开关部件的检测 ………… 185

9.2　传感器 ………………………… 186

📹 9.2.1　传感器的功能特点 ……… 186

📹 9.2.2　传感器的检测 …………… 188

9.3　电声器件 ……………………… 194

9.3.1　电声器件的功能特点 …… 194

9.3.2　电声器件的检测 ………… 195

9.4　显示器件 ……………………… 196

9.4.1　显示器件的功能特点 …… 197

9.4.2　显示器件的检测 ………… 197

9.5　电池部件 ……………………… 198

9.5.1　电池部件的功能特点 …… 199

9.5.2　电池部件的检测 ………… 199

9.6　变压器 ………………………… 200

9.6.1　变压器的功能特点 ……… 201

📹 9.6.2　变压器的检测 …………… 202

9.7　散热部件 ……………………… 206

9.7.1　散热部件的功能特点 …… 206

9.7.2　散热部件的检测 ………… 206

9.8　接插件 ………………………… 207

9.8.1　接插件的功能特点 ……… 207

9.8.2　接插件的检测 …………… 207

第10章
传感器与微处理器电路

10.1　传感器控制电路 …………… 210

📹 10.1.1　温度检测控制电路 ……… 210

📹 10.1.2　湿度检测控制电路 ……… 213

10.1.3　气体检测控制电路 ……… 216

10.1.4　磁场检测控制电路 ……… 217

10.1.5　光电检测控制电路 ……… 218

10.2　微处理器及相关电路 …… 220

10.2.1　典型微处理器的基本
结构 ……………………… 220

10.2.2　微处理器的外部电路 … 221

🔧 10.2.3　定时电路 ……………… 226

10.2.4　延迟电路 ……………… 230

第11章
实用电路的装配技能

11.1　印制电路板装配文件的识读　234

　　11.1.1　印制电路板装配图的特点
　　　　　　与识读 …………… 234

　　11.1.2　安装图的特点与识读 …… 235

11.2　整机布线图的识读 ………… 235

　　11.2.1　整机布线图的特点 ……… 236

　　11.2.2　整机布线图的识读案例 … 236

11.3　电子产品零部件的安装 …… 238

　　11.3.1　开关部件的安装 ……… 238

　　11.3.2　电声器件的安装 ……… 244

　　11.3.3　传感器的安装 ………… 245

　　11.3.4　显示器件的安装 ……… 247

第12章
电子产品的检修方法与焊接技能

12.1　电子产品检修的基本方法 … 250

　　12.1.1　电子产品的常用检修方法 250

　　12.1.2　电子产品检修的安全注意
　　　　　　事项 ………………… 253

12.2　电子元器件焊接预加工处理 … 259

　　12.2.1　电子元器件引线的镀锡 … 259

　　12.2.2　电子元器件的引线成型 … 260

　　12.2.3　电子元器件的插装 …… 260

12.3　电子元器件的焊接 ……… 265

　　12.3.1　手工焊接的基本方法 …… 265

　　12.3.2　浸焊的基本方法 ……… 266

　　12.3.3　贴片元件的安装与焊接 267

12.4　电子元器件焊接质量的检验 … 269

　　12.4.1　焊接质量的要求 ……… 269

　　12.4.2　焊接质量的基本检验方法 … 270

第13章
电子产品装配制造

13.1　电子产品整机布线 ………… 272

　　13.1.1　绝缘线缆的种类和用途 … 272

　　13.1.2　绝缘导线的加工 ……… 273

　　13.1.3　屏蔽导线的加工 ……… 275

　　13.1.4　电缆的加工 …………… 276

　　13.1.5　导线的连接 …………… 276

　　13.1.6　导线端子的焊接 ……… 278

　　13.1.7　整机布线与扎线成型 …… 278

13.2　电子产品总装 ………… 279

　　13.2.1　整机总装工艺流程 ……… 279

　　13.2.2　整机组装中的静电保护 … 281

　　13.2.3　整机总装中的屏蔽措施 … 286

　　13.2.4　整机装配 …………… 287

13.3　电子产品整机检验 ……… 289

　　13.3.1　电子产品整机检验的
　　　　　　工艺流程 ……………… 289

　　13.3.2　电子产品整机功能的
　　　　　　检验工艺 ……………… 290

第14章
电子电路调试

14.1 调幅（AM）收音电路的
调试 ························ 294

　　14.1.1 调幅（AM）收音电路 ··· 294

　　14.1.2 调幅（AM）收音电路的
调试方法·················296

14.2 调频（FM）收音电路的调试··· 304

　　14.2.1 调频（FM）收音电路 ··· 304

　　14.2.2 调频（FM）收音电路的
调试方法·················305

14.3 数字电路单元的调试 ······ 310

　　14.3.1 时钟振荡器的调试········ 310

14.3.2 方波信号产生电路的调试··· 311

14.3.3 脉冲延迟电路的调试 ··· 311

14.3.4 脉冲整形电路的调试 ··· 312

14.3.5 转换电路的调试 ········ 314

14.4 驱动电路单元的调试 ······ 315

　　14.4.1 直流电动机驱动电路的
调试·····················315

　　14.4.2 发光二极管驱动电路的
调试····················· 317

　　14.4.3 继电器驱动电路的调试 ··· 318

第15章
电子产品电路设计

15.1 计算机产品的电路设计······ 320

　　15.1.1 个人计算机（台式电脑）
电路······················ 320

　　15.1.2 笔记本电脑电路·········· 323

　　🅰 15.1.3 掌上电脑（PDA）电路 ··· 323

15.2 办公设备的电路设计 ······ 326

　　15.2.1 打印机电路················· 326

　　15.2.2 传真机电路 ············ 329

　　15.2.3 数码复印机电路 ········ 329

15.3 数码产品的电路设计 ······ 332

　　15.3.1 数码相机电路············· 332

　　15.3.2 蓝光播放器的电路构成 ··· 333

　　15.3.3 电子书阅读器的电路构成··· 336

　　15.3.4 数码收音机 ············ 337

15.4 家电产品的电路设计 ······ 338

　　🅰 15.4.1 数字平板电视机（液晶）
电路····················· 338

15.4.2 高清数字电视机（HDTV）
电路························· 339

15.4.3 数字电视机顶盒电路 ··· 340

15.5 变频设备的电路设计 ······ 342

　　🅰 15.5.1 变频电冰箱电路············ 342

　　15.5.2 变频空调器电路 ····· 343

　　🅰 15.5.3 太阳能逆变器电路 ····· 343

15.6 通信设备的电路设计 ····· 345

　　15.6.1 SMS/MMS电话机
电路························· 345

　　15.6.2 IP无线视频电话机 ····· 346

　　15.6.3 电信基带单元电路 ····· 347

15.7 汽车电器的电路设计 ····· 348

　　15.7.1 具有PFC的AC/DC非隔离
电源（>90W）············ 348

　　15.7.2 AC/DC隔离电源
（开关电源）············349

15.7.3 具有PFC的AC/DC隔离电源
（>90W）·············· 350

15.7.4 汽车充电器电路 ········350

15.7.5 混合动力车充电器
电路············· 351

第16章
电子产品制作

16.1 微型收音机的制作·········· 354

16.1.1 微型收音机电路的设计 ··· 354

16.1.2 微型收音机印制电路板
的制作·················· 354

16.1.3 微型收音机的装配········ 355

16.2 立体声适配器的制作 ······ 357

16.2.1 立体声适配器的电路
设计 ················· 357

16.2.2 立体声适配器的电路板
制作与装配·············· 358

16.3 AM调制小功率发射机的
制作 ···············360

16.3.1 AM调制小功率发射机的
电路设计················ 360

16.3.2 AM调制小功率发射机的
电路板制作与装配········· 361

16.4 猜数游戏机的制作 ········ 362

16.4.1 猜数游戏机的电路设计··· 362

16.4.2 猜数游戏机的电路板制作
与装配·········· 364

16.5 多音调报警器的制作 ····· 365

16.5.1 多音调报警器的电路
设计··················· 365

16.5.2 多音调报警器的电路板
制作与装配················ 366

16.6 LED交替闪光电路的制作··· 366

16.6.1 LED交替闪光电路的
电路设计 ················ 366

16.6.2 LED交替闪光电路的电路板
制作与装配·············· 367

第 1 章

电路基础

1.1
电流和电压

1.1.1　电路中的电流

在导体的两端加上电压，导体的电子就会在电场的作用下做定向运动，形成电子流，称之为"电流"。在分析和检测电路时，规定"正电荷的移动方向为电流的正方向"。但应指出金属导体中的电流实际上是"电子"的定向运动，因而规定的电流的方向与实际电子运动的方向相反。这里可以理解为，正电荷和负电荷的运动方向是相对的。犹如火车和铁道之间的关系，如坐在火车上看铁道，好像铁道是向相反的方向运动的。电流的形成如图1-1 所示。

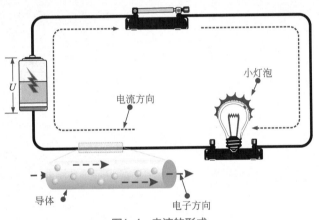

图1-1　电流的形成

> **提示说明**
>
> 电流的大小用"电流强度"来表示，用大写字母"I"或小写字母"i"来表示，指的是单位时间内通过导体横截面积的电荷量。若在时间 t 内通过导体横截面积的电荷量是 Q，则电流强度可用 $I=Q/t$ 计算。
>
> 如果在 **1s** 内通过导体截面积的电荷量是 **1C**，那么导体中的电流强度为 **1A**。电流强度的单位为安培，简称安，用字母"**A**"表示。根据不同的需要，还可以用千安（**kA**）、毫安（**mA**）和微安（**μA**）来表示。其换算关系为
>
> $$1kA=1000A$$
> $$1A=10^3mA$$
> $$1A=10^6μA$$
>
> 为了方便，常常将电流强度简称"电流"，可见电流不仅表示一种物理现象，而且也代表一个物理量。

电流有直流和交流之分，如图1-2 所示。

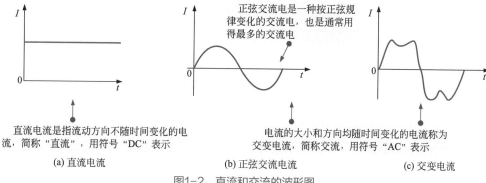

直流电流是指流动方向不随时间变化的电流，简称"直流"，符号"DC"表示

正弦交流电是一种按正弦规律变化的交流电，也是通常用得最多的交流电

电流的大小和方向均随时间变化的电流称为交变电流，简称交流，用符号"AC"表示

(a) 直流电流　　　　　(b) 正弦交流电流　　　　　(c) 交变电流

图1-2　直流和交流的波形图

1.1.2　电路中的电压

电压是表征信号能量的三个基本参数之一。在电路中，其工作状态如谐振、平衡、截止、饱和以及工作点的动态范围，通常都以电压的形式表现出来。

图 1-3 是电源、电气元件和开关组成的电路，图中的 a 和 b 表示电池的正极、负极。正极带正电荷，负极带负电荷。根据物理学的知识，在电池的 a、b 之间要产生电场，如果用导体将电池的正极和负极连接起来，则在电场的作用下，正电荷就要从正极经连接导体流向负极，这说明电场对电荷做了功。为了衡量电场力对电荷做功的能力，便引入"电压"这一物理量，用符号"U"（或"u"）表示，它在数值上等于电场力把单位正电荷从 a 点移动到 b 点所做的功。用 W 表示电场所做的功，q 表示电荷量，则

$$U_{ab} = \frac{W}{q}$$

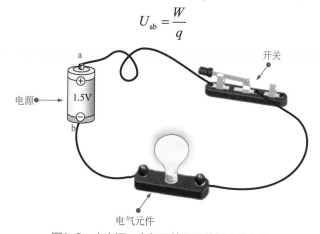

开关

电源

1.5V

电气元件

图1-3　由电源、电气元件和开关组成的电路

提示说明

通常两点间的电压也称为两点间的电位差，即

$$U_{ab} = U_a - U_b$$

式中，U_a 表示 a 点的电位；U_b 表示 b 点的电位。

电位可认为是某点与零电位点之间的电位差。在图 1-3 中，以 b 点为基准零电位，则 a 点相对于 b 点的电位为 1.5V，即电池的输出电压。

所谓电压就是带正电体 A 与带负电体 B 之间的电势差。也就是说，由电引起的压力使原子内的电子移动，形成电流，该电流流动的压力就是电压。

图 1-4 为电压的演示模型。

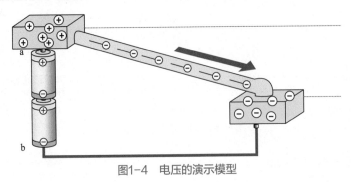

图1-4　电压的演示模型

🔧 提示说明

从图 1-4 中可以看出，正电荷在电场的作用下从高电位向低电位流动。这样随着电池的消耗（电池内阻会增加），电能下降，正极 a 因此而使电位逐渐降低，其结果使 a 和 b 两电极的电位差逐渐减小，则电路中供给灯泡的电流也相应减小。

为了维持电流不断地在灯泡中流通并保持恒定，就是要使负极 b 上所增加的正电荷能回到正极 a。但由于电场力的作用，负极 b 上的正电荷不能逆电场而上，因此必须要有另一种力能克服电场力而使负极 b 上的正电荷流向正极 a，这就是电源力。充电电池就是根据这个原理开发的。电源力对电荷做功的能力通常用电动势 E_{ba} 来衡量，它在数值上等于电源力把单位正电荷从电源的低电位端（负极）b 经电源内部移到高电位端（正极）a 所做的功，即

$$E_{ba} = \frac{W}{Q}$$

电压和电动势都有方向（但不是矢量），电压方向规定为由高电位端指向低电位端，即电位降低的方向；而电动势的方向规定为在电源内部由低电位端指向高电位端，即电位升高的方向，如图 1-5 所示。在外电路中电流的方向是从正极流向负极的。

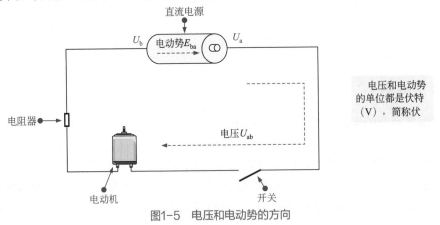

图1-5　电压和电动势的方向

1.2
欧姆定律

1.2.1　欧姆定律的概念

在电路中，流过电阻器的电流与电阻器两端的电压成正比，这就是欧姆定律的基本概念，它是电路中最基本的定律之一。

欧姆定律有两种形式，即部分电路中的欧姆定律和全电路中的欧姆定律。

（1）部分电路的欧姆定律

如图 1-6 所示，当在电阻器两端加上电压时，电阻器中就有电流通过。通过实验可知：流过电阻器的电流 I 与电阻器两端的电压 U 成正比，与电阻值 R 成反比。这一结论称为部分电路的欧姆定律。用公式表示为

$$I = \frac{U}{R}$$

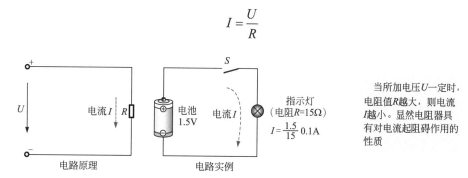

图1-6　部分电路中的欧姆定律

> 🔲 **提示说明**

欧姆定律表示电压 U 与电流 I 及电阻 R 之间的关系，即电路中的电流 I 与电路中所加的电压 U 成正比，与电路中的负载　电阻 R 成反比，如图 **1-7** 所示。

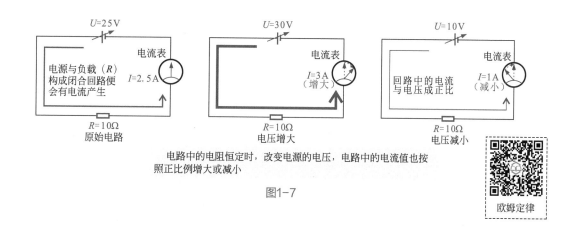

电路中的电阻恒定时，改变电源的电压，电路中的电流值也按照正比例增大或减小

图1-7

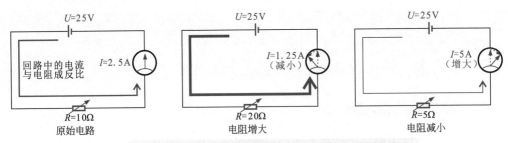

图1-7　直流电路中的基本参数

根据在电路上所选电压和电流正方向的不同，欧姆定律的表达式中可带有正号或负号，如图1-8所示。当电压和电流的正方向一致时，则

$$U = IR$$

当两者的正方向相反时，则

$$U = -IR$$

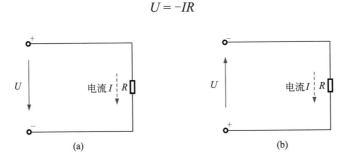

图1-8　电压和电流的正方向相反

表达式中的正负号是根据电压和电流正方向得出的。对于图1-8（a）来说，假定上端为"+"（高电位端），下端为"–"（低电位端），而电流I的方向则由高电位端流向低电位端，这时电压U和电流I均为正值；而对于图1-8（b）来说，电流由低电位端流向高电位端，因而I为负值。

如果以电压为纵坐标，电流为横坐标，可以画出电阻器的U-I关系曲线，称为电阻元件的伏安特性曲线，如图1-9所示。由图可见，电阻器的伏安特性曲线是一条直线，所以电阻元件是线性元件。

（2）全电路的欧姆定律

含有电源的闭合电路称为全电路。如图1-10所示，在全电路中，电流与电源的电动势成正比，与电路中的内电阻（电源的电阻）和外电阻之和成反比，这个规律称为全电路的欧姆定律。

电路闭合时，电源端电压应为$U = E - Ir$。该式表明了电压随负载电流变化的关系，这种关系称为电源的外特性，用曲线表示电源的外特性称为电源的外特性曲线，如图1-11所示。从外特性曲线中可以看出，电源的端电压随着电流的变化而变化，当电路接小电阻器时，电流增大，端电压就下降；否则，端电压就上升。

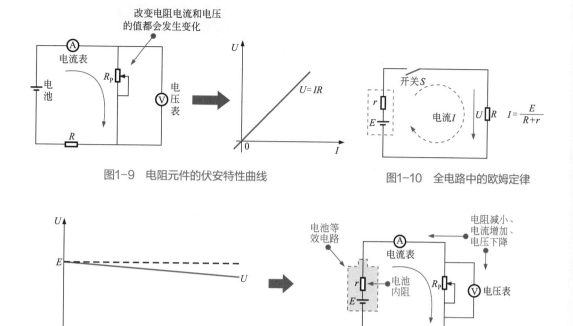

图1-9 电阻元件的伏安特性曲线

图1-10 全电路中的欧姆定律

图1-11 电源的外特性曲线

1.2.2 欧姆定律的应用

根据欧姆定律可计算出电路中的各种物理量。利用欧姆定律，可对电路测量结果进行分析和判别。

（1）电路中各个物理量的计算

在电路中已知电阻 R、电流 I 和电压 U 三个值中的任意两个值，即可求出第三个值，如图 1-12 所示。

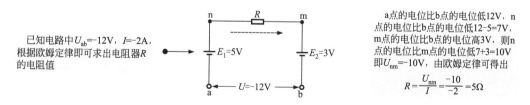

已知电路中 U_{ab}=-12V，I=-2A，根据欧姆定律即可求出电阻器 R 的电阻值

a点的电位比b点的电位低12V，n点的电位比b点的电位低12-5=7V，m点的电位比b点的电位高3V，则n点的电位比m点的电位低7+3=10V 即 U_{nm}=-10V，由欧姆定律可得出

$$R = \frac{U_{nm}}{I} = \frac{-10}{-2} = 5\Omega$$

图1-12 简单电路中各个物理量的计算

（2）判断电路中电阻器的好坏

如图 1-13 所示，已知该电路中 R_1 和 R_2 是同型号的电阻器，但电阻的标称值等已经看不清。当该电路出现故障时，可利用欧姆定律分别检测电阻器 R_1 和 R_2 两端的电压来判别电阻器是否出现故障。

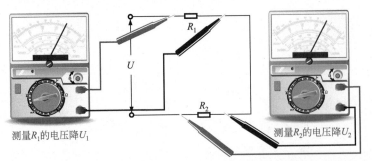

测量R_1的电压降U_1　　　　测量R_2的电压降U_2

根据欧姆定律可知，此电路中电流处处相等，而电阻器R_1和R_2属同型号的电阻器，则R_1与R_2两端的电压应相等。若测得R_1与R_2的电压值U_1和U_2相等，则R_1与R_2均正常；如果其中1个电阻器两端的电压值等于电源电压，而另一个电压值为0，则前者有断路情况

图1-13　利用欧姆定律检测电路中的电阻器

1.3
直流电路

1.3.1　电路的工作状态

直流电路的工作状态可分为有载工作状态、开路状态和短路状态三种。

（1）有载工作状态

如图1-14所示，直流电路的有载状态是指该电路可以构成电流的通路，可为负载提供电源，使其能够正常工作的一种状态。

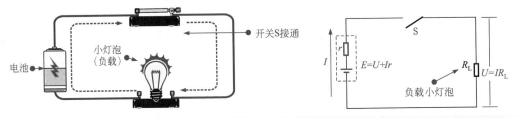

若开关S闭合，即将照明灯和电池接通，则此电路就处于有载工作状态。通常电池的电压和内阻是一定的，因此负载小灯泡的电阻值R_L越小，电流I越大。R_L表示照明灯的电阻，r表示电池的内阻，E表示电源电动势

图1-14　直流电路的有载状态

（2）开路状态

直流电路的开路状态是指该电路中没有闭合，电路处于断开的一种状态，此时没有电流流过，如图1-15所示。

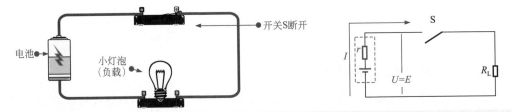

将开关S断开，电路处于开路（也称空载）状态。开路时，电路的电阻对电源来说为无穷大，因此电路中的电流为零，这时电源的端电压U（称为开路电压或空载电压）等于电源电动势E

图1-15　开关断开后的开路状态

（3）短路状态

直流电路的短路状态是指该电路中没有任何负载，电源线直接相连，该情况通常会造成电器损坏或火灾的情况，如图1-16所示。

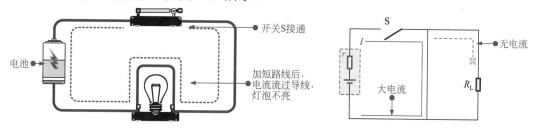

在电路中将负载短路，电源的负载几乎为零，根据欧姆定律$I=U/R$，理论上电流会无穷大，电池或导线会因过大的电流而损坏

图1-16　电路中的短路状态

1.3.2　电路的连接状态

在实际应用电路中，只接一个负载的情况很少。由于在实际的电路中不可能为每个晶体管和电子器件都配备一个电源，因此，在实际应用中总是根据具体的情况把负载按适当的方式连接起来，达到合理利用电源或供电设备的目的。电路中常见的连接形式有串联、并联和混联三种。

（1）串联电路

常见的串联电路有电阻器的串联、电容器的串联、电感器的串联。

① 电阻器的串联　把两个或两个以上的电阻器依次首尾连接起来的方式称为串联。图1-17为电阻器的串联电路。

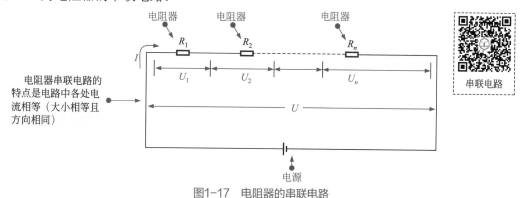

图1-17　电阻器的串联电路

提示说明

如果电阻器串联到电源两极，则电路中各处电流相等，有$U_1=IR_1$，$U_2=IR_2$，…，$U_n=IR_n$。

而$U=U_1+U_2+\cdots+U_n$，所以有$U=I(R_1+R_2+\cdots R_n)$，因而串联后的总电阻R为$R=U/I=R_1+R_2+\cdots+R_n$，即串联后的总电阻为各电阻之和。

② 电容器的串联　电容器是由两片极板组成的，具有存储电荷的功能。电容器所存的电荷量 Q 与电容器的容量和电容器两极板上所加的电压成正比。

图 1-18 为电容器上电量与电压的关系。

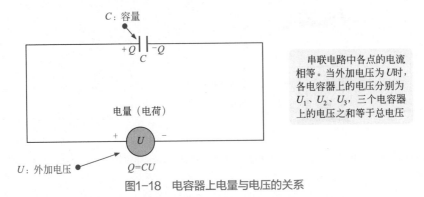

串联电路中各点的电流相等。当外加电压为 U 时，各电容器上的电压分别为 U_1、U_2、U_3，三个电容器上的电压之和等于总电压

图1-18　电容器上电量与电压的关系

图 1-19 为三个电容器串联的电路示意图及计算方法。串联电容器的合成电容量的倒数等于各电容器电容量的倒数之和。

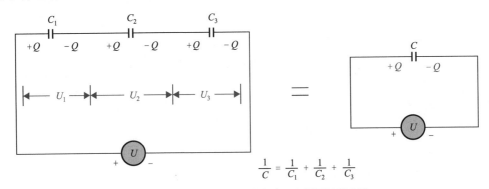

$$\frac{1}{C} = \frac{1}{C_1} + \frac{1}{C_2} + \frac{1}{C_3}$$

图1-19　三个电容器串联的电路示意图及计算方法

提示说明

如果电容器上的电荷量都为同一值 Q，则

$$U_1 = \frac{Q}{C_1}, \quad U_2 = \frac{Q}{C_2}, \quad U_3 = \frac{Q}{C_3}$$

将串联的三个电容器视为 1 个电容器 C，则

$$\frac{Q}{C} = \frac{Q}{C_1} + \frac{Q}{C_2} + \frac{Q}{C_3}$$

即

$$\frac{1}{C} = \frac{1}{C_1} + \frac{1}{C_2} + \frac{1}{C_3}$$

当电容器串联代用时，如果它们的电容量不相同，则电容量小的电容器分得的电压高。所以，在串联代用时，最好选用电容量与耐压均相同的电容器，否则电容量小的电容器有可能由于分得的电压过高而被击穿。

③ 电感器的串联 图1-20为三个电感器串联的电路示意图及计算方法，串联电路的电流都相等，电感量与线圈的匝数成正比。

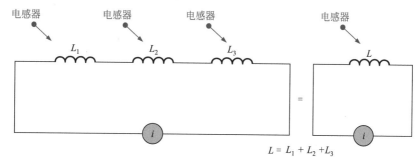

图1-20 三个电感器串联的电路示意图及计算方法

提示说明

电感器串联电路中，总电感量的计算方法与电阻器串联电路计算总电阻值的方法相同，即

$$L=L_1+L_2+L_3$$

（2）并联电路

根据电路元器件的类型不同，并联电路又可以分为电阻器的并联、电容器的并联、电感器的并联等几种。

① 电阻器的并联 把两个或两个以上的电阻器（或负载）按首首和尾尾连接起来的方式称为电阻器的并联。图 1-21 为电阻器的并联电路。在并联电路中，各并联电阻器两端的电压是相等的。

并联电路

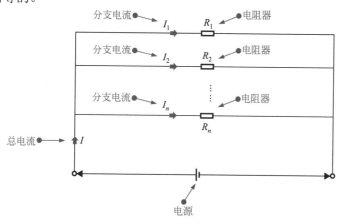

图1-21 电阻器的并联电路

提示说明

由图 1-21 可见，假定将并联电路接到电源上，由于并联电路各并联电阻器两端的电压相同，因而根据欧姆定律有 $I_1=U/R_1$，$I_2=U/R_2$，…，$I_n=U/R_n$，而 $I=I_1+I_2+\cdots+I_n$，所以有

$$I = U\left(\frac{1}{R_1} + \frac{1}{R_2} + \cdots + \frac{1}{R_n}\right)$$

电路的总电阻 R 与电压 U 和总电流 I 也应满足欧姆定律，即 $I=U/R$，因而可得

$$\frac{1}{R} = \frac{1}{R_1} + \frac{1}{R_2} + \cdots + \frac{1}{R_n}$$

说明并联电路总电阻的倒数等于各并联支路各电阻的倒数之和。通常把电阻的倒数定义为电导，用字母 G 表示。电导的单位是西门子，用 S 表示。

规定

$$\frac{1}{1\Omega} = 1S$$

因而电导式就可改写成

$$G = G_1 + G_2 + \cdots + G_n$$

式中

$$G = \frac{1}{R}, \quad G_1 = \frac{1}{R_1}, \quad G_2 = \frac{1}{R_2}, \quad \cdots, \quad G_n = \frac{1}{R_n}$$

可见，并联电阻器的总电导等于各并联支路电导之和。

电阻器并联电路的主要作用是分流。当几个电阻器并联到一个电源电压两端时，通过每个电阻器的电流与其电阻值成反比。在同一个并联电路中，电阻值越小，流过的电流越大；相同值的电阻，流过的电流相等。

② 电容器的并联 图1-22 为三个电容器并联的电路示意图及计算方法，总电流等于各分支电流之和。给三个电容器加上电压 U，各电容器上所储存的电荷量分别为 $Q_1=C_1 U$、$Q_2=C_2 U$ 和 $Q_3=C_3 U$。

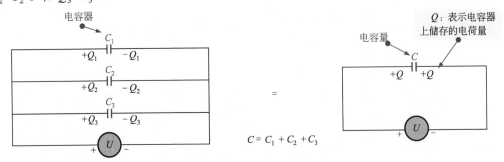

图1-22 三个电容器并联的电路示意图及计算方法

提示说明

如果将 C_1、C_2 和 C_3 三个电容器视为一个电容器 C，则合成电容的电荷量 $Q=CU$，合成电容器的电荷量等于每个电容器的电荷量之和，即

$$CU = C_1 U + C_2 U + C_3 U = (C_1 + C_2 + C_3) U$$

即
$$C = C_1 + C_2 + C_3$$

并联电容器的合成电容等于三个电容之和。

③ 电感器的并联　图1-23为三个电感器并联的电路示意图及计算方法，并联电感的倒数等于三个电感的倒数之和。即

$$\frac{1}{L} = \frac{1}{L_1} + \frac{1}{L_2} + \frac{1}{L_3}$$

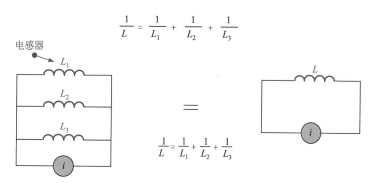

图1-23　三个电感器并联的电路示意图及计算方法

（3）混联电路

在一个电路中，把既有电阻器串联又有电阻器并联的电路称为混联电路，图1-24是简单的电阻器混联电路。

电路中，电阻器 R_2 和 R_3 并联连接，R_1 和 R_2、R_3 并联后的电路串联连接，该电路中总电阻值为三只电阻器混联计算后的电阻值。

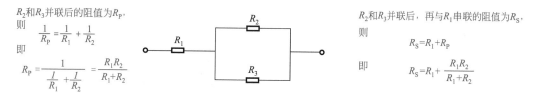

图1-24　简单的电阻器混联电路

分析混联电路可采用下面的两种方法。

① 利用电流的流向及电流的分合将电路分解成局部串联和并联的方法。图1-25为电阻器的混联电路，分析电路，计算出 A、B 两端的等效电阻值。

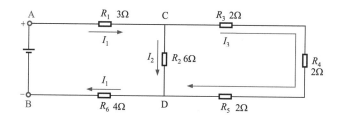

图1-25　混联电路

> **提示说明**
>
> 　　首先假设有一电源接在 A、B 两端，A 端为"＋"，B 端为"－"，则电流流向如图 1-25 中箭头所示。在 I_3 流向支路中，R_3、R_4、R_5 是串联的，因而该支路总电阻 R_{CD} 为：$R'_{CD}=R_3+R_4+R_5=6\Omega$。
>
> 　　由于 I_3 所在支路与 I_2 所在支路是并联的，所以
>
> $$\frac{1}{R_{CD}} = \frac{1}{R_2} + \frac{1}{R'_{CD}}$$
>
> 即
>
> $$R_{CD} = \frac{R'_{CD} R_2}{R'_{CD} + R_2} = 3\,\Omega$$
>
> 　　R_1、R_{CD} 和 R_6 又是串联的，因而电路的总电阻为 $R_{AB}=R_1+R_{CD}+R_6=10\Omega$。

　　② 利用电路中等电位点分析混联电路。图 1-26 为利用电路中等电位点分析混联电路。

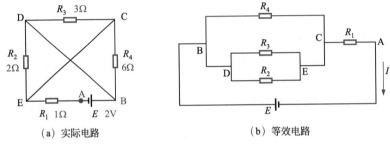

（a）实际电路　　　　　　　　　（b）等效电路

图1-26　利用电路中等电位点分析混联电路

> **提示说明**
>
> 　　图 1-26（b）为根据等电位点画出的图 1-26（a）的等效电路。由图可见，R_2 和 R_3、R_4 并联再与 R_1 串联，因而总电阻 R_{AB} 为
>
> $$R_{AB} = R_1 + R_2 // R_3 // R_4 = 1 + \frac{1}{\frac{1}{6}+\frac{1}{6}+\frac{1}{6}} = 2\,(\Omega)$$
>
> 　　电路总电流为：
>
> $$I=E/R=2/2=1\,(A)$$
>
> 　　由欧姆定律可知 R_1 两端的电压为
>
> $$U_1=I\,R_1=1\times1=1\,(V)$$

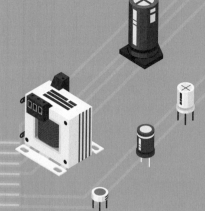

第 2 章

电子元器件的
种类、识别与
检测

2.1
电阻器

2.1.1 固定电阻器

（1）固定电阻器的种类特点

固定电阻器即为阻值固定的一类电阻器，常见的几种固定电阻器及其图形符号、外形、特点等见表 2-1。

电阻器的种类特点

表2-1 常见的几种固定电阻器及其图形符号、外形、特点

名称和图形符号	外形	特点
碳膜电阻器		碳膜电阻器就是将碳在真空高温的条件下分解的结晶碳蒸镀沉积在陶瓷骨架上制成的，这种电阻器的电压稳定性好，造价低，在普通电子产品中应用非常广泛
金属膜电阻器		金属膜电阻器是将金属或合金材料在真空高温的条件下加热蒸发沉积在陶瓷骨架上制成的。这种电阻器具有耐高温性能较高、温度系数小、热稳定性好、噪声小等优点
金属氧化膜电阻器		金属氧化膜电阻器就是将锡和锑的金属盐溶液进行高温喷雾沉积在陶瓷骨架上制成的。比金属膜电阻器更为优越，具有抗氧化、耐酸、抗高温等特点
合成碳膜电阻器		合成碳膜电阻器是将炭黑、填料还有一些有机黏合剂调配成悬浮液，喷涂在绝缘骨架上，再进行加热聚合而成的。合成碳膜电阻器是一种高压、高阻的电阻器，通常它的外层被玻璃壳封死

名称和图形符号	外形	特点
玻璃釉电阻器 	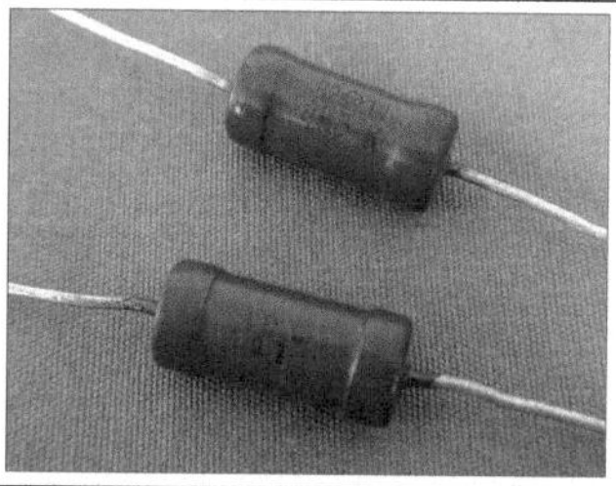	玻璃釉电阻器就是将银、铑、钌等金属氧化物和玻璃釉黏合剂调配成浆料，喷涂在绝缘骨架上，再进行高温聚合而成的，这种电阻具有耐高温、耐潮湿、稳定、噪声小、阻值范围大等特点
水泥电阻器 	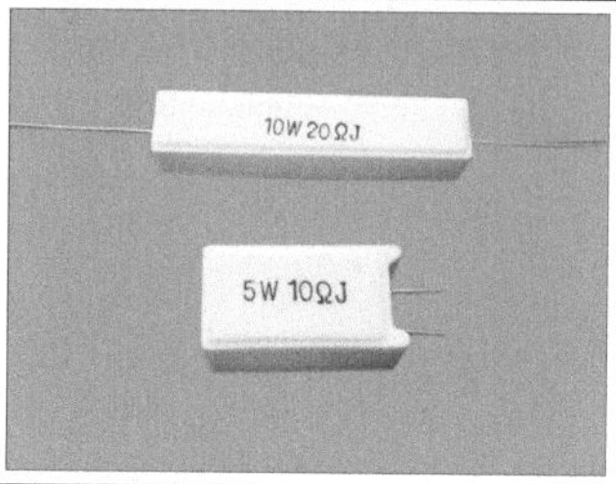	水泥电阻器是采用陶瓷、矿质材料封装的电阻器件，其特点是功率大，阻值小，具有良好的阻燃、防爆特性
排电阻器 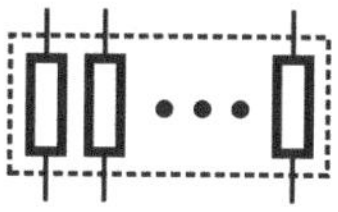		排电阻器（简称排阻）是一种按一定规律排列的几分电阻器集成在一起的组合型电阻器
熔断电阻器 	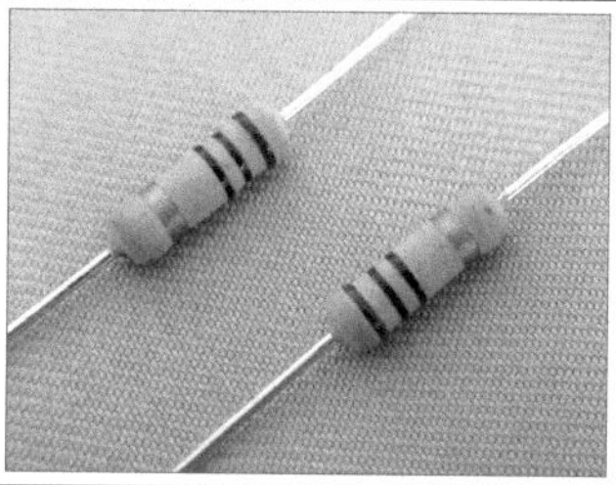	熔断电阻器又叫保险丝电阻器，具有电阻器和过流保护熔断丝双重作用，在电流较大的情况下熔化断裂从而保护整个设备不受损坏
实心电阻器 	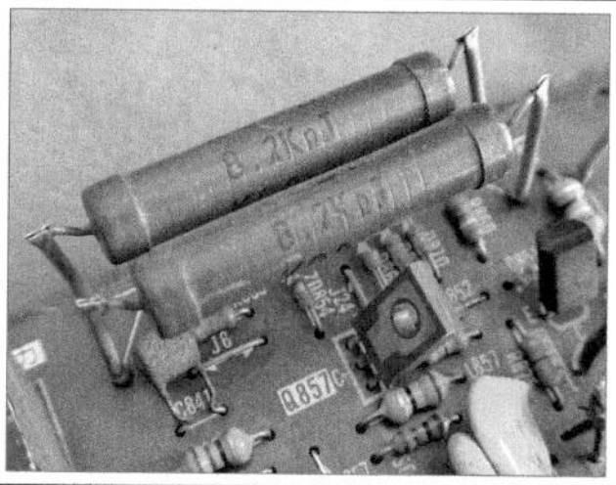	实心电阻器是由有机导电材料或无机导电材料及一些不良导电材料混合并加入黏合剂后压制而成的。这种电阻器通阻值误差较大，稳定性较差，因此目前电路中已经很少采用

（2）固定电阻器的标识方法

固定电阻器的标识方法通常有两种：直标法和色环法。直标法是通过一些代码符号将电阻器的阻值等参数标识在电阻器上；色环法是一般电阻器常见的标识方法，通过色环的不同颜色和不同位置标识电阻值。

① 直标法　电阻器的直接标注法是将电阻器的类别、标称电阻值、允许偏差、额定功率及其它主要参数的数值等直接标注在电阻器外表面上。根据我国国家标准规定，固定电阻器型号命名由 4 个部分构成，阻值由 2 个部分构成，如图 2-1 所示。

其中，固定电阻器型号命名4个部分含义如下。

a. 产品名称：用字母表示，如电阻用 R 表示。

b. 材料：用字母表示，表示电阻用什么材料制作的（H—合成碳膜；I—玻璃釉膜；J—金属膜；N—无机实心；G—沉积膜；S—有机实心；T—碳膜；X—线绕；Y—氧化膜；F—复合膜）。

c. 类型：一般用数字表示，个别类型用字母表示，表示电阻属于什么类型（1—普通；2—普通或阻燃；3—超高频；4—高阻；5—高温；7—精密；8—高压；9—特殊，如熔断型等；G—高功率；L—测量；T—可调；X—小型；C—防潮；Y—被釉；B—不燃性）。

d. 序号：用数字表示，表示同类产品中不同品种，以区分产品的外形尺寸和性能指标等，有时会被省略。

电阻器命名规格实例见图2-2。

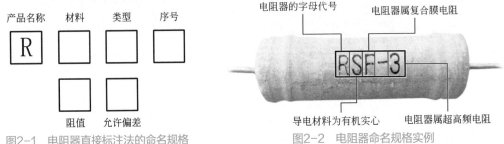

图2-1　电阻器直接标注法的命名规格　　　　图2-2　电阻器命名规格实例

该电阻器的命名为"RSF-3"，其中"R"表示电阻；"S"表示有机实心电阻，"F"表示复合膜电阻；"3"表示超高频电阻；因此，可以识别该电阻器为有机实心复合膜超高频电阻器。

其中，固定电阻器阻值由2个部分构成下。

a. 阻值：电阻器表面上标志的电阻值，标识类型有数字＋字母＋数字、数字直标、数字＋字母三种类型，如表2-2所列。

b. 允许偏差：用字母表示，表示电阻实际阻值与标称阻值之间允许的最大偏差范围（N—±30%；M—±20%；K—±10%；J—±5%；G—±2%；F—±1%；D—±0.5%；C—±0.25%；B—±0.1%）。

表2-2　电阻器采用直标法的识读方法

标识类型	标识含义	实例
直标法1：数字＋字母＋数字	有效数字1（整数部分）　字母（标称阻值单位符号）　有效数字2（小数部分） 有效数字1：电阻值的第1位有效数字； 字母：标称阻值单位符号； ●标称阻值的单位符号有 R、K、M、G、T 几个符号，各自表示的意义如下：R=Ω、K=kΩ=10^3Ω、M=MΩ=10^6Ω、G=GΩ=10^9Ω、T=TΩ=10^{12}Ω。 ●单位符号在电阻上标注时，单位符号代替小数点进行描述。例如：	例1： 阻值为3.6Ω 阻值整数位为3　Ω　阻值小数位为6 3R6 该电阻的标注为"3R6"，其中"R"表示该电阻器阻值单位为Ω，即该电阻的阻值大小为3.6Ω。

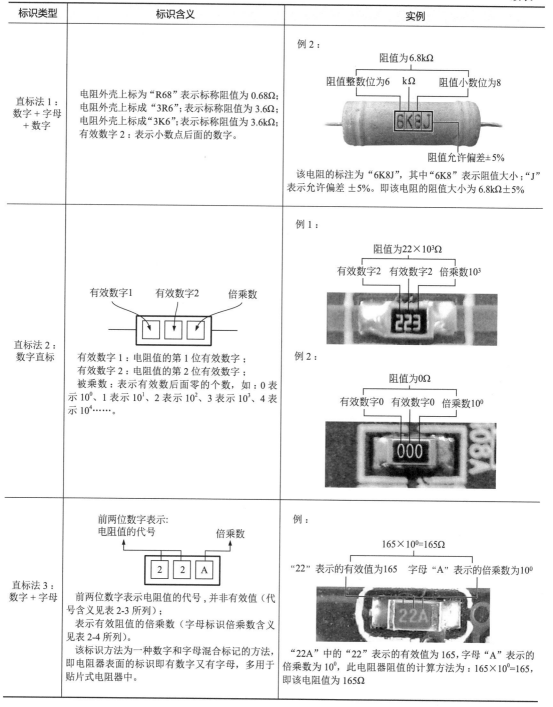

标识类型	标识含义	实例
直标法 1：数字＋字母＋数字	电阻外壳上标为 "R68" 表示标称阻值为 0.68Ω；电阻外壳上标成 "3R6" 表示标称阻值为 3.6Ω；电阻外壳上标成 "3K6" 表示标称阻值为 3.6kΩ；有效数字 2：表示小数点后面的数字。	例 2： 阻值为6.8kΩ 阻值整数位为6　kΩ　阻值小数位为8 6K8J 阻值允许偏差±5% 该电阻的标注为 "6K8J"，其中 "6K8" 表示阻值大小；"J" 表示允许偏差 ±5%。即该电阻的阻值大小为 6.8kΩ±5%
直标法 2：数字直标	有效数字1　有效数字2　倍乘数 有效数字 1：电阻值的第 1 位有效数字； 有效数字 2：电阻值的第 2 位有效数字； 被乘数：表示有效数后面零的个数，如：0 表示 10^0、1 表示 10^1、2 表示 10^2、3 表示 10^3、4 表示 10^4……。	例 1： 阻值为22×10³Ω 有效数字2　有效数字2　倍乘数10³ 223 例 2： 阻值为0Ω 有效数字0　有效数字0　倍乘数10⁰ 000
直标法 3：数字＋字母	前两位数字表示：电阻值的代号　倍乘数 2　2　A 前两位数字表示电阻值的代号，并非有效值（代号含义见表 2-3 所列）； 表示有效阻值的倍乘数（字母标识倍乘数含义见表 2-4 所列）。 该标识方法为一种数字和字母混合标记的方法，即电阻器表面的标识即有数字又有字母，多用于贴片式电阻器中。	例： 165×10⁰=165Ω "22" 表示的有效值为165　字母 "A" 表示的倍乘数为10⁰ 22A "22A" 中的 "22" 表示的有效值为 165，字母 "A" 表示的倍乘数为 10^0，此电阻器阻值的计算方法为：165×10⁰=165，即该电阻值为 165Ω

提示说明

直标法 3 中，数字代号标识有效数字的含义如表 2-3 所列。

表2-3　数字+字母直标法中代号标识含义

代码	有效值	代码	有效值	代码	有效值	代码	有效值	代码	有效值	代码	有效值
01	100	17	147	33	215	49	316	65	464	81	681
02	102	18	150	34	221	50	324	66	475	82	698
03	105	19	154	35	226	51	332	67	487	83	715
04	107	20	158	36	232	52	340	68	499	84	732
05	110	21	162	37	237	53	348	69	511	85	750
06	113	22	165	38	243	54	357	70	523	86	768
07	115	23	169	39	249	55	365	71	536	87	787
08	118	24	174	40	255	56	374	72	549	88	806
09	121	25	178	41	261	57	383	73	562	89	852
10	124	26	182	42	267	58	392	74	576	90	845
11	127	27	187	43	274	59	402	75	590	91	866
12	130	28	191	44	280	60	412	76	604	92	887
13	133	29	196	45	287	61	422	77	619	93	909
14	137	30	200	46	294	62	432	78	634	94	931
15	140	31	205	47	301	63	442	79	649	95	953
16	143	32	210	48	309	64	453	80	665	96	976

直标法 3 中，最后一位字母标识的倍乘数的含义见表 2-4。

表2-4　字母与倍乘的对应关系

代码字母	A	B	C	D	E	F	G	H	X	Y	Z
倍乘	10^0	10^1	10^2	10^3	10^4	10^5	10^6	10^7	10^{-1}	10^{-2}	10^{-3}

② 色环法　电阻器采用色环法的识读方法见表 2-5，色环法的含义见表 2-6。

表2-5　电阻器采用色环法的识读方法

色环电阻器的参数识读

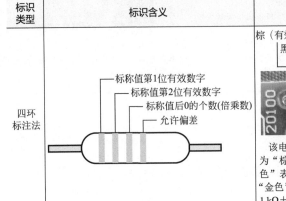

标识类型	标识含义	实例
四环标注法	标称值第1位有效数字 标称值第2位有效数字 标称值后0的个数(倍乘数) 允许偏差	棕（有效数字1）　金（允许偏差±5%） 黑（有效数字0）　红（被乘数10^2） 该电阻器有 4 条色环标识，并且色环颜色依次为"棕黑红金"。"棕色"表示有效数字 1；"黑色"表示有效数字 0；"红色"表示倍乘数 10^2；"金色"表示允许偏差 ±5%。因此该阻值标识为 $1\,k\Omega\pm5\%$

续表

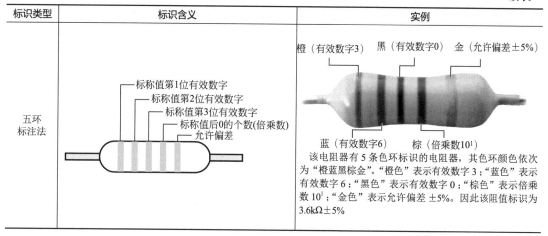

标识类型	标识含义	实例
五环 标注法	标称值第1位有效数字 标称值第2位有效数字 标称值第3位有效数字 标称值后0的个数(倍乘数) 允许偏差	橙（有效数字3）　黑（有效数字0）　金（允许偏差±5%） 蓝（有效数字6）　棕（倍乘数10^1） 该电阻器有 5 条色环标识的电阻器，其色环颜色依次为"橙蓝黑棕金"。"橙色"表示有效数字 3；"蓝色"表示有效数字 6；"黑色"表示有效数字 0；"棕色"表示倍乘数 10^1；"金色"表示允许偏差 ±5%。因此该阻值标识为 3.6kΩ±5%

表2-6　色标法的含义表

色环颜色	色环所处的排列位		
	有效数字	倍乘数	允许偏差 /%
银色	—	10^{-2}	±10
金色	—	10^{-1}	±5
黑色	0	10^0	—
棕色	1	10^1	±1
红色	2	10^2	±2
橙色	3	10^3	—
黄色	4	10^4	—
绿色	5	10^5	±0.5
蓝色	6	10^6	±0.25
紫色	7	10^7	±0.1
灰色	8	10^8	—
白色	9	10^9	—
无色	—	—	±20

（3）固定电阻器的检测

固定电阻器的检测方法见图 2-3。

2.1.2　可变电阻器

（1）可变电阻器的种类特点

可变电阻器是指阻值可以变化的电阻器：一种是可调电阻器，这种电阻器的阻值可以根据需要人为调整；另一种是敏感电阻器，这种电阻器的阻值会随周围环境的变化而变化。

目前，常见的可调电阻器的种类见表 2-7。

步骤① 观察被测电阻器的标识，并估算出其电阻值。电阻器的阻值为240Ω，允许偏差为±5%

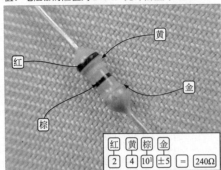

红	黄	棕	金		
2	4	10¹	±5	=	240Ω

步骤② 使用数字万用表进行测量，首先打开万用表电源开关。设置挡位量程至0.2～2kΩ欧姆挡。

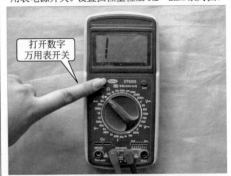

打开数字
万用表开关

步骤③ 将万用表两表笔分别搭在待测电阻器的两端引脚上，观察万用表的读数为：238Ω（0.238kΩ）

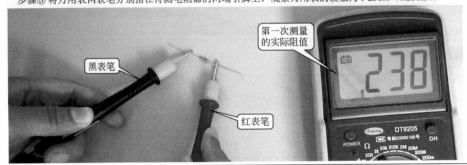

第一次测量
的实际阻值

黑表笔

红表笔

步骤④ 将万用表指针指示数值，与电阻器自身的标称阻值进行对照。如果二者相近（在允许误差范围内），则表明电阻器正常；如果所测得的阻值与标称阻值的差距较大，则说明电阻器不良

图2-3　固定电阻器的检测方法

表2-7　可变电阻器的种类特点

名称和图形符号	外形	特点	规格
可调电阻器		可变电阻器的阻值是可以调整的，常用在电阻值需要调整的电路中，如电视机的亮度调谐器件或收音机的音量调节器件等。该电阻器由动片和定片构成，通过调节动片的位置，改变电阻值的大小	常用 ● 0.5～1W ● 1～100kΩ
线绕电位器		线绕电位器是用康铜丝和镍铬合金丝绕在一个环状支架上制成的。具有功率大、耐高温、热稳定性好且噪声小的特点，阻值变化通常是线性的，用于大电流调节的电路中。但由于电感量大，不宜用在高频电路场合	常用 ● 4.7～100kΩ
碳膜电位器		碳膜电位器的电阻体是在绝缘基体上蒸涂一层碳膜制成的。具有结构简单、绝缘性好、噪声小且成本低的特点，因而广泛用于家用电子产品	常用 ● 1W ● 4.7～100kΩ

名称和图形符号	外形	特点	规格
合成碳膜电位器		合成碳膜电位器是由石墨、石英粉、炭黑、有机黏合剂等配成的一种悬浮液，涂在纤维板或胶纸板上制成的。具有阻值变化连续、阻值范围宽、成本低的特点。但对温度和湿度的适应性差。常见的片状可调电位器、带开关电位器、精密电位器等都属于此类电位器	常用 ● 0.5～1W ● 4.7～100kΩ
实心电位器		实心电位器用炭黑、石英粉、黏合剂等材料混合加热压制构成电阻体，然后再压入塑料基体上经加热聚合而成。具有可靠性高，体积小，阻值范围宽，耐磨性、耐热性好，过负载能力强的特点。但是噪声较大，温度系数较大	常用 ● 0.5～1W ● 4.7～100kΩ
导电塑料电位器		导电塑料电位器就是将 DAP（邻苯二甲酸二烯丙酯）电阻浆料覆在绝缘基体上，加热聚合成电阻膜。该元件具有平滑性好、耐磨性好、寿命长、可靠性极高、耐化学腐蚀的特点。可用于宇宙装置、飞机雷达天线的伺服系统等	常用 ● 0.5W ● 1～100kΩ
单联电位器		单联电位器有自己独立的转轴，是常用于高级收音机、录音机、电视机中的音量控制的开关式旋转电位器	常用 ● 1W ● 1～100kΩ
双联电位器		双联电位器是两个电位器装在同一个轴上，即同轴双联电位器。常用于高级收音机、录音机、电视机中的音量控制的开关式旋转电位器。采用双联电位器可以减少电子元件，美化电子设备的外观	常用 ● 1W ● 1～100kΩ
单圈电位器		普通的电位器和一些精密的电位器大部分为单圈电位器	常用 ● 0.5W ● 1～100kΩ

名称和图形符号	外形	特点	规格
多圈电位器 ⟋⟍		多圈电位器的结构大致可以分为两种： ① 电位器的动接点沿着螺旋形的绕组做螺旋运动来调节阻值； ② 通过蜗轮、蜗杆来传动，电位器的接触刷装在轮上并在电阻体上做圆周运动	常用 ● 0.25W ● 1～100kΩ
直滑式电位器 ⟋⟍		直滑式电位器采用直滑方式改变阻值的大小，一般用于调节音量。通过推移拨杆改变阻值，即改变输出电压的大小，进而达到调节音量的目的	常用 ● 0.5W ● 4.7～47kΩ

敏感电阻器的种类特点见表 2-8。

表2-8 敏感电阻器的种类特点

名称和图形符号	外形	特点
热敏电阻器 θ		热敏电阻器可分为正温度系数（PTC）和负温度系数（NTC）两种。正温度系数热敏电阻的阻值随温度的升高而升高，随温度的降低而降低；负温度系数热敏电阻的阻值随温度的升高而降低，随温度的降低而升高
光敏电阻器		光敏电阻器的特点是当外界光照强度变化时，光敏电阻器的阻值也会随之变化
湿敏电阻器		湿敏电阻器的阻值随周围环境湿度的变化，常用作湿度检测元件

名称和图形符号	外形	特点
气敏电阻器		气敏电阻器是一种新型半导体元件，这种电阻器是利用金属氧化物半导体表面吸收某种气体分子时，会发生氧化反应或还原反应而使电阻值改变的特性而制成的
压敏电阻器		压敏电阻器是敏感电阻器中的一种，是利用半导体材料的非线性特性的原理制成的，当外加电压施加到某一临界值时，电阻的阻值急剧变小

（2）可变电阻器的识别方法

① 热敏电阻器的识别方法　热敏电阻器的型号有很多种，了解型号中各字母或数字的意义，对选用和识别热敏电阻器将很有帮助。热敏电阻器型号的识读方法见表2-9。

表2-9　热敏电阻器型号的识读方法

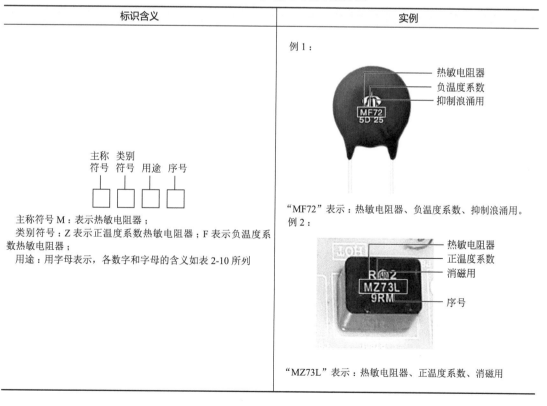

标识含义	实例
主称符号 M：表示热敏电阻器； 类别符号：Z 表示正温度系数热敏电阻器；F 表示负温度系数热敏电阻器； 用途：用字母表示，各数字和字母的含义如表 2-10 所列	例1： "MF72"表示：热敏电阻器、负温度系数、抑制浪涌用。 例2： "MZ73L"表示：热敏电阻器、正温度系数、消磁用

表2-10　热敏电阻器型号中各数字和字母的含义

第一部分：主称		第二部分：类别		第三部分：用途或特征		第四部分：序号
字母	含义	字母	含义	数字	含义	
MS	热敏电阻器	Z	正温度系数	1	普通型	用数字或数字与字母混合表示序号，以区别电阻器的外形尺寸及性能参数
				2	限流用	
				3	延迟用	
				4	测温用	
				5	控温用	
				6	消磁用	
				7	恒温型	
		F	负温度系数	0	特殊型	
				1	普通型	
				2	稳压型	
				3	微波测量用	
				4	旁热式	
				5	测温用	
				6	控温用	
				7	抑制浪涌用	
				8	线性型	

② 光敏电阻器的识别　光敏电阻器的型号有很多种，了解型号中各字母或数字的意义，对选用和识别光敏电阻器将很有帮助。光敏电阻器型号的识读方法见表2-11。

表2-11　光敏电阻器型号的识读方法

标识含义	实例
主称　用途或 符号　特征　序号 □　□　□ 主称符号 MS：表示湿敏电阻器； 用途或特征：无字母表示通用型；K 表示控制温度用；C 表示测量温度用； 序号：用数字或数字与字母混合表示序号，以区别电阻器的外形尺寸及性能参数	例1：型号为 MG65-12 的电阻器表示的含义？ "MG"：光敏电阻器； "6"：可见光； "5-12"：序号； 由此该型号表示的含义为：序号为 5-12 的可见光光敏电阻器。 例2：型号为 MG15-14 的电阻器表示的含义？ "MG"：光敏电阻器； "1"：紫外光； "5-14"：序号； 由此该型号表示的含义为：序号为 5-14 的紫外光光敏电阻器

光敏电阻器标识的具体含义见表2-12。

表2-12　光敏电阻器标识的具体含义

第一部分：主称		第二部分：用途或特征		第三部分：序号
字母	含义	数字	含义	
MG	光敏电阻器	0	特殊	用数字或数字与字母混合表示序号，以区别电阻器的外形尺寸及性能参数
		1、2、3	紫外光	
		4、5、6	可见光	
		7、8、9	红外光	

③ 湿敏电阻器的识别　湿敏电阻器的型号有很多种，了解型号中各字母或数字的意义，对选用和识别湿敏电阻器将很有帮助。湿敏电阻器型号的识读方法见表 2-13。

表2-13　湿敏电阻器型号的识读方法

标识含义	实例
主称 用途或 符号 特征 序号 主称符号 MS：表示湿敏电阻器； 用途或特征：无字母表示通用型；K 表示控制温度用；C 表示测量温度用； 序号：用数字或数字与字母混合表示序号，以区别电阻器的外形尺寸及性能参数	例 1：型号为 MSK01-A 的电阻器表示的含义？ "MS"：湿敏电阻器； "K"：控制温度用； "01-A"：序号； 由此该型号表示的含义为：序号为 05-B 的控制温度用湿敏电阻器。 例 2：型号为 MS05-B 的电阻器表示的含义？ "MS"：湿敏电阻器； "05-B"：序号； 主称与序号之间无字母，则表示为通用型； 由此该型号表示的含义为：序号为 05-B 的通用型湿敏电阻器

湿敏电阻器标识的具体含义见表 2-14。

表2-14　湿敏电阻器标识的具体含义

第一部分：主称		第二部分：用途或特征		第三部分：序号
字母	含义	字母	含义	
MS	湿敏电阻器	无字母	通用型	用数字或数字与字母混合表示序号，以区别电阻器的外形尺寸及性能参数
		K	控制温度用	
		C	测量温度用	

④ 气敏电阻器的识别　气敏电阻器的型号有很多种，了解型号中各字母或数字的意义，对选用和识别气敏电阻器将很有帮助。气敏电阻器型号的识读方法见表 2-15。

表2-15　气敏电阻器型号的识读方法

标识含义	实例
主称符号 用途或特征 序号 主称符号 MQ：表示气敏电阻器； 用途或特征：J 表示酒精检测用；K 表示可燃气体检测用；Y 表示烟雾检测用；N 标识 N 气敏电阻器；P 表示 P 型气敏电阻器； 序号：用数字或数字与字母混合表示序号，以区别电阻器的外形尺寸及性能参数	例 1：型号为 MQK-135 的电阻器表示的含义？ "MS"：气敏电阻器； "K"：可燃气体检测用； "135"：序号； 由此该型号表示的含义为：序号为 135 的可燃气体检测用气敏电阻器。 例 2： 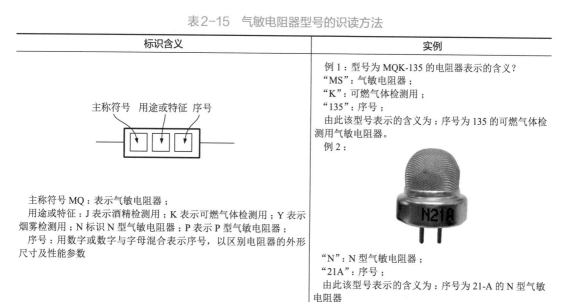 "N"：N 型气敏电阻器； "21A"：序号； 由此该型号表示的含义为：序号为 21-A 的 N 型气敏电阻器

气敏电阻器标识的具体含义见表2-16。

表2-16　气敏电阻器标识的具体含义

第一部分：主称		第二部分：用途或特征		第三部分：序号
字母	含义	字母	含义	
MQ	气敏电阻器	J	酒精检测用	用数字或数字与字母混合表示序号，以区别电阻器的外形尺寸及性能参数
		K	可燃气体检测用	
		Y	烟雾检测用	
		N	N型气敏电阻器	
		P	P型气敏电阻器	

⑤ 压敏电阻器的识别　压敏电阻器的型号有很多种，了解型号中各字母或数字的意义，对选用和识别压敏电阻器将很有帮助。压敏电阻器型号的识读方法见表2-17。

表2-17　压敏电阻器型号的识读方法

标识含义	实例
主称符号　用途或特征　序号 主称符号MY表示压敏电阻器； 用途或特征：用字母表示，不同字母表示含义不同； 序号：用数字或数字与字母混合表示序号，以区别电阻器的外形尺寸及性能参数	例1：型号为MYM1-7的电阻器表示的含义？ "MY"：压敏电阻器； "M"：防静电用； "1-7"：序号； 由此该型号表示的含义为：序号为1-7的防静电用用气敏电阻器。 例2：型号为MYW12-220/3的电阻器表示的含义？ "MY"：压敏电阻器； "W"：稳压用； "12"：序号； "220/3"标称电压为220V，同容量为3kA； 由此该型号表示的含义为：220V/3kA序号为12的稳压用压敏电阻器

压敏电阻器标识的具体含义见表2-18。

表2-18　压敏电阻器标识的具体含义

第一部分：主称		第二部分：用途或特征		第三部分：序号
字母	含义	字母	含义	
MY	压敏电阻器	无	普通型	用数字表示序号，有的在序号的后面还标有标称电压通流容量或电阻体直径、标称电压、电压误差等
		D	通用型	
		B	补偿用	
		C	消磁用	
		E	消噪用	
		G	过压保护用	
		H	灭弧用	

| 第一部分：主称 | | 第二部分：用途或特征 | | 第三部分：序号 |
字母	含义	字母	含义	
MY	压敏电阻器	K	高可靠用	用数字表示序号，有的在序号的后面还标有标称电压通流容量或电阻体直径、标称电压、电压误差等
		L	防雷用	
		M	防静电用	
		N	高能用	
		P	高频用	
		S	元件保护用	
		T	特殊用	
		W	稳压用	
		Y	环形	
		Z	组合型	

（3）可变电阻器的检测

① 阻值可变电阻器的检测　可变电阻器的检测方法见图 2-4。

可变电阻器的检测方法

步骤① 观察可变电阻器各引脚名称（区分定片与动片及调节旋钮部分）

步骤② 调整量程置于"R×100"欧姆挡，将万用表两表笔分别搭在可变电阻器的两个定片引脚上

步骤③ 观察万用表读数为 R_1

图2-4

步骤④ 使用螺钉旋具调整可变电阻器的调节旋钮至最大极端

步骤⑤ 此时测得可变电阻器的最大电阻值，观察万用表的读数 R_2

步骤⑥ 然后使用螺钉旋具将调节旋钮调整到该可变电阻器的另一个极端

步骤⑦ 此时测得该可变电阻器的最小电阻值，观察万用表读数为 R_3

步骤⑧ 采用同样的方法检测可变电阻器定片与动片之间的电阻器

步骤⑨ 测得动片与定片之间的电阻值，观察万用表读数为 R_4

图2-4 可变电阻器的检测方法

判断结果：

• 若最大电阻值 R_2 趋近于 0 或无穷大，则该可变电阻器已经损坏；若 R_2 大于标称电阻值，则表明其内部开路；

• 正常情况下应满足 $R_2 > R_1 > R_3$；

• 若定片与动片之间的最大电阻值和定片与动片之间的最小电阻值十分接近，则说明该可变电阻值已失去调节功能；

• 若调节旋钮时，阻值的变化需要往复调整动片多次才能实现，则说明该可变电阻值的动片与定片之间存在接触不良问题。

② 热敏电阻器的检测 热敏电阻器是一种对温度极为敏感的电阻器，其电阻值随温度变化而变化，其检测方法见图 2-5。

热敏电阻器
的检测方法

步骤① 观察待测电阻器外形，并识读其标称阻值为 330Ω

步骤② 根据电阻器的标称阻值将指针式万用表的量程调整为"R×100"挡，并进行欧姆调零

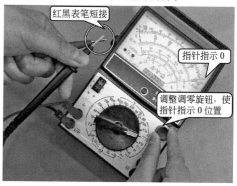

步骤③ 将万用表的红、黑表笔分别搭在待测热敏电阻器的两个引脚上，观察万用表读数为 R_1

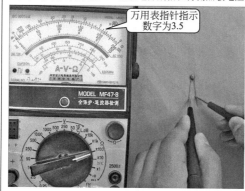

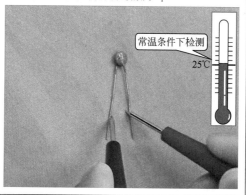

步骤④ 用电烙铁或电吹风等电热设备迅速为热敏电阻器加热，此时观察万用表读数为 R_2

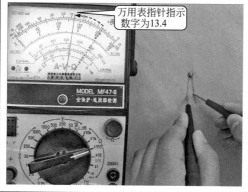

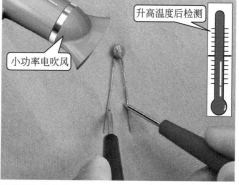

图2-5 热敏电阻器的检测方法

判断结果：

- 实测室温下，热敏电阻器的阻值 R_1=350Ω，正常；
- 加热条件下，万用表指针随温度的变化而摆动，表明热敏电阻器基本正常；若温度变化，R_2 值不变，则说明该热敏电阻器性能不良；

● 若测试过程中，热敏电阻器的阻值随温度的升高而增大，则该电阻器为正温度系数热敏电阻器（FTC）；若其阻值随温度的升高而降低，则该电阻器为负温度系数热敏电阻器（NTC）。

需要注意的是，给热敏电阻加热时，宜用 20W 左右的小功率电烙铁或电吹风，且热源不要直接去接触热敏电阻或靠得太近，以防损坏热敏电阻。

③ 光敏电阻器的检测　光敏电阻器是一种对光敏感的元件，其电阻值可随入射光线的强弱发生变化。光敏电阻器的检测方法见图 2-6。

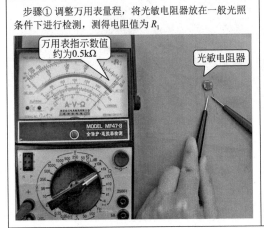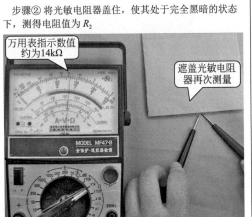

图2-6　光敏电阻器的检测方法

若 R_1 为一个固定阻值，而检测 R_2 时，R_2 与 R_1 比较有明显的变化，说明该光敏电阻器正常；若变化不明显或无变化，则说明待测光敏电阻器性能不良。

④ 湿敏电阻器的检测　湿度电阻器的阻值会随周围湿度的变化而变化，该器件对环境湿度比较敏感。其检测方法见图 2-7。

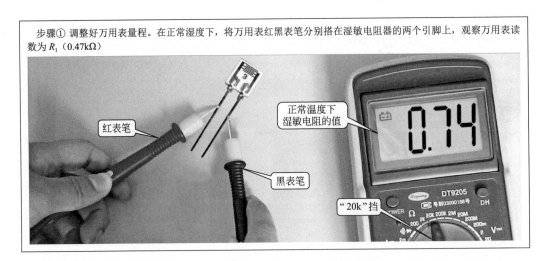

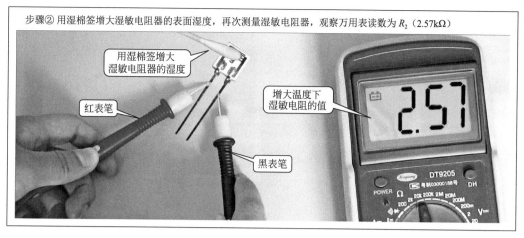

步骤②用湿棉签增大湿敏电阻器的表面湿度，再次测量湿敏电阻器，观察万用表读数为 R_2（2.57kΩ）

用湿棉签增大
湿敏电阻器的湿度

红表笔

增大温度下
湿敏电阻的值

黑表笔

图2-7　湿敏电阻器的检测方法

若 R_1 为一个固定阻值，而检测 R_2 时，R_2 与 R_1 比较有明显的变化，说明该湿敏电阻器正常；若变化不明显或无变化，则说明待测湿敏电阻器性能不良。

⑤ 气敏电阻器的检测　气敏电阻器是一种气 - 电转换元件，主要可用于测量气体的类别、浓度等参数。通常采用氧化锡（SnO_2）等金属氧化物材料制成；并利用气体的吸附而使半导体本身的电导率发生变化。气敏电阻器的检测方法见图 2-8。

湿敏电阻器
的检测方法

将气敏电阻器接入 5 V 电路中，调整量程，用万用表检测另外两只引脚电阻值，观察万用表读数

100Ω

在正常环境下，可检测到气敏电阻器的阻值 R_1 应为一个固定阻值，此时，改变气敏电阻器的气体环境，可使用打火机向气敏电阻器排放丁烷气体，当环境气体发生变化时，万用表所检测到的阻值也应变化，否则说明气敏电阻器性能不良

图2-8　气敏电阻器的检测方法

⑥ 压敏电阻器的检测　压敏电阻器是利用半导体材料的非线性特性原理制成的，其电压与电流不遵守欧姆定律。该电阻器是当外加电压施加到某一临界值时，电阻器的电阻值急剧变小的敏感电阻器。其检测方法见图 2-9。

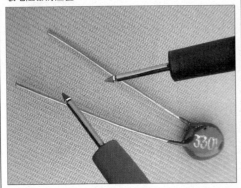

步骤① 调整万用表量程在"×1k"欧姆挡，检测压敏电阻器的阻值

步骤② 正常情况下，压敏电阻器阻值通常为无穷大，否则表明电阻器性能不良

图2-9　压敏电阻器的检测方法

2.2
电容器

2.2.1　固定电容器

电容器的种类特点

（1）固定电容器的种类特点

固定电容器是指电容器经制成后，其电容量不能发生改变的电容器。该类电容器还可以细分为无极性固定电容器和有极性固定电容器两种。

① 无极性电容器　无极性电容器是指电容器的两个金属电极（引脚）没有正负极性之分，使用时两极可以交换连接。常见的几种无极性电容器及其图形符号、外形、功能特点等见表2-19。

表2-19　常见的几种无极性电容器及其图形符号、外形、功能特点

名称和图形符号	外形	特点
纸介电容器（CJ） ——┤├——	CJ41-1 2μF±5% 160V 86	纸介电容器的价格低、体积大、损耗大且稳定性较差，并且由于存在较大的固有电感，故不宜在频率较高的电路中使用，主要应用在低频电路或直流电路中。 该电容器容量范围在几十皮法到几微法之间。耐压有250V、400V和600V等几种，容量误差一般为±5%、±10%、±20%
瓷介电容器（CC） ——┤├——		瓷介电容器是以陶瓷材料作为介质，在其外层常涂以各种颜色的保护漆，并在陶瓷片上覆银制成电极。 这种电容器的损耗较少，稳定性好，且耐高温高压

名称和图形符号	外形	特点
云母电容器 （CY） —||—		云母电容器是以云母作为介质。这种电容器的可靠性高，频率特性好，适用于高频电路
涤纶电容器 （CL） —||—		涤纶电容器采用涤纶薄膜为介质，这种电容器的成本较低，耐热、耐压和耐潮湿的性能都很好，但稳定性较差，适用于稳定性要求不高的电路中
玻璃釉电容器 （CI） —||—		玻璃釉电容器使用的介质一般是玻璃釉粉压制的薄片，通过调整釉粉的比例，可以得到不同性能的电容器，这种电容器介电系数大、耐高温、抗潮湿性强，损耗低
聚苯乙烯电容器 （CB） —||—		聚苯乙烯电容器是以非极性的聚苯乙烯薄膜为介质制成的，这种电容器成本低、损耗小，充电后的电荷量能保持较长时间不变

② 有极性电容器　有极性电容器是指电容器的两个金属电极有正负极性之分，使用时一定要正极性端连接电路的高电位，负极性端连接电路的低电位，否则就会引起电容器的损坏。

有极性电容器亦称电解电容器，按电极材料的不同，常见的有极性电解电容器有铝电解电容器和钽电解电容器两用。其图形符号、外形和特点等见表 2-20。

表2-20　有极性电容器图形符号、外形和特点

名称	外形	特点
铝电解电容器 （CD） —|⊢+		铝电解电容器体积小，容量大。与无极性电容器相比绝缘电阻低，漏电流大，频率特性差，容量和损耗会随周围环境和时间的变化而变化，特别是当温度过低或过高时，且长时间不用还会失效。因此，铝电解电容器仅限于低频、低压电路（例如电源滤波电路、耦合电路等）

名称	外形	特点
钽电解电容器（CA） 		钽电解电容器的温度特性、频率特性和可靠性都较铝电解电容好，特别是它的漏电流极小，电荷储存能力好，寿命长，误差小，但价格昂贵，通常用于高精密的电子电路中

（2）固定电容器的识别方法

固定电容器的容量值标法通常使用直标法，就是通过一些代码符号将电容的容量值及主要参数等标识在电容器的外壳上。根据我国国家标准的规定，电容器型号命名由 6 个部分构成，固定电容器型号的识读方法见表 2-21。

表2-21　固定电容器型号的识读方法

标识含义	实例
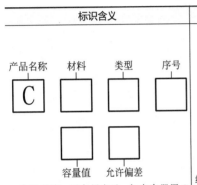 产品名称：用字母表示，如电容器用 C 表示； 材料：用字母表示，表示电容器是用什么材料制成的； 类型：用字母或数字表示，表示电容器属于哪种类型； 序号：用数字表示，表示同类产品中不同品种，以区分产品的外形尺寸和性能指标等，有时会被省略； 容量值：电容器表面上标志的电容值； 允许偏差：用字母表示，表示电容实际容量值与标称容量值之间允许的最大偏差范围	例1：  该电容标识为"CZJD 1μF±10 % 400 V80.4"，其中"C"表示电容；"Z"表示纸介电容；"J"表示金属化电容；"D"表示铝材质；"1μF"表示电容量值大小；"±10 %"表示电容允许偏差。因此该电容标识为：金属化纸介铝电容，大小为 1μF±10%。 例2：  该电容标识为"2200μF 25V +85℃ M CE"。其中"2 200μF"表示电容量大小；"25V"表示电容的额定工作电压；"+85 ℃"表示电容器正常工作的温度范围；"M"表示允许偏差为 ±20%；"C"表示电容；"E"表示其他材料电解电容。所以该电容标识为：其他材料电解电容，大小为 2200μF，正常工作温度不超过 +85℃

直标法中，电容器材料的表示符号见表 2-22。

表2-22　电容器材料的表示符号

符号	材料	符号	材料
A	钽电解	C	高频陶瓷
B	聚苯乙烯等非极性有机薄膜	D	铝，铝电解

符号	材料	符号	材料
E	其他材料	O	玻璃膜
G	合金	Q	漆膜
H	纸膜复合	T	低频陶瓷
I	玻璃釉	V	云母纸
J	金属化纸介	Y	云母
L	聚酯等极性有机薄膜	Z	纸介
N	铌电解		

直标法中，电容器类型的表示符号见表2-23。

表2-23　电容器类型的表示符号

符号	类别			
G	高功率型			
J	金属化型			
Y	高压型			
W	微调型			
数字	瓷介电容	云母电容	有机电容	电解电容
1	圆形	非密封	非密封	箔式
2	管形	非密封	非密封	箔式
3	叠片	密封	密封	烧结粉 非固体
4	独石	密封	密封	烧结粉 固体
5	穿心		穿心	
6	支柱等			
7				无极性
8	高压	高压	高压	
9			特殊	特殊

直标法中，电容器允许偏差的表示符号见表2-24。

表2-24　电容器允许偏差的表示符号

符号	意义	符号	意义
Y	±0.001%	N	±30%
X	±0.002%	H	+100%
E	±0.005%		-0%
L	±0.01%	R	+100%
P	±0.02%		-10%
W	±0.05%	T	+50%
B	±0.1%		-10%
C	±0.25%	Q	+30%
D	±0.5%		-10%
F	±1%	S	+50%
G	±2%		-20%
J	±5%	Z	+80%
K	±10%		-20%
M	±20%		

固定电容器
的检测方法

（3）固定电容器的检测

固定电容器的检测方法见图2-10。

步骤① 根据电容的标称值，该电容器的标称容量值为220nF 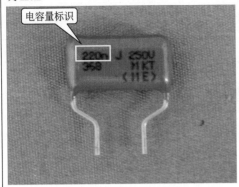	步骤② 根据估算值，设置量程在"2μF"挡。将附加测试插座插入万用表的表笔插口中 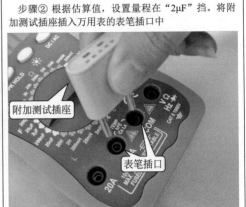
步骤③ 接着将待测电容器插入测试插座的"Cx"电容输入插孔 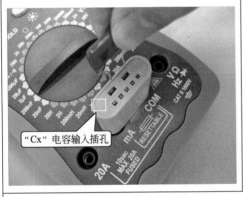	步骤④ 观测万用表显示的电容读数，测得其电容量为0.231μF 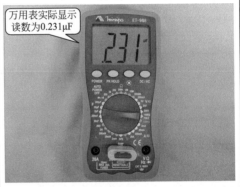

步骤⑤ 根据计算 $1\mu F=1\times10^3 nF$，即 0.231μF=231nF，其与电容器的标称容量值基本相符

图2-10 固定电容器的检测方法

（4）电解电容器检测

对电解电容进行开路检测除检测电容量外，也可通过模拟万用表对其漏电阻值的检测来判断电解电容性能的好坏。在检测前，要对待测电解电容进行放电，是为了避免电解电容中存有残留电荷而影响检测的结果。

电解电容器的检测方法见图2-11。

判断结果：

● 在刚接通的瞬间，万用表的指针会向右（电阻小的方向）摆动一个较大的角度。当表针摆动到最大角度后，又会逐渐向左摆回，然后直至表针停止在一个固定位置，这说明该电解电容有明显的充放电过程。所测得的阻值即为该电解电容的正向漏电阻，该阻值在正常情况下应比较大。

步骤① 电解电容属于有极性电容，其引脚有极性之分，从电解电容的外观上即可判断。一般在电解电容的一侧标记为"−"，则表示这一侧的引脚极性即为负极，而另一侧引脚则为正极

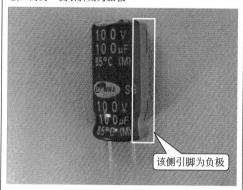

该侧引脚为负极

步骤② 为了避免电解电容中存有残留电荷而影响检测的结果，在检测前，要对待测电解电容进行放电。对大容量电解电容放电可选用阻值较小的电阻，将电阻的引脚与电容的引脚相连即可

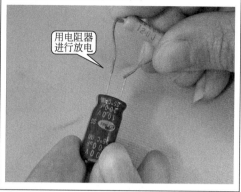

用电阻器进行放电

步骤③ 放电完成后，将万用表旋至欧姆挡，量程调整为"R×10k"挡。将万用表红表笔接至电解电容的负极引脚上，黑表笔接至电解电容的正极引脚上，观测其指针摆动幅度

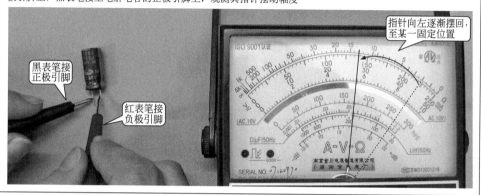

黑表笔接正极引脚

红表笔接负极引脚

指针向左逐渐摆回，至某一固定位置

图2-11　电解电容器的检测方法

• 若表笔接触到电解电容引脚后，表针摆动到一个角度后随即向回稍微摆动一点，即并未摆回到较大的阻值，此时可以说明该电解电容漏电严重。

• 若表笔接触到电解电容引脚后，表针即向右摆动，并无回摆现象，指针就指示一个很小的阻值或阻值趋近于 0，这说明当前所测电解电容已被击穿短路。

• 若表笔接触到电解电容引脚后，表针并未摆动，仍指示阻值很大或趋于无穷大，则说明该电解电容中的电解质已干涸，失去电容量。

有极性电解电容器的检测

2.2.2　可变电容器

（1）可变电容器的种类特点

可变电容器是指电容量可以调整的电容器。这种电容器主要用在接收电路中选择信号（调谐）。可变电容器按介质的不同可以分为空气介质和有机薄膜介质两种。按照结构的不同又可分为微调电容器、单联可变电容器、双联可变电容器和多联可变电容器。

目前，常见的可变电容器的种类见表 2-25。

表2-25 可变电容器的种类特点

名称和图形符号	外形	特点	规格和特性
微调电容器		微调电容器又叫半可调电容器，这种电容器的容量比固定电容器小，常见的有瓷介微调电容器、管型微调电容器（拉线微调电容器）、云母微调电容器和薄膜微调电容器等	容量范围：2/7～7/25 pF；直流工作电压：250～500V以上；运用频率：高频；漏电电阻：1000～10000MΩ
单联可变电容器		单联可变电容器的内部只有一个可变电容器。该电容器常用于直放式收音机电路中，可与电感组成调谐电路	
双联可变电容器	2个补偿电容器	双联可变电容器是由两个可变电容器组合而成的。对该电容器进行手动调节时，两个可变电容器的电容量可同步调节	容量范围：7～1100pF；直流工作电压：100V以上；运用频率：低频、高频；漏电电阻：>500MΩ
四联可变电容器 或	2个补偿电容器	四联可变电容器的内部包含有4个可变电容器，4个电容可同步调整	

（2）单联可变电容器的检测

单联可变电容器的检测方法见图2-12。

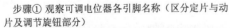

步骤① 观察可调电位器各引脚名称（区分定片与动片及调节旋钮部分）	步骤② 检查转轴的性能，转动转轴时应感觉转轴与动片之间应有一定的黏合性

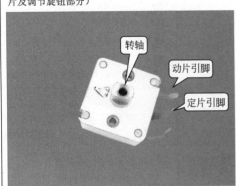

转轴
动片引脚
定片引脚

用手旋转转轴

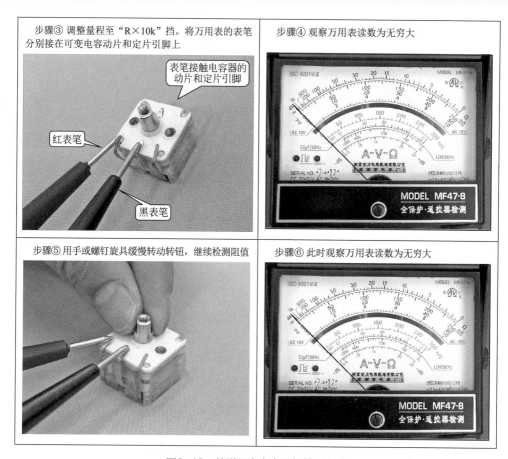

图2-12　单联可变电容器的检测方法

判断结果：若转轴转动到某一角度，万用表测得的阻值很小或为零，则说明该可变电解电容为短路情况，很有可能是动片与定片之间存在接触或电容器膜片存在严重磨损（固体介质可变电容器）。

2.3
电感器

2.3.1　固定电感器

（1）固定电感器的种类特点

固定电感器是一种电感值不可变的电感器，常见的几种固定电感器及其图形符号、外形、特点等见表 2-26。

（2）固定电感器的识别方法

固定电感器的标识方法通常有两种：直标法和色环法。直标法是通过一些代码符号将

表2-26　常见的几种固定电感器及其图形符号、外形、特点

名称	外形	特点
固定色环电感器 〰️		固定色环电感器的电感量固定，它是一种具有磁芯的线圈，将线圈绕制在软磁性铁氧体的基体上，再用环氧树脂或塑料封装，并在其外壳上标以色环表明电感量的数值
固定色码电感器 〰️		色码电感器与色环电感器都属于小型的固定电感器，用色码标识电感量参数信息；性能比较稳定，体积小巧。固定色环或色码电感器被广泛用于电视机、收录机等电子设备中的滤波、陷波、扼流及延迟线等电路中
片状电感 〰️		外形体积与贴片式普通电阻器类似，常采用"Lxxx""Bxxx"形式标识其代号

电感值等参数标识在电感器上；色环法是一般电感器常见的标识方法，通过色环不同颜色和不同位置标识电感值。

① 直标法　电感器采用直标法的识读方法如表2-27所列。

表2-27　电感器采用直标法的识读方法

标识类型	标识含义	实例
直标法1：数字+字母+数字	 产品名称　电感量　允许偏差 [L] [ ] [ ] 产品名称：用字母表示，如电感用L表示； 电感量：用字母和数字混合表示，电感器表面上标志的电感量； 允许偏差：用字母表示，表示电感实际电感量与标称电感量之间允许的最大偏差范围	 该电感器为采用直接标记法，其标识为"5L713 G"。其中"L"表示电感；"713G"表示电感量。其中英文字母"G"相当于小数点的作用，由于"G"跟在数字"713"之后，因此该电感的电感量为713μH

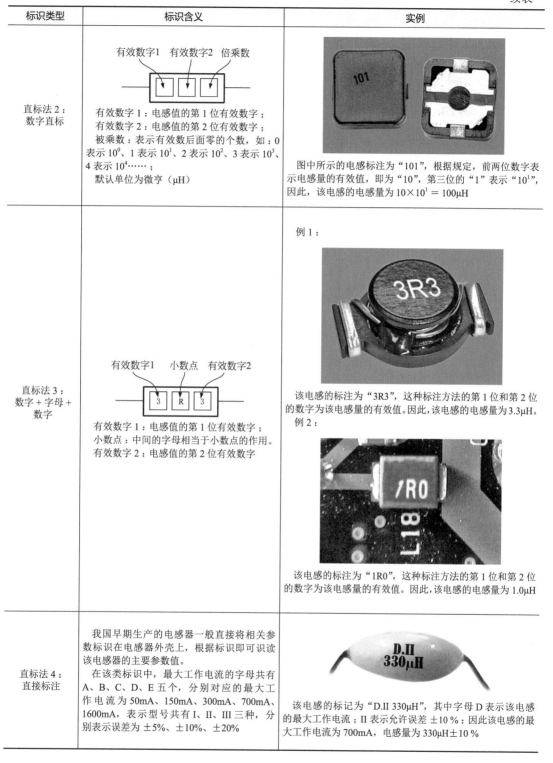

标识类型	标识含义	实例
直标法 2： 数字直标	有效数字1　有效数字2　倍乘数 有效数字 1：电感值的第 1 位有效数字； 有效数字 2：电感值的第 2 位有效数字； 被乘数：表示有效数后面零的个数，如：0 表示 10^0、1 表示 10^1、2 表示 10^2、3 表示 10^3、4 表示 10^4……； 默认单位为微亨（μH）	图中所示的电感标注为"101"，根据规定，前两位数字表示电感量的有效值，即为"10"，第三位的"1"表示"10^1"，因此，该电感的电感量为 $10 \times 10^1 = 100 \mu H$
直标法 3： 数字 + 字母 + 数字	有效数字1　小数点　有效数字2 3　R　3 有效数字 1：电感值的第 1 位有效数字； 小数点：中间的字母相当于小数点的作用。 有效数字 2：电感值的第 2 位有效数字	例 1： 该电感的标注为"3R3"，这种标注方法的第 1 位和第 2 位的数字为该电感量的有效值。因此，该电感的电感量为 3.3μH。 例 2： 该电感的标注为"1R0"，这种标注方法的第 1 位和第 2 位的数字为该电感量的有效值。因此，该电感的电感量为 1.0μH
直标法 4： 直接标注	我国早期生产的电感器一般直接将相关参数标识在电感器外壳上，根据标识即可识读该电感器的主要参数值。 在该类标识中，最大工作电流的字母共有 A、B、C、D、E 五个，分别对应的最大工作电流为 50mA、150mA、300mA、700mA、1600mA，表示型号共有 I、II、III 三种，分别表示误差为 ±5%、±10%、±20%	该电感的标记为"D.II 330μH"，其中字母 D 表示该电感的最大工作电流；II 表示允许误差 ±10 %；因此该电感的最大工作电流为 700mA，电感量为 330μH±10 %

电感器产品名称的表示符号对照表见表 2-28。

表2-28 电感器产品名称的表示符号对照表

符号	意义	符号	意义
L	电感器、线圈	ZL	阻流圈

电感器允许偏差的表示符号对照表见表 2-29。

表2-29 电感器允许偏差的表示符号对照表

符号	意义	符号	意义
J	±5%	M	±20%
K	±10%	L	±15%

② 色环法 电感器采用色环法的识读方法见表 2-30。

表2-30 电感器采用色环法的识读方法

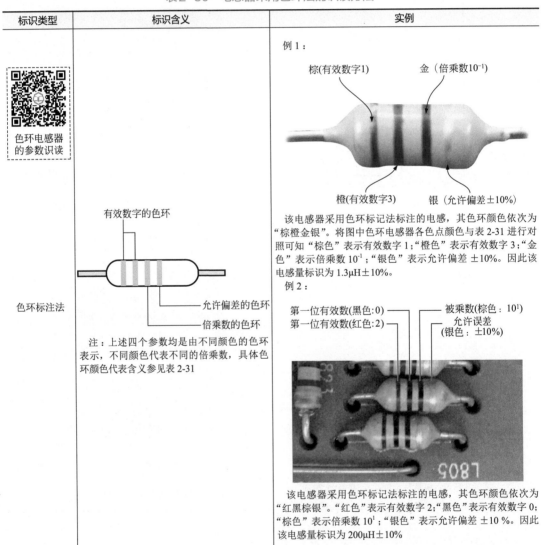

标识类型	标识含义	实例
色环电感器的参数识读 / 色环标注法	有效数字的色环 / 允许偏差的色环 / 倍乘数的色环 / 注：上述四个参数均是由不同颜色的色环表示，不同颜色代表不同的倍乘数，具体色环颜色代表含义参见表2-31	例1：棕(有效数字1) 金（倍乘数10^{-1}）橙(有效数字3) 银（允许偏差±10%）该电感器采用色环标记法标注的电感，其色环颜色依次为"棕橙金银"。将图中色环电感器各色点颜色与表 2-31 进行对照可知"棕色"表示有效数字 1；"橙色"表示有效数字 3；"金色"表示倍乘数 10^{-1}；"银色"表示允许偏差 ±10%。因此该电感量标识为 $1.3\mu H \pm 10\%$。例2：第一位有效数(黑色:0) 被乘数(棕色：10^1) 第一位有效数(红色:2) 允许误差(银色：±10%) 该电感器采用色环标记法标注的电感，其色环颜色依次为"红黑棕银"。"红色"表示有效数字 2；"黑色"表示有效数字 0；"棕色"表示倍乘数 10^1；"银色"表示允许偏差 ±10 %。因此该电感量标识为 $200\mu H \pm 10\%$

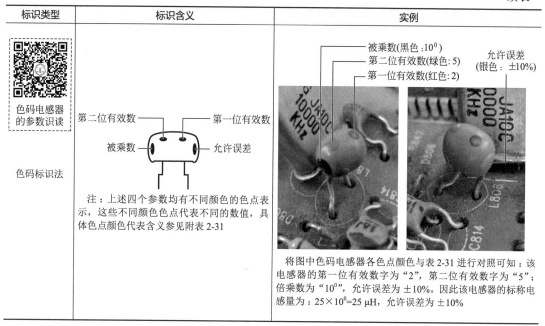

标识类型	标识含义	实例
色码标识法	第二位有效数　　第一位有效数 被乘数　　允许误差 注：上述四个参数均有不同颜色的色点表示，这些不同颜色色点代表不同的数值，具体色点颜色代表含义参见附表 2-31	被乘数(黑色:10^0) 第二位有效数(绿色:5) 第一位有效数(红色:2) 允许误差(银色：±10%) 将图中色码电感器各色点颜色与表 2-31 进行对照可知：该电感器的第一位有效数字为"2"，第二位有效数字为"5"；倍乘数为"10^0"，允许误差为 ±10%。因此该电感器的标称电感量为：$25 \times 10^0 = 25 \mu H$，允许误差为 ±10%

表2-31　色标法的含义表

色环颜色	色环所处的排列位		
	有效数字	倍乘数	允许偏差 /%
银色	—	10^{-2}	±10
金色	—	10^{-1}	±5
黑色	0	10^0	—
棕色	1	10^1	±1
红色	2	10^2	±2
橙色	3	10^3	—
黄色	4	10^4	—
绿色	5	10^5	±0.5
蓝色	6	10^6	±0.25
紫色	7	10^7	±0.1
灰色	8	10^8	—
白色	9	10^9	±5 -20
无色	—	—	±20

（3）固定电感器检测

以色环电感器为例，具体的检测方法见图 2-13。

色环电感器的检测方法

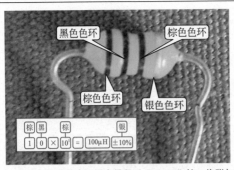

步骤① 调整数字万用表量程至"20mH"挡。将附加测试器按照极性插入数字万用表相应的表笔插孔中

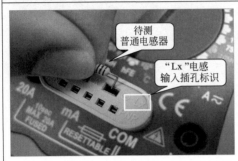

步骤② 将待测电感器的引脚插入附加测试器的"Lx"电感测量插孔中

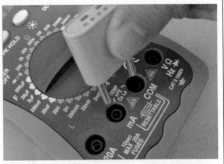

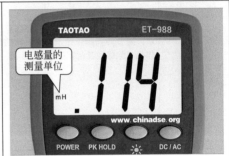

步骤③ 观察显示屏显示,测得的电感量为0.114mH

图2-13　色环电感器的检测方法

2.3.2　可变电感器

（1）可变电感器的种类特点

可变电感器是指阻值可以变化的电感器,常见的可变电感器图形符号、外形、特点见表2-32。

表2-32　常见的几种可变电感器图形符号、外形、特点

名称	外形	特点
空心线圈		空心线圈没有磁芯,通常线圈绕的匝数较少,电感量小。微调空心线圈电感量时,可以调整线圈之间的间隙大小,为了防止空心线圈之间的间隙变化,调整完毕后用石蜡加以密封固定,这样不仅可以防止线圈的形变,同时可以有效地防止线圈振动
磁棒线圈		磁棒线圈的基本结构是在磁棒上绕制线圈,这样会大大增加线圈的电感量。 可以通过调整线圈磁棒的相对位置来调整电感量的大小,当线圈在磁棒上的位置调整好后,应采用石蜡将线圈固定在磁棒上,以防止线圈左右滑动而影响电感量的大小

续表

名称	外形	特点
磁环线圈 〰		磁环线圈的基本结构是在铁氧体磁环上绕制线圈，如在磁环上两组或两组以上的线圈可以制成高频变压器。 磁环的存在大大增加了线圈电感的稳定性。磁环的大小、形状、铜线的多种绕制方法都对线圈的电感量有决定性影响。改变线圈的形状和相对位置也可以微调电感量
微调电感器 〰		电感的磁芯制成螺纹式，可以旋到线圈骨架内，整体同金属封装起来，以增加机械强度。磁芯帽上设有凹槽可方便调整
偏转线圈 〰		偏转线圈是 CRT 电视机的重要部件，套装在显像管的管颈上。移动线圈的位置可改磁场的强度和磁场分布状态。 电子枪发射的电子束在行、场偏转线圈的作用下，使电子束可以在屏幕上扫描运动，形成光栅图像，最终实现电视机的成像目的

（2）微调电感器检测

微调电感器同固定电感器一样，电阻值比较小，因此可以选用数字万用表进行检测。微调电感器的检测方法见图 2-14。

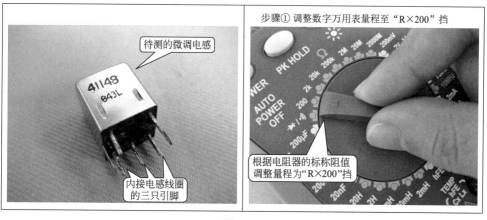

图2-14

步骤② 将万用表的红、黑表笔依次搭在内接电感线圈以及中心抽头的引脚上，观察数字万用表的读数

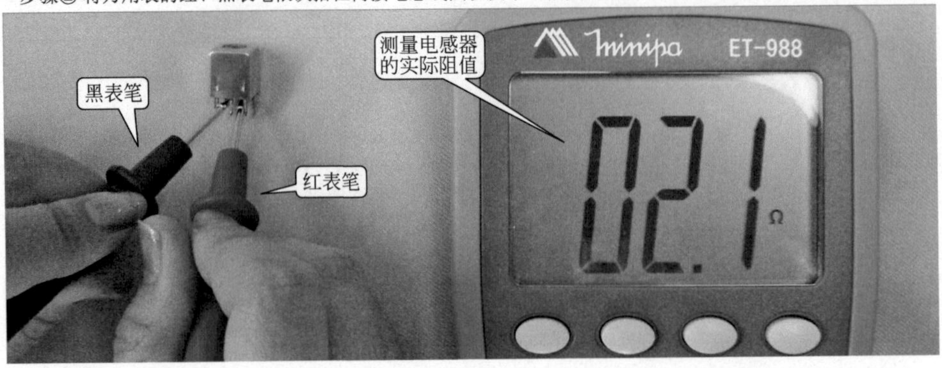

步骤③ 若它们之间均有固定的阻值，说明该电感正常，可以使用；若测得微调电感的阻值趋于无穷大或零，则表明电感器已损坏

图2-14　微调电感器的检测方法

第 3 章

常用半导体器件
的种类、识别与
检测

3.1
二极管

3.1.1 二极管的种类特点

二极管的种类特点

二极管的种类很多，在电路中所起的作用也各不相同，因此在识别二极管时，应根据二极管的种类、作用进行判别。

常见的几种固定二极管及其图形符号、外形和特点等见表3-1。

表3-1 常见的几种固定二极管及其图形符号、外形和特点

名称	外形	特点
整流二极管		整流二极管外壳封装常采用金属壳封装、塑料封装和玻璃封装。由于整流二极管的正向电流较大，所以整流二极管多为面接触型二极管，结面积大、结电容大，但工作频率低
检波二极管		检波二极管是利用二极管的单向导电性把叠加在高频载波上的低频信号检出来的器件。这种二极管具有较高的检波效率和良好的频率特性
稳压二极管		稳压二极管是由硅材料制成的面结合型晶体二极管，利用PN结反向击穿时其电压基本保持恒定的特点来达到稳压的目的。主要有塑料封装、金属封装和玻璃封装三种封装形式
发光二极管		发光二极管是一种利用正向偏置时PN结两侧的多数载流子直接复合释放出光能的发射器件

名称	外形	特点
光敏二极管（光电二极管） 符号		光敏二极管又称为光电二极管，光敏二极管的特点是当受到光照射时，二极管反向阻抗会随之变化（随着光照射的增强，反向阻抗会减小），利用这一特性，光敏二极管常用作光电传感器件使用
变容二极管 符号 或 符号		变容二极管是利用 PN 结的电容随外加偏压变化而变化这一特性制成的非线性半导体器件，在电路中起电容器的作用，它被广泛地用于超高频电路中的参量放大器、电子调谐及倍频器等高频和微波器件中
开关二极管 符号		开关二极管是利用半导体二极管的单向导电性，为在电路上进行"开"或"关"的控制而特殊设计的一类二极管。这种二极管导通和截止速度非常快，能满足高频和超高频电路的需要，广泛应用于开关及自动控制等电路
双向触发二极管 符号		双向触发二极管（简称 DIAC）是具有对称性的两端半导体器件。常用来触发双向晶闸管，或用于过压保护、定时、移相电路
快恢复二极管 符号		快恢复二极管(简称 FRD)是一种高速开关二极管。这种二极管的开关特性好，反向恢复时间很短，正向压降低，反向击穿电压较高。主要应用于开关电源、PWM 脉宽调制电路以及变频等电子电路中

3.1.2 二极管的识别方法

通常，二极管的命名都采用直标法标注命名。但具体命名规则根据国家、地区及生产厂商的不同而有所不同。

二极管采用直标法的识读方法见表 3-2。

表3-2 二极管采用直标法的识读方法

标识类型	标识含义	实例
国产二极管	产品名称　材料/极性　类型　序号　规格号 产品名称：用数字"2"表示，表示有效极性引脚； 材料/极性：用字母表示，表示二极管的材料和极性；材料/极性的表示符号见表3-3； 类型：用字母数字表示，表示二极管的类型；类型的表示符号见表3-4； 序号：用数字表示，表示同类产品中不同品种，以区分产品的外形尺寸和性能指标等，有时会被省略； 规格号：表示二极管生产的规格型号，有时会被省略	 在该检波二极管上有"2AP9"的标注文字，根据规定可知："2"是二极管的名称代号，"A"表示该二极管是 N 型锗材料二极管，"P"则表明该二极管属于普通管，"9"则为二极管的编号
日本二极管	有效极数或类型　注册标志　材料/极性　序号　规格号 有效极数或类型：用数字表示，表示有效极性引脚；有效极数或类型的表示符号见表3-5； 注册标志：日本电子工业协会（JEIA）注册标志，用字母表示，S表示已在日本电子工业协会（JEIA）注册登记的半导体器件； 材料/极性：用字母表示，表示二极管使用材料极性和类型； 序号：用数字表示在日本电子工业协会（JEIA）登记的序号，两位以上的整数从"11"开始，表示在日本电子工业协会（JEIA）登记的序号；不同公司的性能相同的器件可以使用同一序号；数字越大，越是近期产品 规格号：用字母表示同一型号的改进型产品标志。A、B、C、D、E、F 表示这一器件是原型号产品的改进产品。 常用二极管参数见表3-6、表3-7	标识为"1N4002"的二极管，根据规定可知："1"表示为二极管，"N"表示该二极管是 N 型二极管，"4002"则为二极管的编号
美国二极管	类型　有效极数　注册标志　序号　规格号 类型：表示器件的用途类型；类型的表示符号见表3-8； 有效极数：用数字表示，表示有效 PN 结极数；有效极数的表示符号见表3-9； 注册标志：美国电子工业协会（EIA）注册标志。N 表示该器件已在美国电子工业协会（EIA）注册登记； 序号：用多位数字表示，美国电子工业协会登记顺序号； 规格号：用字母表示同一型号的改进型产品标志。同一型号器件的不同档别用不同的字母表示	标识为"1N4148"的二极管，根据规定可知："1"表示为二极管，"N"表示该器件已在美国电子工业协会（EIA）注册登记，"4148"表示该二极管在美国电子工业协会登记顺序号

表3-3　材料/极性表示符号的对照表

符号	意义	符号	意义
A	N 型锗材料	D	P 型硅材料
B	P 型锗材料	E	化合物材料
C	N 型硅材料		

表3-4　类型的表示符号对照表

符号	意义	符号	意义
P	普通管	S	隧道管
W	稳压管	CM	磁敏管
L	整流堆	H	恒流管
N	阻尼管	Y	体效应管
Z	整流管	B	变容管
U	光电管	G	高频小功率管（$f > 3\mathrm{MHz}$，$P_c < 1\mathrm{W}$）
K	开关管	X	低频小功率管（$f < 3\mathrm{MHz}$，$P_c < 1\mathrm{W}$）
V	微波管	EF	发光二极管
C	参量管	D	低频大功率管（$f < 3\mathrm{MHz}$，$P_c > 1\mathrm{W}$）
JD	激光管	A	高频大功率管（$f > 3\mathrm{MHz}$，$P_c > 1\mathrm{W}$）

表3-5　日本二极管有效极数或类型的表示符号对照表

符号	意义	符号	意义
0	光电（即光敏）二极管	2	三极或两个 PN 结的二极管
1	二极管	3	四极或三个 PN 结的二极管

表3-6　常用的1N4000系列二极管耐压和电流比较表

型号	1N4001	1N4002	1N4003	1N4004	1N4005	1N4006	1N4007
耐压 /V	50	100	200	400	600	800	1000
电流 /A	1	1	1	1	1	1	1

表3-7　常用二极管耐压比较表

型号	1N4728	1N4729	1N4730	1N4732	1N4733	
耐压 /V	3.3	3.6	3.9	4.7	5.1	
型号	1N4734	1N4735	1N4744	1N4750	1N4751	1N4761
耐压 /V	5.6	6.2	15	27	30	75

表3-8　美国生产的二极管类型的表示符号对照表

符号	意义	符号	意义
JAN	军级	JANS	宇航级
JANTX	特军级	无	非军用品
JANTXV	超特军级		

表3-9　美国生产的二极管有效极数的表示符号对照表

符号	意义	符号	意义
1	二极管（一个 PN 结）	3	三个 PN 结
2	三极管（两个 PN 结）	n	n 个 PN 结

3.1.3 普通二极管的检测

由于二极管具有正向导通、反向截止的性质，在对二极管进行检测时，可根据该特性来判断所测二极管性能是否良好。

以下以稳压二极管为例进行检测，具体检测方法见图3-1。

步骤① 根据二极管标识区分待测二极管引脚的正负极

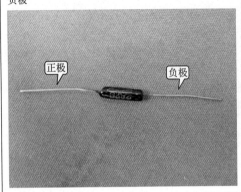

步骤② 使用模拟万用表，并将万用表量程旋钮置于"蜂鸣"挡

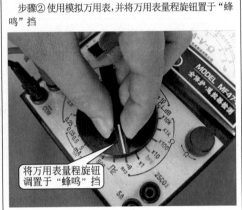

将万用表量程旋钮调置于"蜂鸣"挡

步骤③ 将万用表的红表笔搭在二极管负极引脚处，黑表笔搭在二极管正极引脚处，此时万用表发出蜂鸣声

步骤④ 调换表笔，将黑表笔搭在二极管负极引脚处，红表笔搭在二极管正极引脚处，此时，万用表无蜂鸣声音，观测万用表指针，其显示读数为无穷大

图3-1 普通二极管的检测方法和步骤

判断结果：在使用万用表蜂鸣挡检测二极管正向阻值时，如万用表发出声音，并且反向阻值为无穷大时，表明该二极管正常。

3.1.4　发光二极管的检测

发光二极管的
检测方法

发光二极管的检测方法见图3-2。

步骤① 根据规定，发光二极管引脚长的为正极，引脚短的为负极

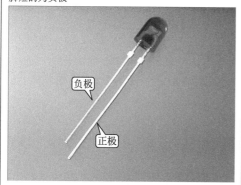

步骤② 将万用表量程调整为"R×10k"挡并进行调零校正

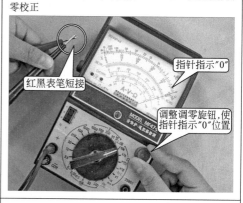

指针指示"0"

红黑表笔短接

调整调零旋钮，使指针指示"0"位置

步骤③ 将万用表黑表笔搭在二极管正极引脚，红表笔搭在二极管负极引脚，检测时二极管会发光

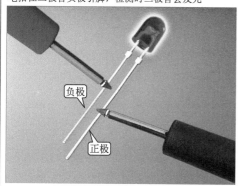

步骤④ 观测万用表显示读数，将所测得正向阻值记为 R_1，其阻值通常为20kΩ

步骤⑤ 调换表笔，将黑表笔搭在二极管负极引脚，红表笔搭在二极管正极引脚

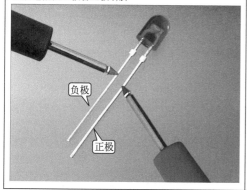

步骤⑥ 观测万用表显示读数，将所测得反向阻值记为 R_2，通常为无穷大

图3-2　发光二极管的检测方法

判断结果：

- 若正向阻值 R_1 有一固定阻值，而反向阻值 R_2 趋于无穷大，即可判定二极管良好；
- 若正向阻值 R_1 和反向电阻 R_2 都趋于无穷大，则二极管存在断路故障；
- 若正向阻值 R_1 和反向电阻 R_2 都趋于0，则二极管存在击穿短路；

• 若 R_1 和 R_2 数值都很小，可以断定该二极管已被击穿。

3.1.5 变容二极管的检测

由于变容二极管本身的特性，变容二极管的软故障比较多，所谓软故障就是二极管并不表现为开路或短路这样明显的故障，而是只表现为性能变差、热稳定性差等，有时可能无法用万用表检测出来。但一般来说，还是使用检测其电阻的方式来判定变容二极管的好坏。变容二极管的检测方法见图3-3。

步骤① 检测变容二极管时，通常需要先辨认二极管的正、负极性，引脚长的为正极，引脚短的为负极

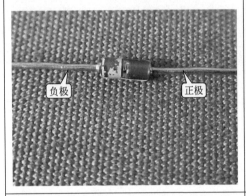

步骤② 将万用表旋至欧姆挡，量程调整为"R×1k"挡。之后，将万用表两表笔短接，调整调零旋钮使指针指示为0

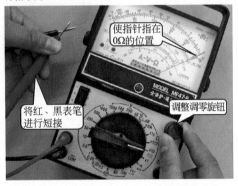

步骤③ 将万用表黑表笔搭在二极管正极引脚，红表笔搭在二极管负极引脚

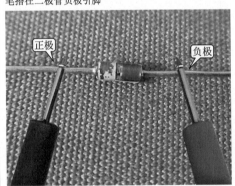

步骤④ 观测万用表显示读数，将所测得正向阻值记为 R_1，此时测得其值为20kΩ左右

步骤⑤ 调换表笔，将黑表笔搭在二极管负极引脚，红表笔搭在二极管正极引脚

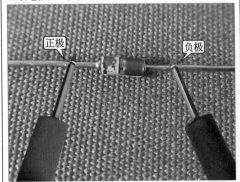

步骤⑥ 观测万用表显示读数，将所测得反向阻值记为 R_2，此时该阻值趋于无穷大

图3-3 变容二极管的检测方法

判断结果：

• 若所测正向和反向阻值都接近无穷大，可以断定该变容二极管良好；

• 若所测正向和反向阻值数值较小，但都有定值，可以断定该变容二极管有漏电故障；

• 若所测正向和反向阻值接近 0，可以断定该变容二极管有被击穿故障。

3.1.6　双向触发二极管的检测

检测双向触发二极管时，通常不需要判断二极管的正、负极性，双向触发二极管的检测方法见图 3-4。

图3-4　双向触发二极管的检测方法

判断结果：

• 双向触发二极管正常情况时，其正、反向阻值都接近无穷大。如用万用表一般不能检测短路方面的故障。

• 若正、反向阻值都很小或为 0，可以断定该双向触发二极管已损坏。

3.2
晶体三极管

3.2.1　晶体三极管的种类特点

晶体三极管的种类很多，在电路中所起的作用也各不相同，因此在识别晶体三极管时，应根据晶体三极管的种类、作用进行判别。

常见的几种晶体三极管及其图形符号、外形、特点等见表 3-10。

表3-10　常见的几种晶体三极管及其图形符号、外形、特点

名称及图形符号	外形	特点
小功率晶体三极管		小功率晶体三极管的功率 P_C 一般小于 0.3W，它是电子电路中用得最多的晶体三极管之一。主要用来放大交、直流信号或应用在振荡器、变换器等电路中
中功率晶体三极管		中功率晶体三极管的功率 P_C 一般在 0.3～1W 之间，这种晶体三极管主要用于驱动电路和激励电路之中，或者是为大功率放大器提供驱动信号。根据工作电流和耗散功率，应采用适当的散热方式
大功率晶体三极管		大功率晶体三极管的功率 P_C 一般在 1W 以上，这种晶体三极管由于耗散功率比较大，工作时往往会引起芯片内温度过高，所以通常需要安装散热片，以确保晶体三极管良好的散热
低频晶体三极管		低频晶体三极管的特征频率 f_T 小于 3MHz，这种晶体三极管多用于低频放大电路、如收音机的功放电路等
高频晶体三极管		高频晶体三极管的特征频率 f_T 大于 3MHz，这种晶体三极管多用于高频放大电路、混频电路或高频振荡等电路
表面封装形式的晶体三极管		采用表面封装形式的晶体三极管体积小巧，多用于数码产品的电子电路中

名称及图形符号	外形	特点
金属封装形式的晶体三极管	采用B型封装形式的高频小功率三极管	采用金属封装形式的晶体三极管主要有 B 型、C 型、D 型、E 型、F 型和 G 型。其中，小功率晶体三极管（以高频小功率晶体三极管为主）主要采用 B 型封装形式，F 型和 G 型封装形式主要用于低频大功率晶体三极管
光敏晶体管 或		光敏晶体管是一种具有放大能力的光 - 电转换器件，相比光敏二极管它具有更高的灵敏度。需要注意的是，光敏晶体管既有三个引脚，也有两个引脚的，使用时要注意辨别，不要误认为两个引脚的光敏晶体三极管为光敏二极管

3.2.2　晶体三极管的识别方法

通常，晶体三极管的命名都采用直标法标注命名。但具体命名规则根据国家、地区及生产厂商的不同而有所不同。

晶体三极管采用直标法的识读方法见表 3-11。

表3-11　晶体三极管采用直标法的识读方法

标识类型	标识含义	实例
国产晶体三极管	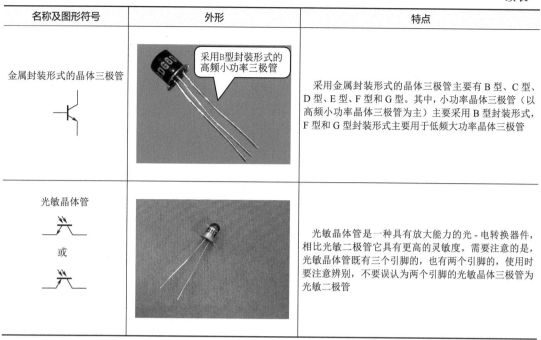产品名称：用数字"3"表示，表示有效极性引脚； 材料 / 极性：用字母表示，表示晶体三极管的材料和极性；国产晶体三极管材料 / 极性的表示符号见表 3-12； 类型：用字母数字表示，表示晶体三极管的类型；国产晶体三极管类型的表示符号见表 3-13； 序号：用数字表示，表示同类产品中不同品种，以区分产品的外形尺寸和性能指标等，有时会被省略； 规格号：表示晶体三极管生产的规格型号，有时会被省略	半导体晶体三极管主要采用直接标注的方法。从外形上看，该晶体三极管采用的是 F 型金属封装形式，在管子的表面标注有"3AD50C"。根据晶体三极管的命名规格可知，该晶体三极管为国产三极管，"A"表示该三极管为锗材料制作的 PNP 型三极管，"D"表示该三极管属于低频大功率管。"50C"则为该管子的产品编号。因此，该三极管为低频大功率 PNP 型锗三极管

续表

标识类型	标识含义	实例
日本三极管	有效极数或类型　注册标志　材料/极性　序号　规格号 　2　　S　　C　　2168 有效极数或类型：用数字表示，表示有效极性引脚；日本三极管有效极数/类型的表示符号见表 3-14； 注册标志：日本电子工业协会（JEIA）注册标志，用字母表示，S 表示已在日本电子工业协会 JEIA 注册登记的半导体器件； 材料/极性：用字母表示，表示晶体三极管使用材料极性和类型；日本三极管材料/极性的表示符号见表 3-15； 序号：用数字表示在日本电子工业协会（JEIA）登记的顺序号，两位以上的整数从"11"开始，表示在日本电子工业协会（JEIA）登记的顺序号；不同公司的性能相同的器件可以使用同一顺序号；数字越大，越是近期产品； 规格号：用字母表示同一型号的改进型产品标志。A、B、C、D、E、F 表示这一器件是原型号产品的改进产品	例 1： 该三极管采用塑料封装形式。管子上标注为"2SC 5200"，标注的下方印有"JAPAN"字样，表示该三极管为日本产三极管。根据命名规则可知，"2SC"表示该三极管为 NPN 型高频三极管。 例 2： 该三极管采用塑料封装形式，管子的标注为"D2499"，它是"2SD2499"的简写，也属于日本产三极管。根据命名规则，"D"表示该三极管为 NPN 型低频三极管。后面的"2499"即为该三极管的产品编号
美国三极管	类型　有效极数　注册标志　序号　规格号 　　　2　　N　　2907　　A 类型：表示器件的用途类型，美国三极管的类型的表示符号见表 3-16； 有效极数：用数字表示，表示有效 PN 结极数（2 即表示三极管）；美国三极管有效数字/意义的表示符号见表 3-17； 注册标志：美国电子工业协会（EIA）注册标志。N 表示该器件已在美国电子工业协会（EIA）注册登记； 序号：用多位数字表示，美国电子工业协会登记顺序号； 规格号：用字母表示同一型号的改进型产品标志。A、B、C、D…同一型号器件的不同档别用字母表示	 该三极管是采用 F 型金属封装形式，该管子的标注为"2N3773"，通过"2N"可知，该管子属于美国生产的三极管，"3773"为该三极管的产品编号。虽然管子没有明确标注管子的具体类型，但根据封装规则可知，F 型封装形式的三极管主要用于低频大功率三极管的封装。因此可断定该三极管为美国产低频大功率三极管

表 3-12　国产晶体三极管材料/极性的表示符号对照表

符号	意义	符号	意义
A	锗材料、PNP 型	D	硅材料、NPN 型
B	锗材料、NPN 型	E	化合物材料
C	硅材料、PNP 型		

表3-13　国产晶体三极管类型的表示符号对照表

符号	意义	符号	意义
G	高频小功率管	V	微波管
X	低频小功率管	B	雪崩管
A	高频大功率管	J	阶跃恢复管
D	低频大功率管	U	光敏管（光电管）
T	闸流管	J	结型场效应晶体管
K	开关管		

表3-14　日本晶体三极管有效极数/类型的表示符号对照表

符号	意义	符号	意义
0	光电（即光敏）二极管	2	三极或两个 PN 结的晶体三极管
1	二极管	3	四极或三个 PN 结的晶体三极管

表3-15　日本晶体三极管材料/极性的表示符号对照表

符号	意义	符号	意义
A	PNP 型高频管	G	N 控制极可控硅
B	PNP 型低频管	H	N 基极单结晶体管
C	NPN 型高频管	J	P 沟道场效应管
D	NPN 型低频管	K	N 沟道场效应管
F	P 控制极可控硅	M	双向可控硅

表3-16　美国晶体三极管的类型的表示符号对照表

符号	意义	符号	意义
JAN	军级	JANS	宇航级
JANTX	特军级	无	非军用品
JANTXV	超特军级		

表3-17　美国晶体三极管的效数字/意义的表示符号对照表

符号	意义	符号	意义
1	二极管（一个 PN 结）	3	三个 PN 结
2	晶体三极管（两个 PN 结）	n	n 个 PN 结

3.2.3　PNP型晶体三极管的检测

PNP 型晶体三极管的检测方法见图 3-5。

步骤① 对待测 PNP 型晶体三极管的引脚进行清洁，去除表面污物，以确保测量准确	步骤② 将万用表旋至欧姆挡，量程调整为"R×1k"挡。之后，将万用表两表笔短接，调整调零旋钮使指针指示为 0

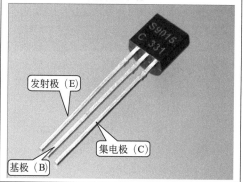

发射极（E）
集电极（C）
基极（B）

指针指示"0"
红黑表笔短接
调整调零旋钮，使指针指示"0"位置

图3-5

步骤③ 将万用表红表笔搭在晶体三极管的基极（B）引脚上，黑表笔搭在晶体三极管的集电极（C）的引脚上

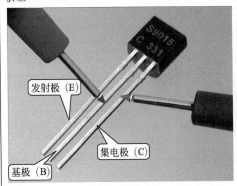

步骤④ 观测万用表显示读数，将所测得基极与集电极之间的正向阻值记为 R_2，其阻值为 9kΩ

步骤⑤ 对调表笔，将万用表的黑表笔搭在晶体三极管的基极（B）引脚上，红表笔搭在晶体三极管的集电极（C）的引脚上

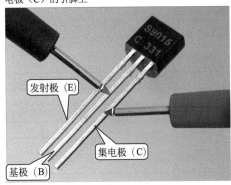

步骤⑥ 观测万用表显示读数，测得基极与集电极之间的反向阻值记为 R_1，趋于无穷大

步骤⑦ 将万用表红表笔搭在晶体三极管的基极（B）引脚上，黑表笔搭在发射极（E）引脚上

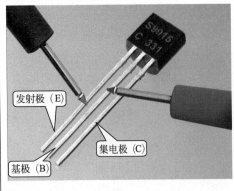

步骤⑧ 观察表盘指针变化，即可测得该晶体三极管基极与发射极之间的正向阻值 R_4 约为 9.5kΩ

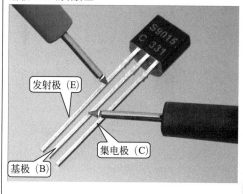

步骤⑨ 对调表笔，将万用表的黑表笔搭在晶体三极管的基极（B）引脚上，红表笔搭在晶体三极管的发射极（E）的引脚上

发射极（E）

基极（B）

集电极（C）

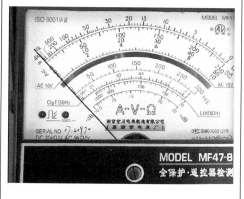

步骤⑩ 观察表盘，即可测得该晶体三极管基极与发射极之间的反向阻值 R_3，趋于无穷大

图3-5　PNP型晶体三极管的检测方法

判断结果：

- 若 R_1 远大于 R_2、R_3 远大于 R_4、R_2 约等于 R_4，可以断定该 PNP 型晶体三极管正常。
- 若以上 3 个条件中有一个不符合，可以断定该 PNP 型晶体三极管不正常。
- PNP 型晶体三极管的三个引脚中：红表笔接基极测正向阻值，一般基极与集电极、基极与发射极之间的正向阻抗有一定值，其他引脚间阻抗均为无穷大。

3.2.4　NPN型晶体三极管的检测

NPN 型晶体三极管的检测方法见图 3-6。

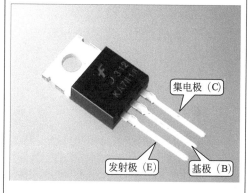

步骤① 对待测 NPN 型晶体三极管的引脚进行清洁，去除表面污物，以确保测量准确

集电极（C）

发射极（E）

基极（B）

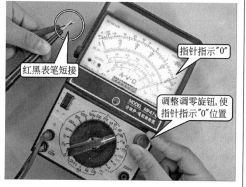

步骤② 将万用表旋至欧姆挡，量程调整为"R×10k"挡。之后，将万用表两表笔短接，调整调零旋钮使指针指示为 0

指针指示"0"

红黑表笔短接

调整调零旋钮，使指针指示"0"位置

图3-6

步骤③ 将万用表的黑表笔搭在晶体三极管的基极（B）引脚上，红表笔搭在集电极（C）的引脚上

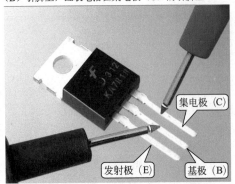

步骤④ 观测万用表显示读数，测得基极与集电极之间的正向阻值记为 R_1，其阻值为 18.5kΩ

步骤⑤ 调换表笔，将红表笔搭在晶体三极管的基极（B）引脚上，黑表笔搭在集电极（C）的引脚上

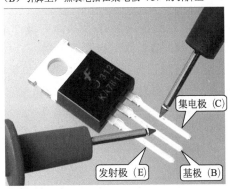

步骤⑥ 观测万用表显示读数，测得基极与集电极之间的反向阻值记为 R_2，其阻值为无穷大

步骤⑦ 将万用表的黑表笔搭在晶体三极管的基极（B）引脚上，红表笔搭在发射极（E）的引脚上

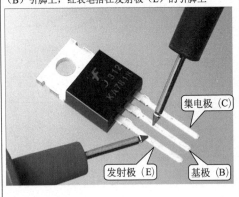

步骤⑧ 观测万用表显示读数，测得基极与发射极之间的正向阻值记为 R_3，其阻值为 18.5kΩ

步骤⑨ 调换表笔，将红表笔搭在晶体三极管的基极（B）引脚上，黑表笔搭在晶体三极管的发射极（E）引脚上	步骤⑩ 观测万用表显示读数，测得基极与发射极之间的反向阻值记为 R_4，其阻值为无穷大

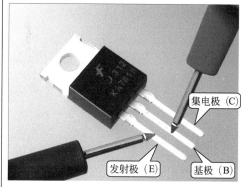 

图3-6　NPN型晶体三极管的检测方法

判断结果：

• 若 R_2 远大于 R_1、R_4 远大于 R_3、R_1 约等于 R_3，可以断定该 NPN 型晶体三极管正常。

• 若以上 3 个条件中有一个不符合，可以断定该 NPN 型晶体三极管不正常。

• NPN 型晶体三极管的三个引脚中：黑表笔接基极测正向阻值，一般基极与集电极、基极与发射极之间的正向阻抗有一定值，其他引脚间阻抗均为无穷大。

PNP 与 NPN 型晶体管检测时的区别见表 3-18。

表3-18　PNP与NPN型晶体管检测时的区别

类型	集电极和发射极的判断		阻值的测试	
	检测方法	结果	检测方法	结果
PNP 型晶体三极管	红黑表笔接在除基极以外的两只引脚上，用手短接基极与红表笔所接引脚，对调表笔测量，观察两次指针摆动情况	以摆动范围较大的依次为准，红表笔所接引脚为集电极，另一只引脚为发射极	红表笔接基极，黑表笔分别接其他两个引脚，检测基极与集电极、基极与发射极之间的正常阻抗，对调表笔测反向阻抗	测正向阻值时一般能够测得一定阻值；反向阻值趋于无穷大；集电极与发射极之间正、反向均趋于无穷大
NPN 型晶体三极管	红黑表笔接在除基极以外的两只引脚上，用手短接基极与黑表笔所接引脚，对调表笔测量，观察两次指针摆动情况	以摆动范围较大的依次为准，黑表笔所接引脚为集电极，另一只引脚为发射极	黑表笔接基极，红表笔分别接其他两个引脚，检测基极与集电极、基极与发射极之间的正常阻抗，对调表笔测反向阻抗	测正向阻值时一般能够测得一定阻值；反向阻值趋于无穷大；集电极与发射极之间正、反向均趋于无穷大

3.2.5　晶体三极管放大倍数的检测

晶体三极管的主要功能是具有对电流放大的作用，其放大倍数的检测方法见图 3-7。

晶体三极管
放大倍数的
检测方法

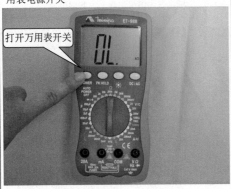

步骤① 使用数字万用表进行测量，首先打开万用表电源开关

打开万用表开关

步骤② 将万用表量程旋钮置于"hFE"挡。该挡专用于检测晶体管放大倍数

将万用表量程旋钮置于"hFE"挡

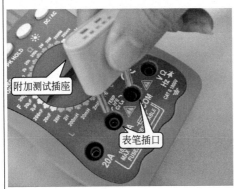

步骤③ 将附加测试插座插入万用表的表笔插口中

附加测试插座

表笔插口

步骤④ 再将待测晶体三极管插入"PNP"输入插孔。插入时，应注意引脚的插入方向

将待测三极管插入"PNP"输入插孔

图3-7 晶体三极管放大倍数的检测方法

3.3
场效应晶体管

3.3.1 场效应晶体管的种类特点

场效应晶体管按其结构不同分为两大类，即绝缘栅型场效应晶体管和结型场效应晶体管。绝缘栅型场效应晶体管由金属、氧化物和半导体材料制成，简称 MOS 管。MOS 管按其工作状态可分为增强型和耗尽型两种，每种类型按其导电沟道不同又分为 N 沟道和 P 沟道两种。结型场效应晶体管按其导电沟道不同也分为 N 沟道和 P 沟道两种。

以上两种场效应晶体管的实物外形、功能特点等见表 3-19，其图形符号见表 3-20。

表 3-19　场效应晶体管的外形、特点

名称	外形	特点
绝缘栅型场效应晶体管		绝缘栅型场效应晶体管是利用感应电荷的多少，改变沟道导电特性来控制漏极电流的。它与结型场效应晶体管的外形相同，只是型号标记不同
结型场效应晶体管	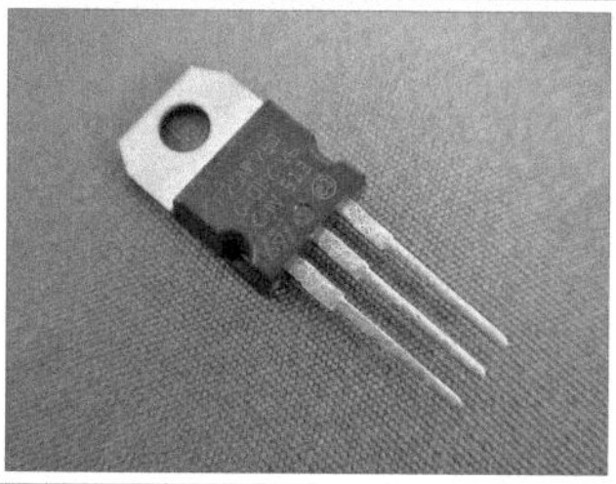	结型场效应晶体管是利用沟道两边的耗尽层宽窄，改变沟道导电特性来控制漏极电流的

表 3-20　场效应晶体管图形符号

名称	图形符号	
	N 沟道	P 沟道
绝缘栅型场效应晶体管	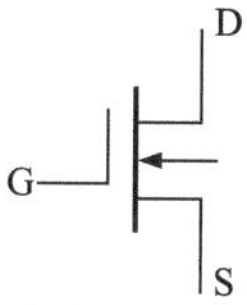 MOS耗尽型单栅N沟道	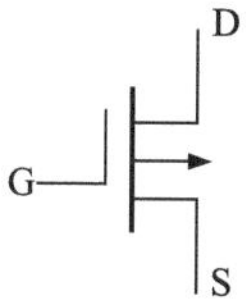 MOS耗尽型单栅P沟道
	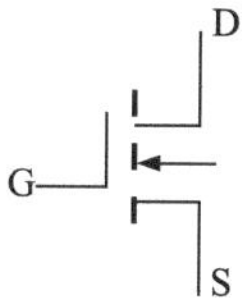 MOS增强型单栅N沟道	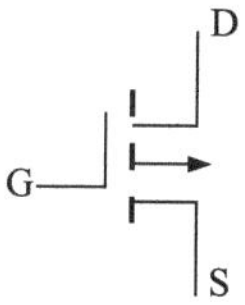 MOS增强型单栅P沟道
	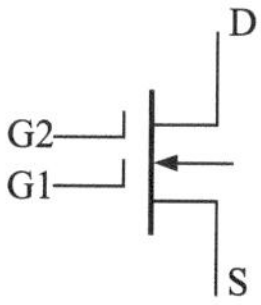 MOS耗尽型双栅N沟道	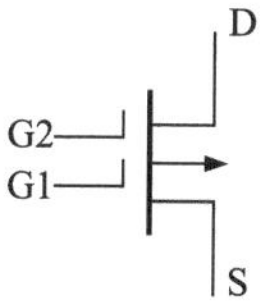 MOS耗尽型双栅P沟道
结型场效应晶体管	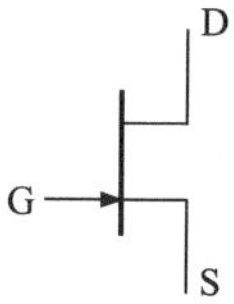 结型N沟道	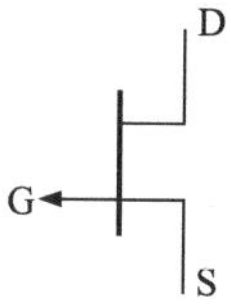 结型P沟道

　　场效应晶体管一般具有 3 个极（双栅管具有 4 个极）栅极 G、源极 S 和漏极 D，它们的功能分别对应于前述的晶体三极管双极型的基极 B、发射极 E 和集电极 C。由于场效应

晶体管的源极 S 和漏极 D 在结构上是对称的，因此在实际使用过程中有一些可以互换。

3.3.2 场效应晶体管的识别方法

通常，场效应晶体管的命名都采用直标法标注命名。其命名规则是不固定的，型号、厂家等不同，命名规则也就不同。

场效应晶体管采用直标法的识读方法见表 3-21。

表 3-21 场效应晶体管采用直标法的识读方法

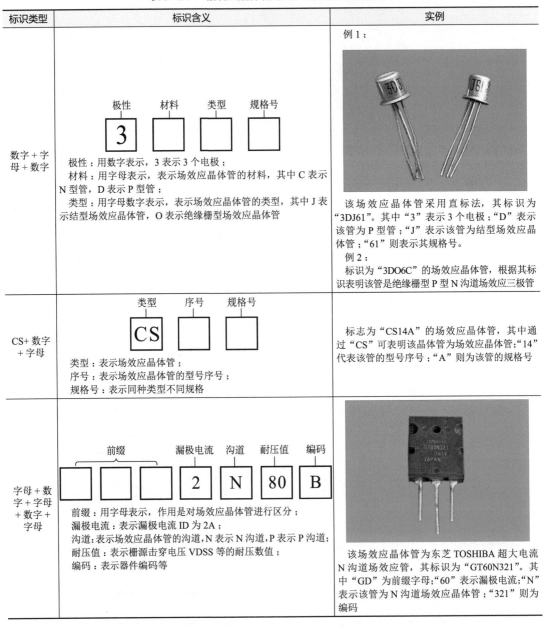

标识类型	标识含义	实例
数字＋字母＋数字	极性：用数字表示，3 表示 3 个电极； 材料：用字母表示，表示场效应晶体管的材料，其中 C 表示 N 型管，D 表示 P 型管； 类型：用字母数字表示，表示场效应晶体管的类型，其中 J 表示结型场效应晶体管，O 表示绝缘栅型场效应晶体管	例1： 该场效应晶体管采用直标法，其标识为"3DJ61"。其中"3"表示 3 个电极；"D"表示该管为 P 型管；"J"表示该管为结型场效应晶体管；"61"则表示其规格号。 例2： 标识为"3DO6C"的场效应晶体管，根据其标识表明该管是绝缘栅型 P 型 N 沟道场效应三极管
CS＋数字＋字母	类型：表示场效应晶体管； 序号：表示场效应晶体管的型号序号； 规格号：表示同种类型不同规格	标志为"CS14A"的场效应晶体管，其中通过"CS"可表明该晶体管为场效应晶体管；"14"代表该管的型号序号；"A"则为该管的规格号
字母＋数字＋字母＋数字＋字母	前缀：用字母表示，作用是对场效应晶体管进行区分； 漏极电流：表示漏极电流 ID 为 2A； 沟道：表示场效应晶体管的沟道，N 表示 N 沟道，P 表示 P 沟道； 耐压值：表示栅源击穿电压 VDSS 等的耐压数值； 编码：表示器件编码等	该场效应晶体管为东芝 TOSHIBA 超大电流 N 沟道场效应管，其标识为"GT60N321"。其中"GD"为前缀字母；"60"表示漏极电流；"N"表示该管为 N 沟道场效应晶体管；"321"则为编码

一些场效应管除对名称进行标注外，还将相关参数进行标识，场效应管的参数很多，

包括直流参数、交流参数和极限参数，但一般使用时关注以下主要参数，见表 3-22。

表3-22　场效应晶体管参数标识及含义

标识	标识名称	标识含义
I_{DSS}	饱和漏源电流	是指结型或耗尽型绝缘栅场效应管中，栅极电压 U_{GS}=0 时的漏源电流
U_P	夹断电压	是指结型或耗尽型绝缘栅场效应管中，使漏源间刚截止时的栅极电压
U_T	开启电压	是指增强型绝缘栅场效管中，使漏源间刚导通时的栅极电压
g_M	跨导	是表示栅源电压 U_{GS} 对漏极电流 I_D 的控制能力，即漏极电流 I_D 变化量与栅源电压 U_{GS} 变化量的比值。g_M 是衡量场效应管放大能力的重要参数
$U_{(BR)DSS}$	漏源击穿电压	指栅源电压 U_{GS} 一定时，场效应管正常工作所能承受的最大漏源电压。这是一项极限参数，加在场效应管上的工作电压必须小于 $U_{(BR)DSS}$
P_{DSM}	最大耗散功率	是一项极限参数，是指场效应管性能不变坏时所允许的最大漏源耗散功率。使用时，场效应管实际功耗小于 P_{DSM} 并留有一定余量
I_{DSM}	最大漏源电流	是一项极限参数，是指场效应管正常工作时，漏源间所允许通过的最大电流

3.3.3　场效应晶体管类型的判别检测

检测场效应晶体管前可以通过万用表来判断场效应晶体管的沟道类型，以保证测量的准确，其具体检测方法见图 3-8。

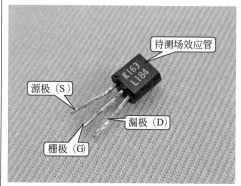

步骤① 检测前，应先区分待测场效应晶体管的源极（S）、栅极（G）和漏极（D），并对各个管脚进行清洁，去除表面污物，以确保测量准确

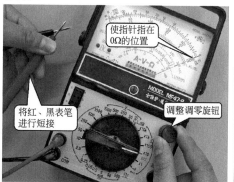

步骤② 将万用表旋至欧姆挡，量程调整为 "R×10" 挡，之后将万用表两表笔短接，调整调零旋钮使指针指示为 0

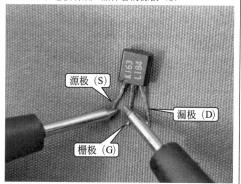

步骤③ 将万用表的黑表笔接场效应晶体管的栅极（G），红表笔接场效应晶体管的源极（S）

步骤④ 测得栅极和源极之间的电阻值记为 R_1，其阻值约为 17×10=170Ω

图3-8

步骤⑤ 将万用表的黑表笔接场效应晶体管的栅极（G），红表笔接场效应晶体管的漏极（D）

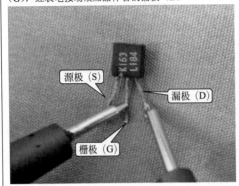

源极（S）
漏极（D）
栅极（G）

步骤⑥ 测得栅极和漏极之间的电阻值记为 R_2，其阻值约为 $17 \times 10 = 170\Omega$

图3-8 场效应晶体管类型判别的检测方法

判断结果：若均能测的一个固定的阻值，则表明所测场效应晶体管为 N 沟道场效应晶体管。若所测的阻值均为无穷大，则表明所测的场效应晶体管为 P 沟道场效应晶体管。

3.3.4 场效应晶体管性能的检测

下面以 N 沟道场效应晶体管为例，对其性能的进行检测，具体检测方法见图 3-9。

场效应晶体管的检测方法

步骤① 将万用表旋至欧姆挡，量程调整为"R×10"挡

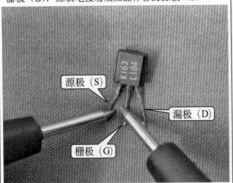

将万用表量程调整为" R×10Ω"

步骤② 将万用表两表笔短接，调整调零旋钮使指针指示为 0

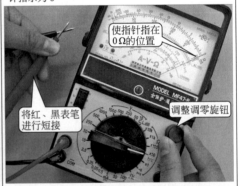

使指针指在 0Ω 的位置

将红、黑表笔进行短接

调整调零旋钮

步骤③ 将模拟万用表的黑表笔接场效应晶体管的栅极（G），红表笔接场效应晶体管的源极（S）

源极（S）
漏极（D）
栅极（G）

步骤④ 观测万用表显示读数，将所测得其阻值记为 R_1，其阻值为 170Ω

步骤⑤ 将模拟万用表的黑表笔接场效应晶体管的栅极（G），红表笔接场效应晶体管的漏极（D）

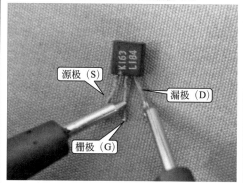

源极（S）
漏极（D）
栅极（G）

步骤⑥ 观测万用表显示读数，将所测得其阻值记为 R_2，其阻值为 170Ω

步骤⑦ 将万用表的黑表笔接场效应晶体管的漏极（D）引脚上，红表笔接场效应晶体管的源极（S）引脚

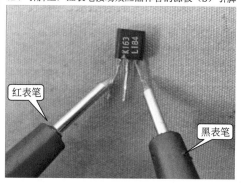

红表笔
黑表笔

步骤⑧ 观测万用表显示读数，读数并记录得数 R_3，实测其值约为 5kΩ

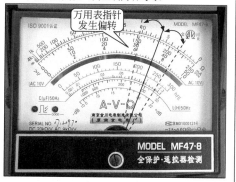

万用表测量的实际数值

步骤⑨ 保持表笔不动，用一只螺钉旋具（或手指）接触场效应晶体管的栅极（G）引脚上

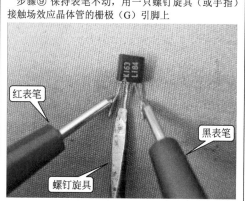

红表笔
黑表笔
螺钉旋具

步骤⑩ 在接触的瞬间可以看到，万用表的指针会产生一个较大的变化（向左或向右均可）

万用表指针发生偏转

图3-9 场效应晶体管性能的检测方法

判断结果：

• 若 R_1 和 R_2 均能测得一个固定值，则说明场效应晶体管良好；

• 若 R_1 和 R_2 趋于零或无穷大，则表明场效应晶体管已损坏；

• 步骤⑩中指针摆动幅度越大，表明场效应晶体管的放大能力越好，反之则表明场效应晶体管的放大能力越差。若螺钉旋具（或手指）接触栅极（G）时，指针无摆动，则表明场效应晶体管已失去放大能力。

3.4
晶闸管

3.4.1 晶闸管的种类特点

晶闸管（可控硅）是一种可控整流器件，它有单向和双向两种结构，还可以作为可控开关使用。其主要特点就是，它在一定的电压条件下，只要有一个触发脉冲就可导通，触发脉冲消失，晶闸管仍然能维持导通状态，可以用微小的功率控制较大的功率，因此常用于电机驱动控制电路中，以及用于电源中作为过载保护器件等。

晶闸管的种类很多，主要有单向晶闸管、双向晶闸管、逆导晶闸管、可关断晶闸管、快速晶闸管、光控晶闸管等多种类型。其中应用最多的是单向晶闸管和双向晶闸管。

常见的几种晶闸管及其图形符号、外形、特点等见表3-23。

表3-23　常见的几种晶闸管及其图形符号、外形、特点

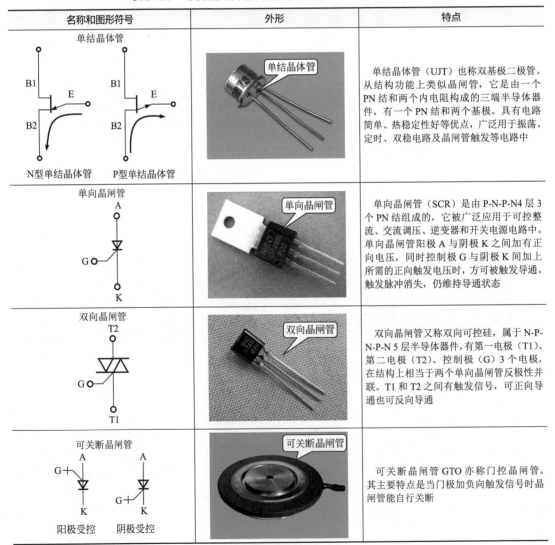

名称和图形符号	外形	特点
单结晶体管 N型单结晶体管　　P型单结晶体管	单结晶体管	单结晶体管（UJT）也称双基极二极管。从结构功能上类似晶闸管，它是由一个PN结和两个内电阻构成的三端半导体器件，有一个PN结和两个基极。具有电路简单、热稳定性好等优点，广泛用于振荡、定时、双稳电路及晶闸管触发等电路中
单向晶闸管 A G K	单向晶闸管	单向晶闸管（SCR）是由P-N-P-N4层3个PN结组成的，它被广泛应用于可控整流、交流调压、逆变器和开关电源电路中。单向晶闸管阳极A与阴极K之间加有正向电压，同时控制极G与阴极K间加上所需的正向触发电压时，方可被触发导通。触发脉冲消失，仍维持导通状态
双向晶闸管 T2 G T1	双向晶闸管	双向晶闸管又称双向可控硅，属于N-P-N-P-N5层半导体器件，有第一电极（T1）、第二电极（T2）、控制极（G）3个电极，在结构上相当于两个单向晶闸管反极性并联。T1和T2之间有触发信号，可正向导通也可反向导通
可关断晶闸管 A　　　　A G　　　G K　　　　K 阳极受控　阴极受控	可关断晶闸管	可关断晶闸管GTO亦称门控晶闸管。其主要特点是当门极加负向触发信号时晶闸管能自行关断

续表

名称和图形符号	外形	特点
快速晶闸管 阳极受控 阴极受控	快速晶闸管	快速晶闸管是一个 P-N-P-N 共 4 层的三端器件，可以在 400Hz 以上频率工作的晶闸管。其开通时间为 4～8μs，关断时间为 10～60μs。主要用于较高频率的整流、斩波、逆变和变频电路
螺栓型晶闸管 阳极受控 阴极受控	螺栓型晶闸管	螺栓型晶闸管的螺栓一端为阳极 A，较细的引线端为控制极 G，较粗的引线端为阴极 K，是一种大电流晶闸管

3.4.2 晶闸管的识别方法

通常，半导体晶闸管的命名都采用直标法标注命名。但具体命名规则根据国家、地区及生产厂商的不同而有所不同。

晶闸管采用直标法的识读方法见表 3-24。

表3-24   晶闸管采用直标法的识读方法

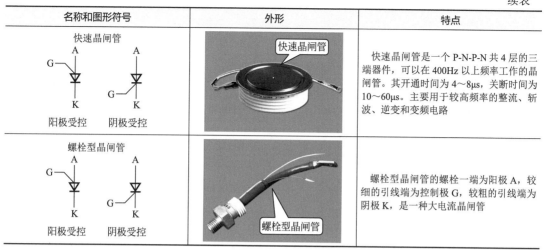

标识类型	标识含义	实例
国产晶闸管	产品名称：用字母表示，如晶闸管（可控硅）用 K 表示； 类型：用字母表示，表示晶闸管属于什么类型；类型的表示符号见表 3-25； 额定通态电流值：用数字表示，表示晶闸管的额定电流；额定通态电流的表示符号见表 3-26； 重复峰值电压级数：用数字表示，表示晶闸管的额定电压；重复峰值电压级数的表示符号见表 3-27	该晶闸管采用的是塑料封装形式，在管子的表面标注为"KK23"。根据晶闸管的命名规格可知，该晶闸管为国产晶闸管，第一个"K"表示晶闸管，第二个"K"表示快速反向阻断型晶闸管，"2"表示额定通态电流为 2A，"3"则为重复峰值电压 300V
日本晶闸管	额定通态电流值：用数字表示； 类型：用字母表示，表示晶闸管属于什么类型； 额定通态电流值：用数字表示，表示晶闸管的额定电流； 重复峰值电压级数：用数字表示，表示晶闸管的额定电压； 日本将晶闸管称为可控硅（SCR）	该晶闸管上的标注文字为"2P4MH"（日本标准），其中"2"表示额定通态电流（正向导通电流）；"P"表示普通反向阻断型晶闸管，"4"表示重复峰值电压级数。因此该晶闸管标识为：额定通态电流 2A，重复峰值电压 400V，普通反向阻断型晶闸管。通常晶闸管的直标采用的是简略方式，也就是说只标识出重要的信息，而不是所有的都被标识出来

表3-25　国产晶闸管类型的表示符号对照表

符号	意义	符号	意义
P	普通反向阻断型	S	双向型
K	快速反向阻断型		

表3-26　国产晶闸管额定通态电流的表示符号对照表

符号	意义	符号	意义
1	1 A	50	50 A
2	2 A	100	100 A
5	5 A	200	200 A
10	10 A	300	300 A
20	20 A	400	400 A
30	30 A	500	500 A

表3-27　国产晶闸管重复峰值电压级数的表示符号对照表

符号	意义	符号	意义
1	100 V	7	700 V
2	200 V	8	800 V
3	300 V	9	900 V
4	400 V	10	1000 V
5	500 V	12	1200 V
6	600 V	14	1400 V

3.4.3　单向晶闸管检测

单向晶闸管的检测方法见图3-10。

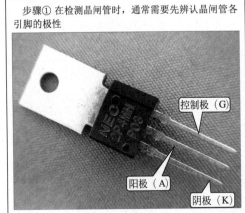

步骤① 在检测晶闸管时，通常需要先辨认晶闸管各引脚的极性

控制极（G）

阳极（A）

阴极（K）

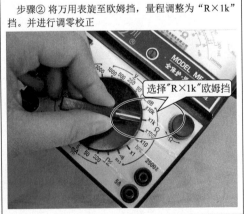

步骤② 将万用表旋至欧姆挡，量程调整为"R×1k"挡。并进行调零校正

选择"R×1k"欧姆挡

步骤③ 将万用表红表笔搭在单向晶闸管的阴极（K），黑表笔搭在单向晶闸管的控制极（G）

步骤④ 观测万用表显示读数，将所测得的正向阻值记为 R_1，其阻值约为 8kΩ

步骤⑤ 将表笔对调，即红表笔搭在单向晶闸管的控制极（G），黑表笔搭在单向晶闸管的阴极（K）

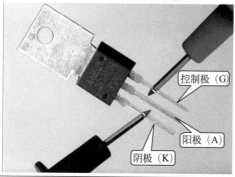

步骤⑥ 测得控制极（G）与阴极（K）之间的反向阻值记为 R_2，该阻值趋于无穷大

步骤⑦ 将黑表笔搭在单向晶闸管的控制极（G），将红表笔搭在单向晶闸管的阳极（A）

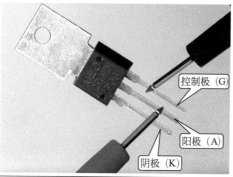

步骤⑧ 即可测得控制极（G）与阳极（A）之间的正向阻值，该阻值趋于无穷大

步骤⑨ 将表笔对调，即红表笔搭在单向晶闸管的控制极（G），黑表笔搭在单向晶闸管的阳极（A）

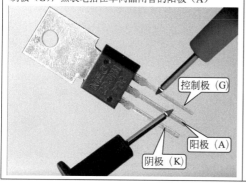

步骤⑩ 此时测得控制极（G）与阳极（A）之间的反向阻值，该阻值趋于无穷大

图3-10

步骤⑪ 将黑表笔搭在单向晶闸管的阳极（A），将红表笔搭在单向晶闸管的阴极（K）	步骤⑫ 此时测得阳极（A）与阴极（K）之间的正向阻值，该阻值趋于无穷大
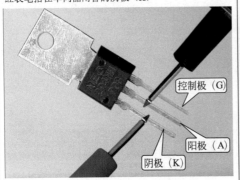	
步骤⑬ 将表笔对调，即红表笔搭在单向晶闸管的阳极（A），黑表笔搭在单向晶闸管的阴极（K）	步骤⑭ 此时测得阳极（A）与阴极（K）之间的反向阻值，该阻值趋于无穷大
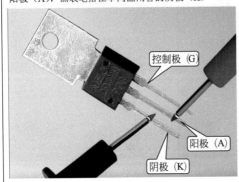	

图3-10　单向晶闸管的检测方法

判断结果：

● 正常情况下，晶闸管的控制极与阴极之间的反向阻值有一定的电阻值，为几千欧姆，其余引脚间的正反向阻值均趋于无穷大；

● 若控制极（G）与阴极（K）之间的正、反向阻值 R_1 和 R_2 均趋于无穷大，则说明单向晶闸管的控制极（G）与阴极（K）之间存在开路现象；

● 若控制极（G）与阴极（K）之间的正、反向阻值 R_1 和 R_2 均趋于 0，则说明单向晶闸管的控制极（G）与阴极（K）之间存在短路现象；

● 若控制极（G）与阴极（K）之间的正、反向阻值 R_1 和 R_2 相等或接近，则说明单向晶闸管的控制极（G）与阴极（K）之间的 PN 结已失去控制功能；

● 正常情况下，控制极（G）与阳极（A）之间的正、反向阻值都应为无穷大，如果实测阻抗较小，则说明单向晶闸管的控制极（G）与阳极（A）之间的 PN 结中有变质的情况，不能使用；

● 正常情况下所测得的阳极（A）与阴极（K）之间正、反向阻值均应趋于无穷大，否则，说明单向晶闸管有故障存在。

3.4.4　单向晶闸管触发能力的检测

单向晶闸管触发能力的检测方法见图3-11。

步骤① 调整万用表量程为 "R×1k" 挡。红表笔搭在单向晶闸管的阴极（K），黑表笔搭在阳极（A）

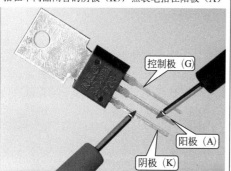

步骤② 观测万用表显示读数，将所测得正向阻值记为 R_1，万用表显示的阻值趋于无穷大

单向晶闸管触发能力的检测方法

步骤③ 保持红表笔不动，黑表笔同时搭在单向晶闸管的阳极（A）和控制极（G）的引脚上

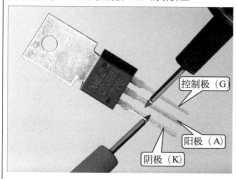

步骤④ 万用表指针向右侧摆动并测得固定的阻值，这说明单向晶闸管已被正向触发导通

图3-11　单向晶闸管触发能力的检测方法

3.4.5　双向晶闸管的检测

双向晶闸管的检测方法见图 3-12。

步骤① 检测待测的双向晶闸管时，应对其各引脚进行区分，在 3 个引脚中最左侧的是第一电极（T1），中间的是控制极（G），右侧的是第二电极（T2）

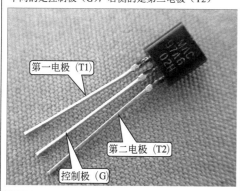

步骤② 将万用表旋至欧姆挡，量程调整为 "R×1k" 挡，并进行调零校正

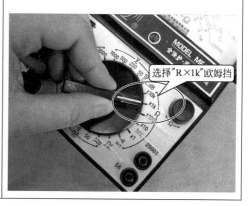

图3-12

步骤③ 黑表笔搭在双向晶闸管的控制极（G）引脚上，红表笔搭在双向晶闸管的第一电极（T1）引脚上

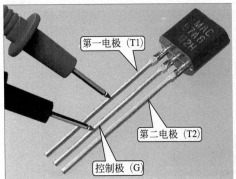

步骤④ 此时可测得第一电极（T1）与控制极（G）之间的反向阻值，记为 R_1，该阻值为 1kΩ

步骤⑤ 对调表笔，红表笔搭在控制极（G）引脚上，黑表笔搭在双向晶闸管的第一电极（T1）引脚上

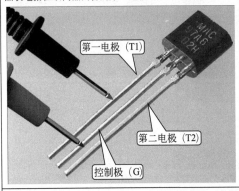

步骤⑥ 此时可测得第一电极（T1）与控制极（G）之间的正向阻值，记为 R_2，该阻值为 1kΩ

步骤⑦ 将万用表红表笔搭在双向晶闸管的第一电极（T1）引脚上，黑表笔搭在的第二电极（T2）引脚上

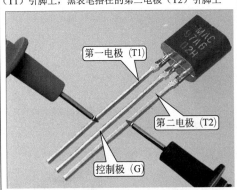

步骤⑧ 可测得第一电极（T1）与第二电极（T2）之间的正向阻值，该阻值趋于无穷大

步骤⑨ 将表笔对调，黑表笔搭在第一电极（T1）引脚上，红表笔（万用表正极）搭在第二电极（T2）引脚上

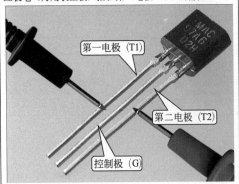

步骤⑩ 此时可测得第一电极（T1）与第二电极（T2）之间的反向阻值，该阻值趋于无穷大

步骤⑪ 红表笔搭在双向晶闸管的第二电极（T2）引脚上，黑表笔搭在双向晶闸管的控制极（G）引脚上

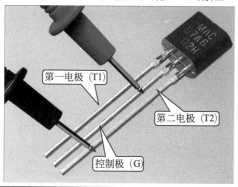

步骤⑫ 此时可测得控制极（G）与第二电极（T2）之间的正向阻值，该阻值趋于无穷大

步骤⑬ 将表笔对调，黑表笔搭在双向晶闸管的第二电极（T2）引脚上，红表笔搭在控制极（G）引脚上

步骤⑭ 此时可测得控制极（G）与第二电极（T2）之间的反向阻值，该阻值趋于无穷大

图3-12　双向晶闸管的检测方法

判断结果：

• 若第一电极（T1）与控制极（G）之间的正、反向阻值 R_1 和 R_2 均有固定值存在并且阻值接近，则说明该双向晶闸管正常；

• 若第一电极（T1）与控制极（G）之间的正、反向阻值 R_1 和 R_2 均趋于无穷大，则说明该双向晶闸管已开路损坏；

• 若第一电极（T1）与控制极（G）之间的正、反向阻值 R_1 和 R_2 均趋于 0，则说明该双向晶闸管已短路损坏；

• 在正常情况下，步骤⑧和步骤⑩所测得的阻值均应趋于无穷大。若所测得的第一电极（T1）和第二电极（T2）之间的正、反向阻值均很小，则说明该双向晶闸管的电极间有漏电或击穿短路的情况；

• 步骤⑫和步骤⑭所测得的正、反向阻值应趋于无穷大。若所测得的控制极（G）与第二电极（T2）之间的正、反向阻值均很小，则说明该双向晶闸管的电极间有漏电或击穿短路的情况。

3.4.6　双向晶闸管触发能力的检测

对于小功率的双向晶闸管，还可以通过对双向晶闸管触发功能的检测来判断双向晶闸管的好坏，其具体的检测方法见图 3-13。

步骤① 将万用表红表笔搭在双向晶闸管的第一电极（T1），黑表笔接双向晶闸管的第二电极（T2）

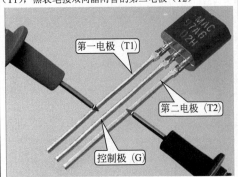

步骤② 量程至"R×1k"挡，观测万用表显示读数，测得其阻值为无穷大

步骤③ 将万用表红表笔搭在双向晶闸管的第一电极（T1），黑表笔同时搭接在双向晶闸管的第二电极（T2）和控制极（G）上

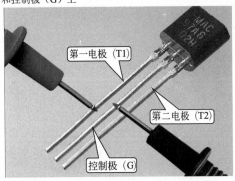

步骤④ 此时观察万用表的表盘指针，会发现指针随即向右侧摆动，并指示出固定阻值。这说明该双向晶闸管被导通，导通方向为 T2 → T1

步骤⑤ 将万用表黑表笔搭在第一电极（T1），红表笔（万用表正极）搭在第二电极（T2）

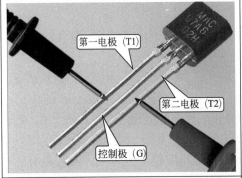

步骤⑥ 观测万用表显示读数，测得其阻值为无穷大

步骤⑦ 将万用表黑表笔搭在第一电极（T1），红表笔（万用表正极）同时搭在双向晶闸管的第二电极（T2）和控制极（G）上

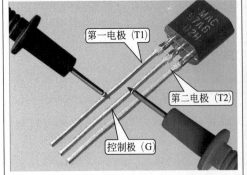

步骤⑧ 此时观察万用表的表盘指针，会发现指针随即向右侧摆动，并指示出固定阻值。这说明该双向晶闸管导通方向为 T1 → T2

图3-13 双向晶闸管触发能力的检测方法

第 4 章

集成电路的种类、
识别与检测

集成电路是利用半导体工艺将电阻器、电容器、晶体管以及连线制作在一片半导体材或绝缘基板上，形成一个完整的电路，并封装在特制的外壳之中。它具有体积小、重量轻、电路稳定、集成度高等特点，在电子产品中应用十分广泛。

4.1
集成电路的种类与识别

4.1.1 集成电路的种类特点

集成电路的种类很多，且各自有不同的性能特点，不同的划分标准可以有多种具体的分类，具体分类见表 4-1。

表4-1 集成电路具体分类

分类标准	名称	特点
按功能不同分类	模拟集成电路	模拟集成电路用以产生、放大和处理各种模拟电信号。使用的信号频率范围从直流一直到最高的上限频率，电路内部结构复杂，使用大量不同种类的元器件，制作工艺也极其复杂。根据电路功能的不同，电路结构、工作原理多变
	数字集成电路	数字集成电路用以产生、放大和处理各种数字电信号，内部电路结构简单，一般可由"与""或""非"逻辑门构成
按制作工艺不同分类	半导体集成电路	半导体集成电路采用半导体工艺技术，在硅基片上制作包括电阻、电容、三极管、二极管等元器件并具有某种电路功能
	膜集成电路	膜集成电路是在玻璃或陶瓷片等绝缘物体上，以"膜"的形式制作电阻、电容等无源器件，有厚膜集成电路和薄膜集成电路之分
	混合集成电路	混合集成电路是在无源膜电路上外加半导体集成电路或分立元件的二极管、三极管等有源器件构成
按集成度高低不同分类	小规模集成电路	每片集成 1～10 个等效门或 10～100 个元件的数字电路
	中规模集成电路	每片集成 10～100 个等效门或 100～1000 个元件的数字电路
	大规模集成电路	每片集成 10^2～10^4 个等效门或 10^3～10^5 个元件的数字电路
	超大规模集成电路	每片集成 10^4 个以上等效门或 10^5 个以上元件的数字电路
按导电类型不同分类	双极性集成电路	其特点是频率特性好，但功耗较大，而且制作工艺复杂
	单极性集成电路	工作速度低，但输入阻抗高，功耗小，制作工艺简单，易于大规模集成

集成电路还可以根据外形和封装形式的不同，分为金属封装型集成电路、功率塑封型集成电路、单列直插型集成电路、双列直插型集成电路、双列表面安装型集成电路、扁平封装型集成电路、矩形针脚插入型集成电路以及球栅阵列型集成电路等，其图形符号、外形、特点等见表 4-2。

表4-2 常见的集成电路及其图形符号、外形、特点

名称和图形符号	外形	特点
金属封装型集成电路		金属封装型集成电路的功能较为单一，引脚数较少。其安装及代换都十分方便

名称和图形符号	外形	特点
功率塑封型集成电路		功率塑封型集成电路一般只有一列引脚，引脚数目较少，一般为3～16只。其内部电路简单，且都是用于大功率的电路；通常都设有散热片，可以贴装在其他金属散热片上，通常情况下其引脚不进行特殊的弯折处理
单列直插型集成电路		单列直插型集成块内部电路相对比较简单。其引脚数较少（3～16只），只有一排引脚。这种集成电路造价较低，安装方便。小型的集成电路多采用这种封装形式
双列直插型集成电路		双列直插型集成电路多为长方形结构，两排引脚分别由两侧引出，这种集成电路内部电路较复杂，一般采用陶瓷塑封，耐高温好，安装比较方便，应用广泛，其引脚通常情况下都是直的，没有进行特殊的弯折处理
双列表面安装型集成电路		双列表面安装型集成电路的引脚是分布在两侧的，引脚数目较多，一般为5～28只。双列表面安装式集成电路引脚很细，有特殊的弯折处理，便于粘贴在电路板上
扁平封装型集成电路		扁平封装型集成电路的引脚数目较多，且引脚之间的间隙很小。主要通过表面安装技术安装在电路板上。这种集成电路在数码产品中十分常见，其功能强大，体积较小，检修和更换都较为困难（需实用专业工具）
矩形针脚插入型集成电路		矩形针脚插入型集成电路的引脚很多，内部结构十分复杂，功能强大，这种集成电路多应用于高智能化的数字产品中，如计算机中的中央处理器多采用矩形针脚插入型封装形式

续表

名称和图形符号	外形	特点
球栅阵列型集成电路	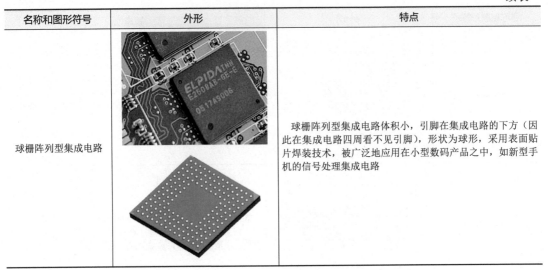	球栅阵列型集成电路体积小，引脚在集成电路的下方（因此在集成电路四周看不见引脚），形状为球形，采用表面贴片焊装技术，被广泛地应用在小型数码产品之中，如新型手机的信号处理集成电路

4.1.2 集成电路的识别方法

通常，集成电路的命名都采用直标法标注命名。但具体命名规则根据国家、地区及生产厂商的不同而有所不同。

集成电路采用直标法的识读方法见表4-3。

表4-3 集成电路采用直标法的识读方法

标识类型	标识含义	实例
国产集成电路	字头符号 电路类型 电路型号数 温度范围 封装形式 C □ □ □ □ 字头符号：用字母表示，表示器件符合国家标准。如"C"表示中国制造； 电路类型：用字母表示，表示集成电路属于哪种类型，具体类型的表示符号参见表4-4； 电路型号数：用数字或字母表示，表示集成电路的系列和品种代号； 温度范围：用字母表示，表示集成电路的工作温度范围，具体温度范围的表示符号参见表4-5； 封装形式：用字母表示，表示集成电路封装形式，具体封装形式的表示符号参见表4-6	某集成电路的符号为CT74LS161CJ，根据规定可知："C"表示中国制造；"T"表示民用低功耗十进制计数器TTL集成电路；"C"表示工作温度在0~70℃之间；"J"表示黑陶瓷直插式封装
美国太阳微系统公司集成电路	型号前缀 系列代号 版本代号 序号 封装形式 S 68 A 00 P ①前缀，S代表标准系列； ②器件系列代号，用数字表示； ③改进型，可分A、B、无号； ④序号，用数字表示； ⑤封装形式代号，其中：P—塑料；D—陶瓷浸渍；C—陶瓷；L—无引线芯片载体	某集成电路的型号为S68A00P，"S"表示为美国太阳微系统公司产品；"68"为系列代号；"A"表示改进型；"00"表示产品序号。"P"表示塑料封装。因此该型号标识的含义为：美国太阳微系统公司生产的改进型塑料封装集成电路，器件序号为00，产品代号为68

标识类型	标识含义	实例
美国摩托罗拉公司集成电路	**MC** 型号前缀 **B007** 器件序号 **X** 改进型 **P** 封装形式 型号前缀：表示器件的型号，具体型号前缀的表示符号参见表4-7； 器件序号：用字母或数字表示； 改进型：用字母表示，有改进时加上 X 字； 封装形式代号：用字母表示，具体封装形式的表示符号参见表4-8	某集成电路的型号为MCB007XP，"MC"表示为美国摩托罗拉公司产品；"B007"为器件序号；"X"表示改进型；"P"表示塑料封装。因此该型号标识的含义为：美国摩托罗拉公司生产的改进型塑料封装集成电路，器件序号为B007
日本索尼公司集成电路	**CX** 型号前缀 **20** 产品分类 **01** 产品编号 **A** 特性部分 型号前缀：索尼公司集成电路标志； 产品分类：用1~2位数字表示产品分类；0、1、8、10、20、22 表示双极型集成电路；5、7、23、79 表示 MOS 型集成电路； 产品编号：表示单个产品编号； 特性部分：有特性部分改进时加上 A 字	某集成电路的型号为CX2001A，"CX"表示为日本索尼公司；"20"为产品分类，表示双极型集成电路；"01"为产品编号；"A"表示有特性部分改进。由此该集成电路的型号标识的含义为：由日本索尼公司生产的改进型双极型集成电路，该器件产品编号为01
日本松下公司集成电路	**TA** 类型 **56** 应用范围 **20** 序号 **N** 封装形式 各部分的符号对照见表4-9	集成电路的型号标识"TA7193P"，其中"TA"表示双极模拟，"7193"表示集成电路序号，"P"标识塑料直插封装；由此可知该集成电路标识含义为双极模拟塑料集成电路，序号为7193
日本东芝公司集成电路	**AN** 类型 **4100** 序号 **M** 封装形式 各部分的符号对照见表4-10	
日本三洋公司集成电路	**STK** 类型 **4056** 序号 各部分的符号对照见表4-11	
日本日立公司集成电路	**HD** 类型 **13** 应用 **01** 序号 **A** 改进型 **P** 封装形式 各部分的符号对照见表4-12	

表4-4 国产集成电路的类型符号对照表

符号	意义	符号	意义
B	非线性电路	J	接口器件
C	CMOS	M	存储器
D	音响、电视	T	TTL
E	ECL	W	稳压器
F	放大器	U	微机
H	HTL		

表4-5　国产集成电路的温度范围符号对照表

符号	意义	符号	意义
C	0℃～70℃	R	−55℃～+85℃
E	−40℃～+85℃	M	−55℃～+125℃

表4-6　国产集成电路的封装形式符号对照表

符号	意义	符号	意义
B	塑料扁平	K	金属菱形
D	陶瓷直插	P	塑料直插
F	全密封扁平	W	陶瓷扁平
J	黑陶瓷直插	T	金属圆形

表4-7　美国摩托罗拉公司集成电路型号前缀符号对照表

符号	意义	符号	意义
MC	密封类型器件	MCC	不密封类型
MCCF	线性芯片	MCM	存储器
MMS	存储器系列		

表4-8　美国摩托罗拉公司集成电路封装形式符号对照表

符号	意义	符号	意义
L	陶瓷双列直插	G	金属壳
K	金属封装（TO-3 型）	F	扁平封装
P	塑料封装（P1 代表 8 脚双列直插，P2 代表 14 脚双列直插）		

表4-9　日本松下电子公司集成电路的型号命名及含义

类型		应用范围		序号	封装形式	
字母	含义	数字	含义		字母	含义
AN	模拟集成电路	10～19	运算放大器比较电路		K	缩小型双列直插封装
		20～25	摄像机电路			
		26～29	影碟机电路			
DN	数字集成电路	30～39	录像机电路		P	普通塑料封装
		40～49	运算放大器电路			
		50～59	电视机电路			
MN	MOS 集成电路	60～64	录像机、音响电路	用两位数字表示电路的序号	S	小型扁平封装
		65	运算放大器及其他电路			
		66～68	工业电路及家用电器			
		69	比较器及其他电路			
OM	助听器	70～76	音响电路		N	改进型
		78～80	稳压器电路			
		81～83	工业及家电电路			
		90	三极管系列			

表4-10 日本东芝公司集成电路的型号命名及含义

类型		序号	封装形式	
字母	含义		字母	含义
TA	双极线性集成电路	用数字表示电路的序号	A	改进型
TC	CMOS 集成电路		C	陶瓷封装
TD	双极数字集成电路		M	金属封装
TM	MOS 集成电路		P	塑料封装

表4-11 日本三洋公司集成电路的型号命名及含义

类型		序号
字母	含义	
LA	单块双极线性集成电路	用数字表示电路的序号
LB	双极数字集成电路	
LC	CMOS 集成电路	
LE	MNMOS 集成电路	
LM	PMOS、NMOS 集成电路	
STK	厚膜集成电路	

表4-12 日本日立公司集成电路的型号命名及含义

类型		应用		序号	改进型		封装形式	
字母	含义	数字	含义		字母	含义	字母	含义
HA	模拟集成电路	11	高频用	用数字表示电路的序号	A	改进型	P	塑料封装
HD	数字集成电路	12	高频用					
HM	存储器（RAM）集成电路	13	音频用					
HN	存储器（ROM）集成电路	14	音频用					

部分集成电路制造公司制造的产品型号前缀见表4-13。

表4-13 部分集成电路公司的产品型号前缀

名称	型号前缀字母
先进微器件公司（美国）	AM
模拟器件公司（美国）	AD
仙童半导体公司（美国）	F、μA
富士通公司（日本）	MB、MBM
日立公司（日本）	HA、HD、HM、HN
英特尔公司（美国）	I
英特西尔公司（美国）	ICL、ICM、IM
松下电子公司（日本）	AN
史普拉格电气公司（美国）	ULN、UCN、TDA
三菱电气公司（日本）	M
摩托罗拉半导体公司（美国）	MC、MLM、MMS

续表

名称	型号前缀字母
国家半导体公司（美国）	LM、LF、LH、LP、AD、DA、CD
日本电气有限公司（日本）	μPA、μPB、μPC
新日本无线电有限公司（日本）	NJM

4.2
集成电路的引脚分布规律

与其他电子元器件的识读不同，一般不能从集成电路的外形上判断集成电路的功能，只能通过集成电路表面的文字标注对照集成电路手册解读该集成电路的相关信息，如该集成电路的封装形式、替换型号、工作原理以及各引脚的功能等。

因此，弄清集成电路的引脚分布规律对于解读、检测、更换集成电路都十分重要。具体的集成电路的引脚分布规律见表4-14。

表4-14 集成电路的引脚分布规律

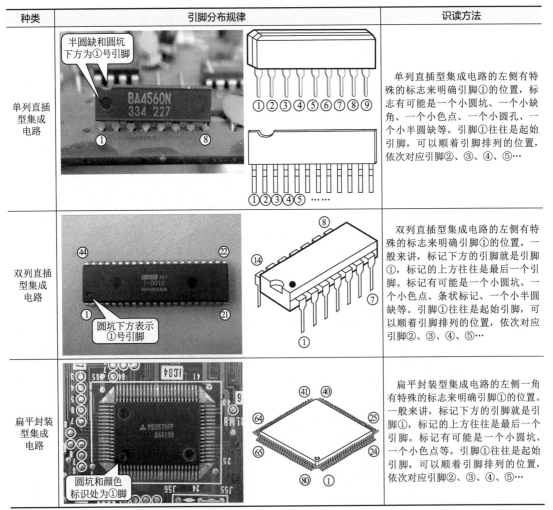

种类	引脚分布规律	识读方法
单列直插型集成电路		单列直插型集成电路的左侧有特殊的标志来明确引脚①的位置，标志有可能是一个小圆坑、一个小缺角、一个小色点、一个小圆孔、一个小半圆缺等。引脚①往往是起始引脚，可以顺着引脚排列的位置，依次对应引脚②、③、④、⑤…
双列直插型集成电路		双列直插型集成电路的左侧有特殊的标志来明确引脚①的位置。一般来讲，标记下方的引脚就是引脚①，标记的上方往往是最后一个引脚。标记有可能是一个小圆坑、一个小色点、条状标记、一个小半圆缺等。引脚①往往是起始引脚，可以顺着引脚排列的位置，依次对应引脚②、③、④、⑤…
扁平封装型集成电路		扁平封装型集成电路的左侧一角有特殊的标志来明确引脚①的位置。一般来讲，标记下方的引脚就是引脚①，标记的上方往往是最后一个引脚。标记有可能是一个小圆坑、一个小色点等。引脚①往往是起始引脚，可以顺着引脚排列的位置，依次对应引脚②、③、④、⑤…

4.3
集成电路的主要参数

（1）静态工作电流

它是指不给集成电路输入引脚加上输入信号的情况下，电源引脚回路中的电流大小，相当于三极管的集电极静态工作电流。通常，静态工作电流给出典型值、最小值、最大值3个指标。

（2）增益

它是指集成电路放大器的放大能力，通常标出开环、闭环增益，也分典型值、最小值、最大值3项指标。

（3）最大输出功率

它是指在信号失真度为一定值时，集成电路输出引脚所输出的电信号功率。它主要是针对功率放大器集成电路的。

（4）电源电压

它是指可以加在集成电路电源引脚与地端引脚之间电压的极限值，使用时不能超过此值。

（5）功耗

它是指集成电路所能承受的最大耗散功率，主要用于功率放大器集成电路。

（6）工作环境温度

它是指集成电路在工作时的最低和最高温度。

（7）储存温度

它是指集成电路在存储时所要求的最低和最高温度。

4.4
典型集成电路的检测

4.4.1　三端稳压器的检测

三端稳压器是常用的一种中小功率集成稳压电路，它们之所以被称为三端稳压器，是因为它只有3个端，即①脚输入端（接整流滤波电路的输出端）、②脚输出端（接负载）与③脚公共端（接地）。

以下以AN7805型三端稳压器为例进行具体的讲解，其检测方法见图4-1。AN7805型三端稳压器的引脚功能及参数见表4-15，检测时可参照此表。

三端稳压器的检测方法

步骤① 在对待测三端稳压器进行检测之前，应首先对其各引脚的功能进行了解

步骤② 检测三端稳压管可在通电状态下进行测量，将万用表功能挡选择直流电压挡，设置量程在直流电压 10V 挡

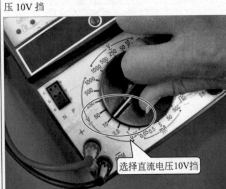

步骤③ 将万用表的黑表笔接地，红表笔接三端稳压器①脚

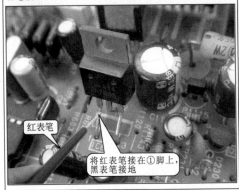

步骤④ 观测万用表显示读数，测得三端稳压管的输入直流电压为 8V

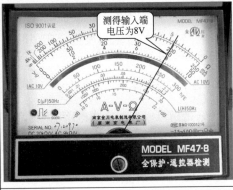

步骤⑤ 将万用表的黑表笔接地，红表笔接三端稳压器②脚

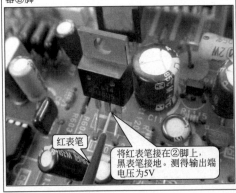

步骤⑥ 观测万用表显示读数，测得三端稳压管的输出直流电压为 5V

图4-1 三端稳压器的检测方法

判断结果：若万用表的读数与表 4-15 中的直流电压参数近似或相同，则证明此三端稳压管是好的；若相差较大，则说明三端稳压器不良。

表4-15 三端稳压管的引脚功能及参数

引脚序号	英文缩写	集成电路引脚功能	备注	电阻参数 /kΩ		直流电压参数 /V
				红表笔接地	黑表笔接地	
①	IN	直流电压输入	F-2 型	8.2	3.5	8

引脚序号	英文缩写	集成电路引脚功能	备注	电阻参数 /kΩ		直流电压参数 /V
				红表笔接地	黑表笔接地	
②	OUT	稳压输出 +5V		1.5	1.5	5
③	GND	接地		0	0	0

4.4.2　运算放大器的检测

运算放大器是电子产品中应用较为广泛的一类集成电路。例如，LM324 型集成运算放大电路，在电磁炉中常作为温度检测电路和电压检测电路。主要用来组成电压以及温度的检测电路，其功能是电磁炉出现过压和过热的情况时，输出保护信号。

对于该运算放大器的检测方法见图 4-2。各引脚的功能及其参数见表 4-16。

步骤① LM324 型集成运算放大电路属于双列直插型集成电路，在检测前，应根据之前介绍了解其引脚的分布规律

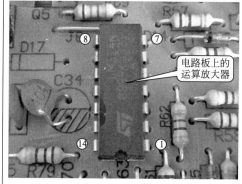

电路板上的运算放大器

步骤② 检测运算放大器在通电状态下进行测量，首先将万用表拨至直流电压挡，并选择其量程为直流 10V 挡

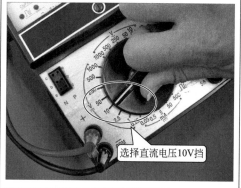

选择直流电压 10V 挡

步骤③ 检测时需将黑表笔接地，再使用红表笔分别检测集成电路的各个引脚（以③脚为例）

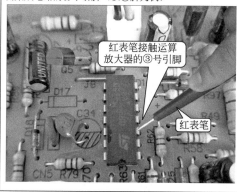

红表笔接触运算放大器的③号引脚

红表笔

步骤④ 观测万用表显示读数，此时测得③脚的直流电压约为 2.5V

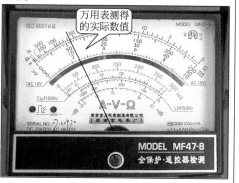

万用表测得的实际数值

图4-2　运算放大器的检测方法

判断结果：若测得各引脚直流电压值与表 4-16 中所标识的数值相同或相近，则表明运算放大器正常。若所测得的数值与表 4-16 中的数值相差太大，则表明运算放大器已损坏。

表4-16　LM324各引脚的功能以及参数

引脚序号	英文缩写	集成电路引脚功能	电阻参数 /kΩ		直流电压参数 /V
			红表笔接地	黑表笔接地	
①	AMP OUT1	放大信号（1）输出	0.38	0.38	1.8
②	IN1−	反相信号（1）输入	6.3	7.6	2.2
③	IN1+	同相信号（1）输入	4.4	4.5	2.1
④	V_{CC}	电源 +5V	0.31	0.22	5
⑤	IN2+	同相信号（2）输入	4.7	4.7	2.1
⑥	IN2−	同相信号（2）输入	6.3	7.6	2.1
⑦	AMP OUT2	放大信号（2）输出	0.38	0.38	1.8
⑧	AMP OUT3	放大信号（3）输出	6.7	23	0
⑨	IN3−	反相信号（3）输入	7.6	∞	0.5
⑩	IN3+	同相信号（3）输入	7.6	∞	0.5
⑪	GND	接地	0	0	0
⑫	IN4+	同相信号（4）输入	7.2	17.4	4.6
⑬	IN4−	反相信号（4）输入	4.4	4.6	2.1
⑭	AMP OUT4	放大信号（4）输出	6.3	6.8	4.2

4.4.3　交流放大器的检测

交流放大器是指一种可以放大交流信号一类集成电路，在音频信号处理电路中应用较为广泛。

下面以 TDA7057AQ 型音频放大集成电路为例进行具体的检测，该集成电路是一个典型的交流放大器。由于工作频率较高，常把它安装在散热片上。其具体检测方法见图 4-3。引脚的功能及其参数见表 4-17，该表格可作为检测时重要参数查询依据。

步骤① TDA7057AQ 型音频放大集成电路共有 13 个引脚，检测该电路可在通电状态下进行测量，测量时要注意安全，防止测试表笔短路损坏元器件

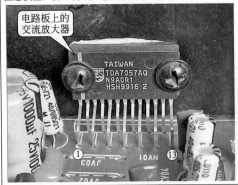

步骤② 将万用表拨至直流电压挡，并选择其量程为直流 10 V 挡，在测量时可以根据引脚电压的不同来调整万用表的量程

步骤③ 将黑表笔接地，再使用红表笔分别检测集成电路的各个引脚（以 ⑪ 脚为例）

红表笔接触交流放大器的⑪号引脚

步骤④ 观测万用表显示读数，此时测得③脚的直流电压约为 5.7V

万用表测得的实际数值

红表笔

音频放大集成电路的检测方法

图4-3　音频放大集成电路的检测方法

判断结果：若测得各引脚直流电压值与表 4-17 中所标识的数值相同或相近，则表明运算放大器正常。若所测得的数值与表 4-17 中的数值相差太大，则表明运算放大器已损坏。

表4-17　TDA7057AQ各引脚的功能以及直流电压参数

引脚序号	英文缩写	集成电路引脚功能	电阻参数 /kΩ		直流电压参数 /V
			红表笔接地	黑表笔接地	
①	L VOL CON	左声道音量控制信号	0.78	0.78	0.5
②	NC	空脚	∞	∞	0
③	LIN	左声道音频信号输入	27.1	12	2.4
④	V_{CC}	电源 +12V	40.2	5	12
⑤	RIN	右声道音频信号输入	150	11.4	2.5
⑥	GND	接地	0	0	0
⑦	R VOL CON	右声道音量控制信号	0.78	0.78	0.5
⑧	R OUT	右声道音频信号输入	30.1	8.4	5.6
⑨	GND	接地（功放电路）	0	0	0
⑩	R OUT	右声道音频信号输出	30.1	8.4	5.6
⑪	L OUT	左声道音频信号输出	30.2	8.4	5.7
⑫	GND	接地	0	0	0
⑬	L OUT	左声道音频信号输入	30.1	8.4	5.7

4.4.4　开关振荡集成电路的检测

开关振荡集成电路是开关电源电路中的核心器件，该器件能否正常工作将直接决定整个电子产品是否能够工作。

下面以典型开关振荡集成电路 TA3842A 为例介绍其基本的检测方法，见图4-4。其各引脚的功能及其参数见表 4-18，可作为检测前重要的理论依据。

步骤① 在开关振荡集成电路（KA3842A 之前，应首先了解各引脚序号

待测的开关振荡集成电路

步骤② 检测开关振荡集成电路可使用模拟万用表。将万用表调至电阻挡，并选择其量程"R×10"挡，进行零欧姆校正（调零校正）

将万用表量程调整为"R×10Ω"

步骤③ 将黑表笔接触开关振荡集成电路⑤脚（接地引脚），红表笔依次检测集成电路的其他引脚（以②脚为例）

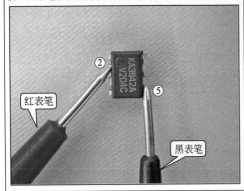

红表笔

黑表笔

步骤④ 观测万用表显示读数，测得②脚正向阻值约为10Ω

万用表测得的实际数值

MODEL MF47-8

图4-4　开关振荡集成电路的检测方法

判断结果：若测得的阻值与表 4-18 中的所标的阻值相近或相同，则表明开关振荡集成电路正常，若所测得的阻值与表 4-18 中的阻值相差太大，则表明集成电路已损坏。

表4-18　KA3842A各引脚的功能以及参数

引脚序号	英文缩写	集成电路引脚功能	电阻参数 /kΩ		直流电压参数 /V
			红表笔接地	黑表笔接地	
①	ERROR OUT	误差信号输出	15	8.9	2.1
②	IN-	反相信号输入	10.5	8.4	2.5
③	NF	反馈信号输入	1.9	1.9	0.1
④	OSC	振荡信号	11.9	8.9	2.4
⑤	GND	接地	0	0	0
⑥	DRIVER OUT	激励信号输出	14.4	8.4	0.7
⑦	V_{CC}	电源 +14 V	∞	5.4	14.5
⑧	V_{REF}	基准电压	3.9	3.9	5

4.4.5　微处理器的检测

在彩色电视机、影碟机、空调器等任何一种具有自动控制功能的家电产品中，都有微

处理器，它的信号不同引脚数不同，其中的运行软件不同，但基本检测方法是相同的。微处理器 P87C52 的检测方法见图 4-5。其各引脚的功能及其参数见表 4-19。

步骤① 微处理器的型号为 P87C52，它是整个产品的控制中心。在路检测微处理器可在通电状态下进行测量，测量时要注意人身安全

步骤② 将万用表拨至直流电压挡，并选择其量程为直流 10V 挡

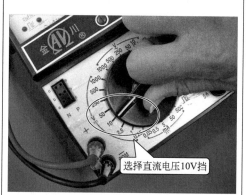

步骤③ 检测时将黑表笔接地，红表笔分别检测集成电路的各个引脚（以 ⑮ 脚为例）

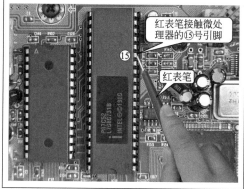

步骤④ 观测万用表显示读数，测得 ⑮ 脚直流电压值约为 5V

图4-5　微处理器的检测方法

判断结果：若测得各引脚直流电压值与表 4-19 中所标识的数值相同或相近，则表明运算放大器正常。若所测得的数值与表 4-19 中的数值相差太大，则表明运算放大器已损坏。

表4-19　微处理器 P87C52 各引脚的功能以及参数

引脚序号	英文缩写	集成电路引脚功能	电阻参数 /kΩ		直流电压参数 /V
			红表笔接地	黑表笔接地	
①	HSEL0	地址选择信号（0）输出	9.1	6.8	5.4
②	HSEL1	地址选择信号（1）输出	9.1	6.8	5.5
③	HSEL2	地址选择信号（2）输出	7.2	4.6	5.3
④	DS	主数据信号输出	7.1	4.6	5.3
⑤	R/W	读写控制信号	7.1	4.6	5.3
⑥	CFLEVEL	状态标志信号输入	9.1	6.8	0
⑦	DACK	应答信号输入	9.1	6.8	5.5
⑧	RESET	复位信号	9.1	6.8	5.5
⑨	RESET	复位信号	2.3	2.2	0.2

续表

引脚序号	英文缩写	集成电路引脚功能	电阻参数 /kΩ		直流电压参数 /V
			红表笔接地	黑表笔接地	
⑩	SCL	时钟线	5.8	5.2	5.5
⑪	SDA	数据线	9.2	6.6	0
⑫	INT	中断信号输入 / 输出	5.8	5.6	5.5
⑬	REM IN-	遥控信号输入	9.2	5.8	5.4
⑭	DSA CLK	时钟信号输入 / 输出	9.2	6.6	0
⑮	DSA DATA	数据信号输入 / 输出	5.4	5.3	5.3
⑯	DSA ST	选通信号输入 / 输出	9.2	6.6	5.5
⑰	OK	卡拉 OK 信号输入	9.2	6.6	5.5
⑱	XTAL	晶振（12MHz）	9.2	5.3	2.7
⑲	XTAL	晶振（12MHz）	9.2	5.2	2.5
⑳	GND	接地	0	0	0
㉑	VFD ST	屏显选通信号输入 / 输出	8.6	5.5	4.4
㉒	VFD CLK	屏显时钟信号输入 / 输出	8.6	6.2	5.3
㉓	VFD DATA	屏显数据信号输入 / 输出	9.2	6.7	1.3
㉔	P23	未使用	9.2	6.6	5.5
㉕	P24	未使用	9.2	6.6	5.5
㉖	MIN IN	话筒检测信号输入	9.2	6.6	5.5
㉗	P26	未使用	9.2	6.7	
㉘	-YH CS	片选信号输出	9.2	6.6	5.5
㉙	PSEN	使能信号输出	9.2	6.6	5.5
㉚	ALE/PROG	地址锁存使能信号（编程脉冲信号输出 / 输入）	9.2	6.7	1.7
㉛	EANP	使能信号	1.6	1.6	5.5
㉜	P07	主机数据信号（7）输出 / 输入	9.5	6.8	0.9
㉝	P06	主机数据信号（6）输出 / 输入	9.3	6.7	0.9
㉞	P05	主机数据信号（5）输出 / 输入	5.4	4.8	5.2
㉟	P04	主机数据信号（4）输出 / 输入	9.3	6.8	0.9
㊱	P03	主机数据信号（3）输出 / 输入	6.9	4.8	5.2
㊲	P02	主机数据信号（2）输出 / 输入	9.3	6.7	1
㊳	P01	主机数据信号（1）输出 / 输入	9.3	6.7	1
㊴	P00	主机数据信号（0）输出 / 输入	9.3	6.7	1
㊵	V_{cc}	电源 +5.5V	1.6	1.6	5.5

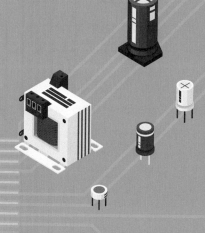

第 5 章

模拟电路的特点
与电路分析

5.1

电源电路

电源电路实际上就是为设备供电的电路，输入的电压往往是公用的交流 220V，经过一系列变换，转换成设备所需要的工作电压为各单元电路进行供电，以确保满足设备正常的工作条件。

5.1.1 电源电路的结构特点

电源电路分为线性电源电路和开关电源电路。

（1）线性电源电路的结构特点与电路分析

线性电源电路又称串联稳压电路，如图 5-1 所示，是先将交流电通过变压器降压，经整流，得到脉动直流后再经滤波得到微小波纹的直流电压，最后再由稳压电路输出较为稳定的直流电压。其电路结构简单，可靠性高，目前，在科研、家电、工厂等产品中都有广泛的应用。

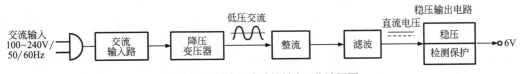

图5-1 线性电源电路的基本工作流程图

典型线性电源电路的结构关系如图 5-2 所示。

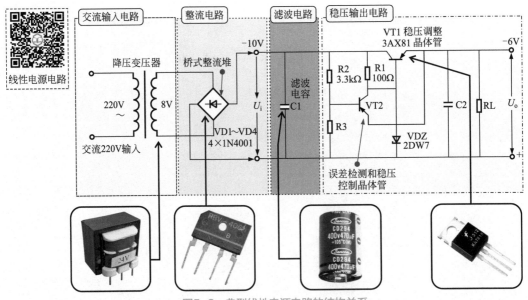

图5-2 典型线性电源电路的结构关系

这是一个典型线性电源电路实用电路，由降压变压器、桥式整流堆、滤波电容以及稳压晶体管等部件组成的。根据电路图中各主要部件的功能特点，可划分成交流输入电路单元、整流电路单元、滤波电路单元、稳压输出电路单元。

① 交流输入电路单元　交流输入电路单元主要是由变压器组成的。变压器的左侧有 220V 的文字标识，右侧有 8V 的文字标识，这说明，变压器的左侧端（初级绕组）接220V 电压，右侧（次级绕组）得到的是 8V 电压。因此，我们在交流输入电路单元中可以读出：该交流输入电路是将输入的 220V 交流电压经变压器降压后，在变压器的次级绕组上得到了 8V 的交流电压。

② 整流电路单元　整流电路单元主要是由桥式整流堆 VD1～VD4 组成的。该桥式整流堆的上下两个引脚分别连接降压变压器次级输出的 8V 交流电压，左右引脚输出 -10V直流电压。由此可知，该桥式整流堆的主要功能是将 8V 交流电压整流输出 -10V 直流电压。

③ 滤波电路单元　滤波电路单元主要是由滤波电容 C1 组成的。它可将桥式整流堆输出的 -10V 直流电压进行平滑滤波。

④ 稳压输出电路单元　该稳压输出电路分为两部分，分别为稳压电路和检测保护电路。其中，稳压电路部分由 VT1、VDZ 和 RL 构成；检测保护电路是由 VT2 和偏置元件构成的。

当稳压电路正常工作时，VT2 发射极电位等于输出端电压。而基极电位由 U_i 经 R2 和R3 分压获得，发射极电位低于基极电位，发射结反偏使 VT2 截止，保护不起作用。当负载短路时，VT2 的发射极接地，发射结转为正偏，VT2 立即导通，而且由于 R2 取值小，一旦导通，很快就进入饱和。其集 - 射极饱和压降近似为零，使 VT1 的基 - 射之间的电压也近似为零，VT1 截止，起到了保护调整管 VT1 的作用。而且，由于 VT1 截止，对 U_i 无影响，因而也间接地保护了整流电源。一旦故障排除，电路即可恢复正常。

提示说明

在一些线性电源电路中，通常还会使用三端稳压器来代替稳压调整晶体管，稳压调整晶体管和外围元器件都集成在三端稳压器中，在电路中都是对整流滤波电路输出的电压进行稳压，如图 5-3 所示为空调器电路中的直流稳压电路。

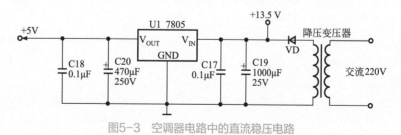

图5-3　空调器电路中的直流稳压电路

空调器中的控制电路器件需要直流电源，图中三端稳压器 U1 是 +5V 三端稳压器（**7805**），该芯片有三个引脚，输入 **13.5V**、输出 **+5V** 和接地脚。输入电压是由降压变压器降压后经整流滤波后形成的，接在电路中的电容是用来平滑、滤波的，使直流电压稳定。

（2）开关电源电路的结构特点与电路分析

开关电源电路实际上是由交流输入电路、开关振荡电路、开关变压器以及整流滤波和输出电路构成的，如图5-4所示。采用这种方式，由于开关振荡电路产生的脉冲频率较高，变压器和电解电容器的体积会大大减小；而且采用开关脉冲的工作方式，电源的效率会大大提高。因而在电视机、电脑显示器等家电设备中都采用开关电源。

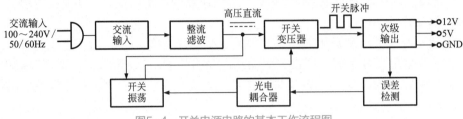

图5-4　开关电源电路的基本工作流程图

典型开关电源电路的结构关系见图5-5。

这是LG-1715S液晶电脑显示器开关电源电路，由熔断器F101、互感滤波器LF101、滤波电容CX101、CY101、CY102、桥式整流堆BD101、滤波电容C101、开关场效应晶体管Q101、开关振荡控制集成电路U101、开关变压器T101、光电耦合器PC201、误差检测电路U201(KIA431)及取样电阻R205、R211、R214、R210等部分构成的。根据电路图中各主要部件的功能特点，可划分成交流输入电路单元、整流滤波电路单元、开关振荡电路单元、次级输出电路单元。

① 交流输入电路单元　交流输入电路是由熔断器F101、互感滤波器LF101、滤波电容CX101、CY101、CY102等部分构成的，其主要功能是滤除交流电路中的噪声和脉冲干扰。在电路的左侧为交流输入端，交流220V电压经插座送入电路内部，经熔断器F101和滤波电容CX101、CY101、CY102滤波后，送入互感滤波器LF101滤波后输出。

② 整流滤波电路单元　电源电路中的整流滤波电路单元主要是由桥式整流堆BD101、滤波电容C101、开关变压器T101等部分组成的。

滤波后的220V交流电压由桥式整流堆BD101整流、滤波电容C101滤波后，变成约300V的直流电压，加到开关变压器T101的①脚，并为开关振荡集成电路提供直流偏压。

③ 开关振荡电路单元　电源电路中的开关振荡电路单元主要是由开关场效应晶体管Q101、开关振荡控制集成电路U101以及相关电路构成的。

a. 开机时，由220V交流电压整流输出的300V直流电压，经开关变压器T101初级绕组①、②加到开关晶体管Q101的漏极D。开关晶体管的源极S经R111接地，栅极G受开关振荡集成电路U101的⑥脚控制。

b. 300V直流电压为U101的①脚提供启动电压，使U101中的振荡器起振，U101再为开关晶体管Q101的栅极G提供振荡信号，于是开关管Q101开始振荡，使开关变压器T101的初级线圈中产生开关电流。开关变压器的次级绕组③、④中便产生感应电流，③脚的输出经整流、滤波后形成正反馈电压加到U101的⑦脚，从而维持振荡电路的工作，使开关电源进入正常工作状态。

④ 次级输出电路单元　该电路的次级输出电路被分为两部分：一部分为+12V、+5V输出电路单元；另一部分为稳压控制电路单元。

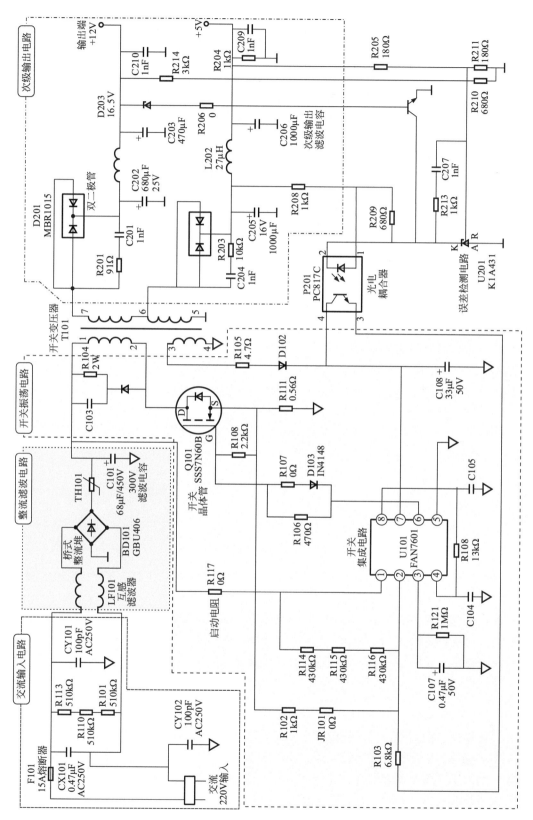

图5-5　典型开关电源电路的结构关系

　　a. +12V、+5V 输出电路单元主要是由开关变压器 T101 的次级线圈、双二极管、滤波电容及电感等部件组成的。开关电源起振后，开关变压器 T101 的次级线圈输出开关脉冲信号，经整流滤波电路后输出 +12V 和 +5V 电压。

　　b. 稳压控制电路单元主要由 U101、光电耦合器 PC201、误差检测电路 U201（KIA431）及取样电阻 R205、R211、R214、R210 等组成。误差检测电路设在 +5V 的输出电路中，R205 与 R211 的分压点作为取样点。当开关变压器次级 +12V 或 +5V 输出电压升高时，经取样电阻分压加至 U201 的 R 端电位升高，U201 的 K 端电压则降低，使流经光电耦合器 PC201 内部发光二极管的电流增大，其发光管亮度增强，光敏三极管导通程度增强，最终使其内部振荡电路降低输出驱动脉冲占空比，使开关管 Q101 的导通时间缩短，输出电压降低。如果输出电压降低则 T101 输出驱动脉冲占空比升高，这样使输出电压保持稳定。

5.1.2　电源电路的分析实例

　　电源电路的应用十分广泛，它是为各种微电子产品进行供电的电路，电子元器件的选用不同、组合形式不同，加之电路连接上的差异，使得电源电路结构也均有不同。

（1）线性电源电路

　　① 收音机电源电路的实例分析

　　典型收音机电源电路见图 5-6。

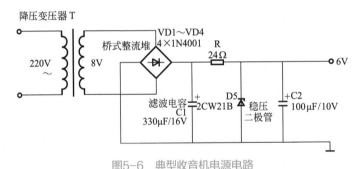

图5-6　典型收音机电源电路

　　该电路主要是由变压器 T、桥式整流堆 VD1～VD4、滤波电容 C1、C2 及稳压二极管 D5 等部件构成的，是利用稳压二极管进行稳压的电源电路。

　　在收音机电源电路中，交流 220V 电压经变压器降压后输出 8V 交流低压，8V 交流电压经桥式整流电路输出约 11V 直流，再经 C1 滤波，R 限流、D5 稳压，C2 滤波后输出 6V 稳压直流。电路中使用了两只电解电容进行平滑滤波。

> **提示说明**
>
> 　　利用稳压二极管进行稳压的电源电路虽然简单，但最大的缺点就是在负载断电的情况下，稳压二极管仍然有电流消耗，负载电流越小时，稳压管上流过的电流则相对较大，因为这两股电流之和等于总电流。故该稳压电源仅适用于负载电流较小、且变化不大的场合。

② 压力锅电源电路的实例分析

典型压力锅电源电路见图 5-7。

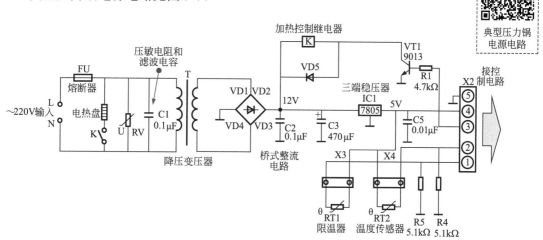

图5-7　典型压力锅电源电路

电源电路是压力锅整机工作所有"动力"的来源，其电源电路多采用线性电源电路。该电路主要是由熔断器 FU、压敏电阻 RV、滤波电容 C1、变压器 T、桥式整流堆 VD1～VD4、滤波电容 C2、C3、三端稳压器 IC1、限温器 RT1、压力开关 RT2、接口插座 X2 等部件组成的。其中，熔断器是一种安装在电路中，保证电路安全运行的电器元件。当该电路发生故障或异常时，电流会不断升高，而升高的电流有可能损坏电路中的某些重要器件，甚至可能烧毁电路。变压器可对输入的电压进行降压，将交流 220V 电压变为 12V、10V 左右的交流电压。三端稳压器 IC1 是该电源的稳压电路，它可输出 5V 的稳定电流电压。

直流电源电路由交流输入电路、变压器、整流滤波和稳压电路等部分构成，AC 220V 经变压器降压后，输出低压交流电。低压交流电压再经过桥式整流电路整流为直流电压后，由滤波电容器进行平滑滤波，使其变得稳定。为了满足电饭煲中不同电路供电电压的不同需求，经过平滑滤波的直流电压，一部分经过稳压电路，稳压为 +5V 左右的电压后，再输入到电饭煲的所需的电路中，为其供电。同时 +12V 为继电器供电。

其主要的信号流程如下：

a. 交流 220V 电压，送入电路后，通过熔断器 FU 将交流电输送到电源电路中。熔断器主要起保护电路的作用，当电饭煲中的电流过大或电饭煲中的温度过高时，熔断器熔断，切断电饭煲的供电。

b. 交流 220V 电压进入到电源电路中，经过降压变压器降压后，输出约 10V 的交流低压。

c. 10V 交流低压经过桥式整流电路和滤波电容，变为直流低压，再送到稳压电路中。

d. 稳压电路对整流电路输出的直流电压进行稳压后，输出 +5V 的稳定电流电压，稳压 5V 为微电脑控制电路提供工作电压。

③ 电磁炉电源电路的实例分析

典型电磁炉直流供电电路见图 5-8。

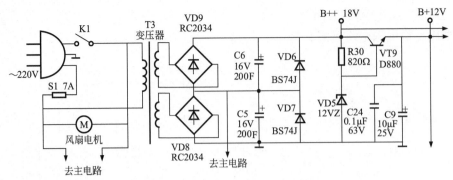

图5-8 典型电磁炉直流供电电路

该直流供电电路为百合花 DCL-1 电磁炉电源电路，主要由开关 K₁、风扇电机、变压器 T₃、桥式整流堆 VD9 和 VD8、滤波电容 C6、C5、稳压二极管 VD6、VD7、三极管 VT9 等部件组成。在该电路中，其变压器 T3 有两个次级绕组，可输出两路变压后的交流电压；三极管 VT9 实际上是一个射极输出器，其发射极的输出会跟随基极电压的变化而变化。

该供电电路可分别为散热风扇和主电路提供工作电压：

a. 散热风扇供电。220V 交流电压经过熔断器 S1 以后，送入风扇电机，在这个电路中，散热风扇是采用 220V 交流电压供电的。散热风扇不受任何其他电路控制，只要接通 220V 电源，散热风扇就会旋转进行散热。

b. 主电路供电。当 220V 交流电压经开关 K1 进入变压器 T3 的初级线圈，变压器 T3 的主要作用是降压，它的次级有两组线圈可分别输出两组 9V 交流电压。两组 9V 电压分别经过两组桥式整流电路，最后进行叠加，形成 18V 电压加到调整管 VT9 的集电极，VT9 的发射极输出稳压后的 12V 电压。

在 VT9 的基极上设有一个稳压二极管 VD5，基极被稳定在 12V 电压上，射极的输出也就被稳定在 12V 上。VT9 的发射极接有两个电容 C24 和 C9，它们起平滑滤波的作用（其中，10μF 的 C9 主要是对低频波纹进行滤除，0.1μF 的 C24 主要是对高频噪波进行滤除），使输出电压的波纹大大降低。

④ 安全型直流稳压电路的实例分析

在电子电路中常要用直流稳压电源，但一般直流稳压电源的负载发生短路时，很容易烧坏稳压电源；稳压电源发生故障，也容易造成输出电压过高烧坏用电负载。为了克服上述不足，提高稳压电源工作的安全可靠性，可采用安全型直流稳压电源。

典型安全型直流稳压电路见图 5-9。

该电路主要是由降压变压器 TM、桥式整流堆 VD1～VD4、滤波电容 C1、继电器 K、三极管 VT1、VT2、稳压管 VZ1、VZ2、VZ3、晶闸管 VS 等部件组成的。其中，电源电路的调整管 VT1，放大管 VT2 采用不同类型的晶体管，VT1 用 PNP 管，VT2 用 NPN 管。

a. 当交流 220V 电压输入后，首先经变压器 TM 将交流 220V 电压变为交流 15V 电压，该电压再经桥式整流堆 VD1～VD4、滤波电容 C1 整流滤波后变为直流 15V 电压，并向其后级的稳压电路输出。

b. 电阻 R4、R6 和稳压管 VZ1、VZ2 组成稳压管比较电桥用于电压误差的测量，其优点是测量灵敏度高，输出电阻小，可给放大管提供较大的基极电流，有利于提高稳压精度。

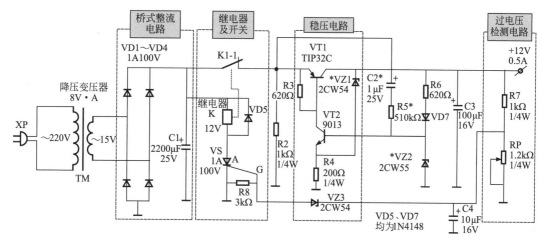

图5-9 典型安全型直流稳压电路

由 C2、R5 构成的启动电路是此稳压电源电路所特有的，如果没有启动电路，在接通电源后，VT1、VT2 均处于截止状态，无输出电压。

c. 附加的过电压保护电路由电阻 R7、电位器 RP 构成的分压器、抗干扰电容 C4、稳压管 VZ3、电阻 R8、晶闸管 VS 及继电器 K 组成。当输出电压因某种故障原因升高到超过设定的值时，VZ3 发生击穿，晶闸管 VS 被触发导通，继电器 K 得电动作，其常闭触点 K1-1 断开，保护了用电负载。过压保护具有记忆性，只有切断输入电源，可控硅才能恢复截止状态。排除过压故障后，才能恢复正常供电。

（2）开关电源电路的分析实例

① 彩色电视机电源电路的实例分析

典型彩色电视机电源电路见图 5-10。

该电源电路为 TCL-AT2565 彩色电视机开关电源电路，主要是由熔断器 F801、电容器 C801～C803、互感滤波器 T801 和 T802、桥式整流堆 VD801、滤波电容 C806 和 C807、开关场效应晶体管 Q801、开关振荡控制集成电路 IC801、变压器 T803、整流二极管 D833、D831、D832、光电耦合器、误差检测放大电路 IC803 等部件构成的。其中，开关变压器 T803 的⑨～⑥脚为初级绕组，①～③脚为正反馈绕组，⑭～⑯、⑩～⑫、⑰、⑱为次级绕组。这一开关电源能够输出 135V、33V、16V、11V、8V 和 5V 等多路稳定的直流电压，为彩色电视机的各个电路模块及元器件提供正常的工作电压。

该开关电源电路可划分为交流输入电路、整流和滤波电路、开关振荡电路和次级输出电路。

a. 交流输入电路单元。交流输入电路是由熔断器 F801、电容器 C801～C803、互感滤波器 T801 和 T802 等元件构成的。该电路中的互感滤波器用于抑制来自市电的干扰和脉冲。

b. 整流和滤波电路单元。220V 交流电送入电路后，经互感滤波器加到桥式整流堆 D801 上，D801 将交流电压变成脉动直流电压先经热敏电阻 RT802，再经 C806 和 C807 滤波电容滤波后，形成 300V 直流电压，加到变压器 T803 的⑨脚，作为振荡电路的工作电压。

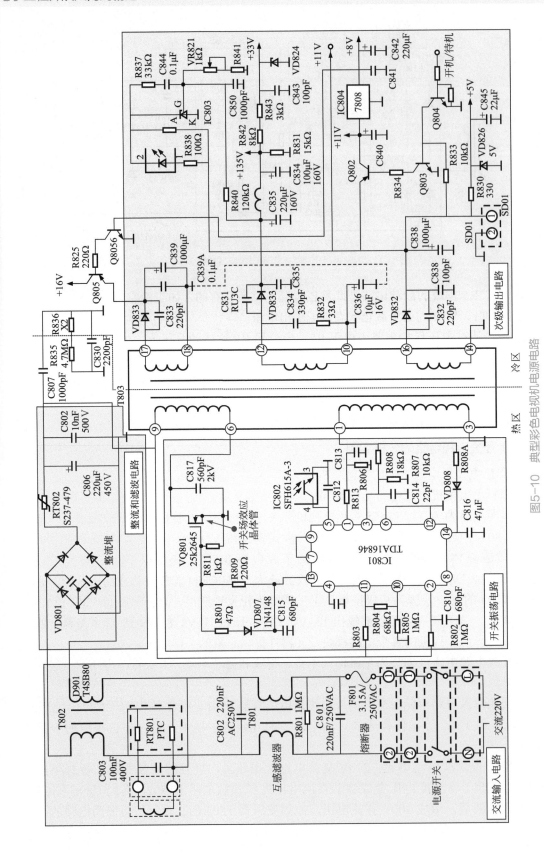

图5-10 典型彩色电视机电源电路

c. 开关振荡电路单元。开关振荡电路主要是由开关场效应晶体管 Q801，开关振荡控制集成电路 IC801，以及外围相关电路构成的。

当电视机接通电源后，由 220V 交流输入电压经整流滤波后输出 300V 直流电压，经变压器初级绕组的⑨～⑥脚加到开关场效应晶体管 Q801 的漏极（D）上，开关晶体管的源极（S）接地，栅极（G）受开关振荡集成电路⑬脚的控制。

300V 直流电压经启动电阻 R803、R804 为 IC801 的⑪脚提供启动电压，使 IC801 中的振荡器起振，为开关场效应晶体管 Q801 的栅极（G）提供振荡信号，使开关晶体管 Q801 处于开关工作状态，在开关变压器 T803 的初级绕组⑥～⑨脚上形成开关电流，通过变压器 T803 互感作用，在 T803 的①～③绕组上产生感应脉冲电压。开关变压器 T803 ①脚产生的感应脉冲电压经 D808 整流，C816 滤波，R808A 限流后加到 IC801 的⑭脚。同时经 R808 加到 IC801 的③脚，从而使 IC801 正常振荡，以维持开关电源正常工作。

其中 IC801 的②脚为初级绕组电流信号检测端。此脚时通过 R802 与 300V 电源相连，用于过压检测控制。当市电输入电压过高时，C810 上充电幅度上升，这时通过内部控制放大器可以减小输出脉冲占空比。当该脚电压过高时，内部的保护电路会切断 IC801⑬脚输出的激励脉冲。

IC801 的⑪脚为启动电压输入端，同时作为欠压保护和取样电压输入端，其外接 R804 和 R803 的分压电路并与整流滤波的输出端相连。

d. 次级输出电路单元。开关电源起振后，经变压器 T803 次级绕组⑰、⑱、⑩～⑫、⑭～⑯输出开关脉冲信号，分别经整流二极管 VD833、VD831、VD832 整流和滤波电容滤波后输出 +16V、+135V、+11V、+5V 电压。+135V 电压经电阻器 R842、R843 降压限流后输出 +33V 电压，+11V 电压经过三端稳压器（IC804）后输出 +8V 电压。

e. 稳压电路单元。误差检测电路设在 +135V 输出电路中，+135V 电压经 R840、VR821、R841 到地构成分压电路。IC803 的 K 端接地，G 端接在 R840 和 VR821 的分压点上，+135V 电压若有波动，则 IC803 的 A 端电流就会有变化。IC803 的 A 端接在光电耦合器中的发光二极管的负极，其电流变化必然会引起发光强弱的变化。光电耦合器将电流的变化转换成电压加到 IC801 的⑤脚，形成负反馈控制，从而实现稳压。

② 影碟机电源电路的实例分析

典型影碟机电源电路见图 5-11。

该电源电路为典型影碟机开关电源电路，由电源开关 SW、熔断器 F1、互感滤波器 T1、滤波电容 C_1、开关振荡集成电路 IC1、开关变压器 T2、光电耦合器 IC2、误差检测电路 IC3、取样电阻 R14、R12、R13 等部分构成。开关场效应晶体管和开关振荡电路都集成到 IC1 中。

该开关电源电路可划分为交流输入和整流滤波电路、开关振荡电路、次级输出电路和稳压电路。

a. 交流输入和整流滤波电路单元。交流输入电路是由电源开关 SW、熔断器 F1、互感滤波器 T1 等部分构成的。220V 交流电压经滤波后由桥式整流堆 VD1～VD4 和滤波电容 C1 构成的桥式整流电路进行整流，然后输出约 300V 的直流电压并送到开关变压器的初级绕组 L1 上。

b. 开关振荡电路单元。300V 直流电压经开关变压器 T2 的初级绕组 L1 加到 IC1 的⑤～⑧脚，⑤～⑧脚内接开关场效应晶体管的漏极。同时 300V 直流电压经 R1、R2、R3

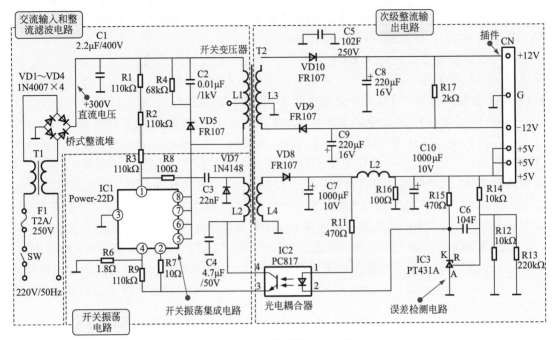

图5-11　典型影碟机电源电路

等元件形成启动电压加到 IC1 的①脚，使 IC1 内的振荡电路起振，开关变压器 T2 的初级绕组中开始有开关电流产生。

T2 的次级绕组 L2 会感应出开关信号，L2 绕组的输出经整流滤波电路形成正反馈信号并叠加到 IC1 的①脚，保持①脚有足够的直流电压以维持 IC1 中振荡电路的振荡，使开关电路进入稳定的振荡状态。

c. 次级输出电路单元。开关变压器 T2 的次级绕组（L3、L4）的输出经整流滤波电路后分别输出 +12V、−12V、+5V 等电压。

d. 稳压电路单元。误差检测电路设在 +5V 输出电路中，+5V 输出端与地之间串接两个分压电阻 R14、R13，其分压点作为误差电压取样端，取样电压加到 IC3 的 R 输入端。光电耦合器 IC2 接在 IC3 的 K 端。当输出电压变化时，会引起 IC2 中发光二极管的发光强度发生变化，这样会使 IC2 中光敏晶体管集电极和发射极之间的阻抗发生变化。IC2 的③端接在 IC1 的②、④脚，IC1 的②脚为稳压负反馈信号的输入端。这个环路可使输出电压得到稳压。

5.2
基本放大电路

基本放大电路是放大电压或电流信号的电路，它属于模拟信号放大器。

5.2.1　基本放大电路的结构特点

根据各设备中工作条件和电路的不同，基本放大电路的结构也有所差异，根据电路的结构和放大元件的不同，我们大体可以将基本放大电路分为晶体管放大电路、场效应管放大电路、多级放大器和负反馈放大器、差动放大电路、运算放大电路等。

（1）晶体管放大电路的结构特点与电路分析

晶体管的作用之一就是放大，因此，使用晶体管制成的电路具有放大的作用。

晶体管放大电路的功能示意图见 5-12。

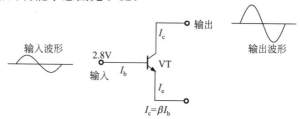

图5-12　晶体管放大电路的功能示意图

在对晶体管放大电路进行识读前，应首先了解该电路的结构组成，下面就具体介绍一下典型晶体管放大电路的结构。

典型的晶体管放大电路见图 5-13。

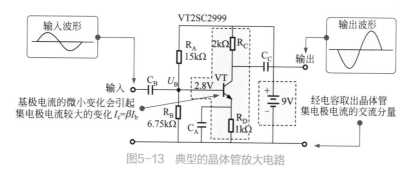

图5-13　典型的晶体管放大电路

由图 5-13 可知，晶体管放大电路主要是由晶体管、电阻器和电容器等组成的。

晶体管是一种电压放大器件，当输入信号加至晶体管的基极时，基极电流 I_b 随之变化，进而使集电极电流 I_c 产生相应的变化。由于晶体管本身具有放大倍数 β，根据电流的放大关系 $I_c=\beta I_b$，使经过晶体管后的信号放大了 β 倍，输出信号经耦合电容 C_c 阻止直流后输出，这时在电路的输出端便得到了放大后的信号波形。

（2）场效应管放大电路的结构特点与电路分析

场效应管与晶体管一样，也具有放大作用。场效应管是电压控制型器件。它具有输入阻抗高、噪声低的特点。

对场效应管放大电路进行识图前，应首先了解其工作流程，场效应管的 3 个电极，即栅极、源极和漏极分别相当于晶体管的基极、发射极和集电极，由其构成的放大电路可分为三种，即共源、共漏和共栅极放大器。

场效应管三种组态电路见图 5-14。

图 5-14（a）所示是共源放大器，它相当于三极管中的共发射极放大器，是一种最常用电路。

图 5-14（b）是共漏放大器，相当于三极管共集电极放大器，输入信号从漏极与栅极之间输入，输出信号从源极与漏极之间输出，这种电路又称为源极输出器或源极跟随器。

图 5-14（c）是共栅放大器，它相当于三极管共基极放大器，输入信号从栅极与源极

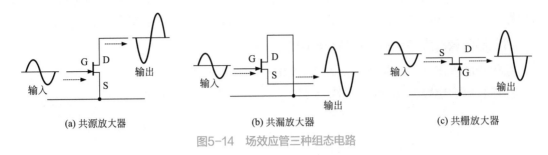

(a) 共源放大器　　　　　　(b) 共漏放大器　　　　　　(c) 共栅放大器

图5-14　场效应管三种组态电路

之间输入，输出信号从漏极与栅极之间输出。这种放大器的高频特性比较好。

典型的场效应管放大电路见图5-15。

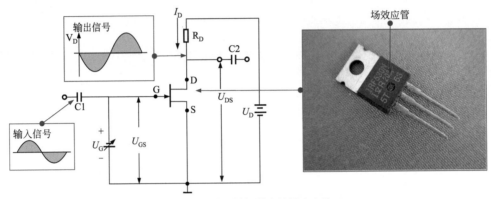

图5-15　典型的场效应管放大电路

由图可知，该电路中的核心元件就是就是场效应晶体管。在场效应管的漏极和源极之间加上一定的电压 U_0 并串接一个电阻 R_D，那么调整或改变 U_{GS}，就可以改变 I_D 的大小，进而改变输出电压 U_{DS}，实现电压放大。

（3）运算放大电路的结构特点与电路分析

标准的运算放大器由三种放大电路组成：差动放大器、电压放大器和推挽式放大器。为使用方便，它通常被制成集成电路。

运算放大器的基本构成见图5-16。

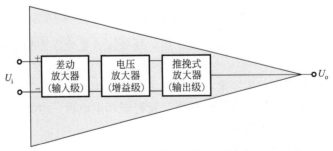

图5-16　运算放大器的基本构成

基本运算放大电路有很高的电压放大倍数，因此在作为放大器运用时，总是接成负反馈的闭环结构，否则电路是非常不稳定的。运算放大电路有两个输入端，因此输入信号有三种不同的接入方式，即反相输入、同相输入和差动输入。无论是哪种输入方式，反馈网络都是接在反相输入端和输出端之间。

利用运算放大器构成的温度检测电路见图 5-17。

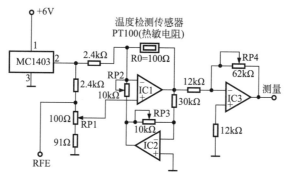

图5-17　运算放大器构成的温度检测电路

图中，MC1403 为基准电压产生电路，其②脚输出经电阻（2.4kΩ）和电位器 RP1 等元件分压后加到运算 IC1 的同相输入端，热敏电阻 PT100 接在运算放大器的负反馈环路中。环境温度发生变化，热敏电阻的值也会随之变化，IC1 的输出加到 IC3 的反相输入端，经 IC3 放大后作为温度传感信号输出，IC1 相当于一个测量放大器，IC2 是 IC1 的负反馈电路，RP2、RP3 可以微调负反馈量，从而提高测量的精度和稳定性。

5.2.2　基本放大电路的分析实例

基本放大电路的应用十分广泛，根据不同的应用场合和产品需求，其电路结构有所不同。下面，我们就结合各种基本放大电路，介绍一下该电路的识图技巧。

（1）宽频带放大器电路的分析实例

典型宽频放大器电路见图 5-18，该电路可是一种典型的共射极放大电路。

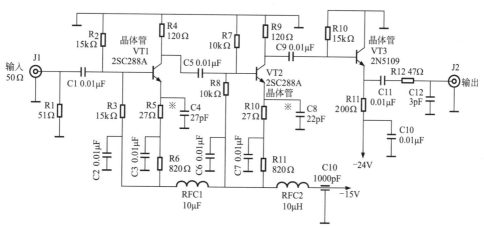

图5-18　典型宽频放大器电路

通过图 5-18 可知，该电路是一种 1～250 MHz 宽频带放大器电路。该电路采用两级共发射极放大器作为放大电路，VT3 作为输出级放大器。

主要是由晶体管放大器 VT1、VT2、VT3 以及相应的分压电阻器、耦合电容器等组成的。其中晶体管 VT1、VT2 和 VT3 主要用来对输入的信号进行三级放大，分压电阻器主要用来为晶体管提供工作电压，耦合电容器可用来将信号耦合后送往下一级的晶体管中。

通过对上述电路的分析，我们可以读出，在该电路中，其输入信号由接口 J1 输入，经电容 C1 耦合后送入三极管 VT1 的基极，由三极管 VT1 放大后由其集电极输出，并经电容 C5 耦合后送往三极管 VT2 的基极进行放大后，由其集电极输出，并经电容 C9 耦合后再送往晶体管 VT3 的基极上，最终由发射极送往输出接口 J2。

（2）超小型收音机电路的分析实例

一种超小型收音机电路见图 5-19，它采用两只晶体管，其中的场效应晶体管放大电路采用了固定式偏置方式。

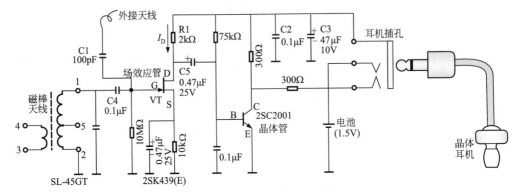

图5-19　超小型收音机电路图

通过图 5-19 可知，该电路主要是由场效应管 VT 以及晶体管 2SC2001、耦合电容器 C1 和 C4 以及周围的元器件组成的，场效应管 VT 用来进行高频信号的放大，是该电路的核心元件。

由外接天线接收天空中的各种信号，交流信号通过 C1，进入 LC 谐振电路。LC 谐振电路是由磁棒线圈和电容组成的，谐振电路选频后，经 C4 耦合至场效应管 VT 的栅极，与栅极负偏压叠加，加到场效应管栅极上，使场效应管 VT 的漏极电流 I_D 相应变化，并在负载电阻 R1 上产生压降，经 C5 隔离直流后输出，在输出端即得到放大了的信号电压。放大后的信号送入三极管 2SC2001 的基极，该管还具有检波功能，将调制在高频载波信号上的音频信号检出来，输出较纯净的音频信号送到耳机。

（3）电容耦合多级放大器的分析实例

典型的电容耦合多级放大器电路见图 5-20。

该电路是由两个共发射极晶体管放大器连接而成的电容耦合两级放大器，可以获得较高的放大倍数。信号通过电容器 C1 耦合到共发射极晶体管 VT1 的基极，经集电极输出通过电容器 C2 耦合到后级共发射极晶体管 VT2 的输入端（基极）。

使用电容器 C2 耦合，就可以防止某极放大器的直流偏压影响下一级的直流偏压，但是交流信号却能够直接通过耦合电容送入下一级电路。

（4）OTL 音频功率放大器电路的分析实例

OTL 音频功率放大器电路见图 5-21。

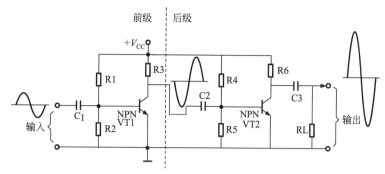

图5-20　典型的电容耦合多级放大器电路

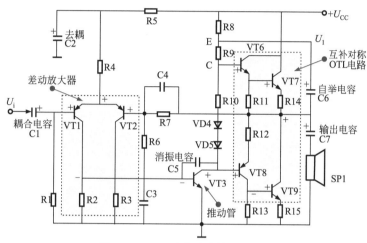

图5-21　OTL音频功率放大器电路

该电路的输出级是一个典型的差动放大器电路，其输入级采用 VT1 和 VT2 组成的差动放大器进行音频信号的放大。

VT1、VT2 构成差动输入级电压放大器，VT3 是推动管，VT4 和 VT5 为功放输出管的静态偏置二极管，VT6～VT9 构成复合互补对称式 OTL 电路，是输出级电路。其中 VT6 和 VT7 为两只 NPN 型同极性复合管，等效成一只 NPN 型晶体管，VT8 和 VT9 是 PNP 型和 NPN 型复合管，等效成一只 PNP 型晶体管。

通过对电路的分析，可以读出，输入信号 U_i 经过耦合电容 C1 加到 VT1 管的基极，经放大后从其集电极输出，直接耦合到 VT3 管的基极，放大后从其集电极输出。VT3 管集电极输出的正半周信号经 VT6 和 VT7 放大，由 C7 耦合到 SP1 中，VT3 管集电极输出的负半周信号经 VT8 和 VT9 放大，也由 C7 耦合到 SP1 中，在 SP1 上获得正、负半周一个完整的信号。

VT1 和 VT2 构成单端输入、单端输出式差动电路，是一级电压放大器。VT1 的基极偏置由 R1 提供，VT2 的基极偏置由 R7 提供，R7 的右端接输出端，其直流电压为 1/2（+V）。

推动级 VT3 的基极电压取自 VT1 的集电极，这两极之间采用直接耦合方式。C5 是 VT3 的高频电压并联负反馈式消振电容，它容量较小，对音频信号而言呈开路，对于高频信号容抗很小，而具有大的负反馈作用，以抑制放大器可能出现的高频自激。

5.3
检测控制电路

检测控制电路的应用十分广泛，在很多电子产品中都设有检测电路，其主要功能是对电路中的某种状态进行检测和监控，当该检测结果超出标称范围时，其保护电路会采取相关措施，来终止电路的运行，从而保证电路、设备或人身安全。

5.3.1 检测控制电路的结构特点

在检测电路中，根据检测的方向不同，又可分为温度检测、湿度检测、速度检测、压强检测等。为实现上述检测功能，通常需要一个传感器件，来对电路中的某种状态做出反应，我们把该类检测器件称为传感器（又称变换器），其主要功能是将被测物理量或化学量转变成为电量。在生产和生活中常见的传感器有温度传感器、湿度传感器、速度传感器、压强传感器等等。

检测控制电路的原理简图见图5-22。

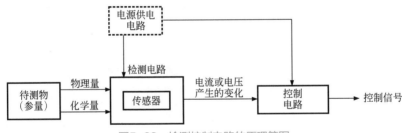

图5-22　检测控制电路的原理简图

由图5-22可知，在检测控制电路中，当检测电路中的传感器在对电路的某一状态做出反应后，其电压或电流会随之产生变化，控制电路会根据该电压或电流的变化值，输出控制信号来采取相应的操作，从而实现电路或设备的控制。同时，在一些检测电路中，还会设有专门的电源供电电路来为该电路提供工作电压。

（1）电暖气温度控制电路的结构特点与电路分析

电暖气温度控制电路是典型的控制保护电路，其可对电暖气的温度进行检测和控制，以防止当温度过高时，对人身及设备安全产生影响。

典型电暖气温度控制电路见图5-23。

这是一个典型的电暖气温度检测控制电路。

① 供电电路单元。供电电路单元主要是由交流输入部分、电源开关K、降压变压器T、桥式整流电路（VD1～VD4）、电阻器R1、电源指示灯VD1、滤波电容器C1、稳压二极管VS1等部件组成的。

交流220V电压经变压器T降压、桥式整流电路整流、电容滤波、二极管稳压后产生12V的直流电压，该电压为整个检测和控制电路提供工作所需的电压。

② 检测电路单元。在检测电路单元，主要是采用负温度系数（NTC）的热敏电阻RT作为温度传感器，当温度升高时，热敏电阻RT的电阻值将随温度的升高而减小；当该电

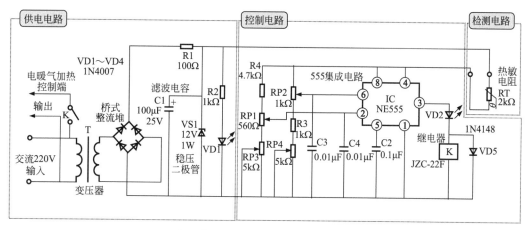

图5-23　典型电暖气温度控制电路

路测试到环境温度较低时，热敏电阻器 RT 的阻值变大。

③ 控制电路单元。在控制电路单元中，主要是由 555 集成电路 IC（NE555）、电位器 RP1～RP3、继电器 K、发光二极管 VD2 等部件组成的。

在电暖气温度检测和控制电路中，其采用热敏电阻 RT 为传感部件，变压器次级输出经桥式整流后变成直流电压，该电压经电阻 R1 限流和 VS1 稳压后形成 +12V 电压。+12V 电压经热敏电阻 RT 后为 IC 和两组分压电路供电，温度变化会引起 IC 的②、⑥脚电压变化，当温度降低时，②、⑥脚的电压会降低，从而使 IC ③脚输出高电平，继电器动作，接通电暖气的交流 220V 电源。

当该电路测试到环境温度较低时，热敏电阻器 RT 的阻值变大，集成电路 IC 的②、⑥脚电压降低，由于时基电路内部电路的变化使③脚输出高电平，VD2 点亮，继电器 K 得电吸合，其常开触头 K 接通将电加热器的工作电源接通，电暖气开始加热，使环境温度升高；同样，当环境温度升高的一定温度时，RT 的阻值变小，集成电路 IC 的②、⑥脚电压升高，③脚输出变为低电平，VD2 熄灭，继电器 K 释放，其常开触头 K 断开将电加热器的工作电源切断，加热器停止工作，维持室内温度，这样可以通过检测室内温度自动控制电暖气的工作，使室内温度始终保持在舒适的状态。

（2）典型喷灌控制器电路的结构特点与电路分析

喷灌控制器主要用于农业的种植生产，其主要功能是对土壤中的湿度进行检测，根据土壤的干湿程度来控制喷灌的启动与停止。

典型喷灌控制器电路见图 5-24。

① 供电电路单元。该电路主要是由交流输入部分、变压器 T、桥式整流电路（VD1～VD4）、滤波电容器 C1 等部件组成的。

交流 220V 电压经变压器 T 变压、桥式整流电路整流、电容滤波后将交流电压变为直流电压，该电压将为整个检测电路和直流电动机控制电路进行供电。

② 检测电路单元。在检测电路单元中，插入土壤中的两个探头为湿度传感器，其电阻值会根据土壤湿度的变化而变化，当湿度过大时，其阻值变小；反之当土壤湿度较为干燥时，其阻值增大。在该检测电路中其主要用于检测土壤中的湿度情况，当喷灌设备工作一段时间后，土壤湿度达到适合农作物生长的条件。

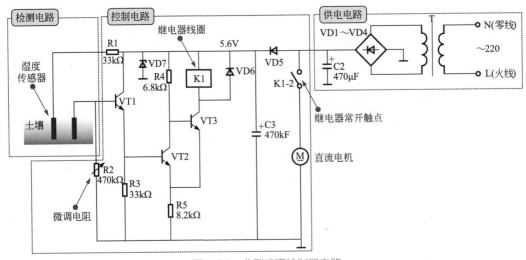

图5-24 典型喷灌控制器电路

③ 控制电路单元。控制电路单元主要是由晶体管 VT1、VT2、VT3、继电器线圈 K1、继电器常开触点 K1-2、直流电机等部件组成的。

在电路中，直流电动机 M 用于带动喷灌设备动作。当喷灌设备工作一段时间后，土壤湿度达到适合农作物生长的条件，此时湿度传感器的电阻值变小，此时 VT1 导通，并为 VT2 基极提供工作电压，VT2 也导通。VT2 导通后直接将 VT3 基极和发射极短路，因此 VT3 截止，从而使继电器线圈 K1 失电断开，并带动其常开触点 K1-2 恢复常开状态，直流电动机断电停止工作，喷灌设备停止喷水。

当土壤湿度变干燥时，湿度传感器之间的电阻值增大，导致 VT1 基极电位较低，此时 VT1 截止，VT2 截止，VT3 的基极由 R4 提供电流而导通，继电器线圈 K1 得电吸合，并带动常开触点 K1-2 闭合，直流电机接通电源，开始工作。

5.3.2 检测控制电路的分析实例

检测控制电路的种类多种多样，不同的使用场合、不同的环境因素、不同的用途，使得检测控制电路的结构原理也略有不同。

下面，我们以实际的检测控制电路为例，来介绍一下该类电路的具体识图方法。

（1）光控照明灯电路的分析实例

光控照明灯电路适用于路灯、门灯、走廊照明灯等场合。在白天，电路中灯泡不亮；当光照较弱时，灯泡可自动点亮。

采用光敏传感器（光敏电阻）的光控照明灯电路见图 5-25。

该电路主要是由光敏电阻 RG、电位器 RP、非门集成电路 IC1、时基集成电路 IC2、二极管 VD1、VD2、继电器线圈 KA、继电器常开触点 KA-1、灯泡 L 等部分组成的。

当白天光照较强时，光敏电阻器 RG 的阻值较小，则 IC1 输入端为低电平，输出为高电平，此时 VD1 导通，IC2 的②、⑥脚为高电平，③脚输出低电平，发光二极管 VD2 亮，但继电器线圈 KA 不吸合，灯泡 L 不亮。

当光线较弱时，RG 的电阻值变大，此时 IC1 输入端电压变为高电平，输出低电平，

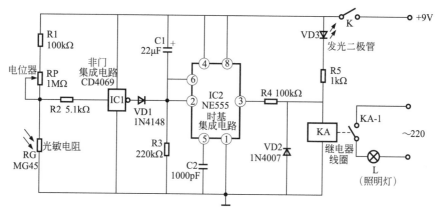

图5-25　采用光敏传感器（光敏电阻）的光控照明灯电路

使 VD1 截止；此时，电容器 C1 在外接直流电源的作用下开始充电，使 IC2 的②、⑥脚电位逐渐降低，③脚输出高电平，使继电器线圈 KA 吸合，带动常开触点 KA-1 闭合，灯泡 L 接通电源，点亮。

（2）自动应急灯电路的分析实例

在白天光线充足时，自动应急灯电路不工作，当夜间光线较低时，自动应急灯电路能自动点亮。

采用电子开关集成电路的自动应急灯电路见图 5-26。

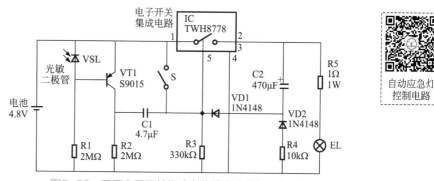

图5-26　采用电子开关集成电路的自动应急灯电路

该电路主要是由光敏二极管 VSL、三极管 VT1、开关 S、电子开关集成电路 IC（TWH8778）、电池、灯泡 EL 等部件组成的。

采用光敏二极管 VSL 为传感器件，在白天或光线强度较高时，光敏二极管 VSL 电阻值较小，晶体管 VT1 处于截止状态，后级电路不动作，灯泡 EL 不亮；当到夜间光线变暗时，VSL 电阻值变大，使晶体管 VT1 基极获得足够促使其导通的电压值，当晶体管 VT1 导通后，后级电路开始进入工作状态，电子开关集成电路 IC 内部的电子开关接通，使 4.8V 的供电电压到达灯泡 EL，使灯泡 EL 点亮。

（3）小功率电暖气控制电路的分析实例

小功率电暖气控制电路是一种典型的温度检测控制电路，其采用热敏电阻作为主要的传感器件。小功率电暖气控制电路见图 5-27。

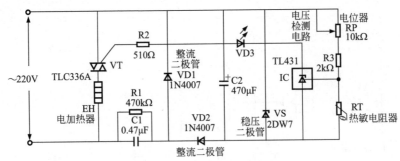

图5-27 小功率电暖气控制电路

该电路主要是由整流二极管 VD1、VD2、滤波电容器 C2、稳压二极管 VS、热敏电阻器 RT、电位器 RP、电压检测电路 IC、电加热器及外围相关元件构成的。

交流 220V 电压经 R1、C1 降压后，由 VD1、VD2 进行倍压整流，将交流电压变成直流电压，经 C2 滤波和 VS 稳压后输出直流负压。电源供电电路输出直流电压分为两路：一路作为 IC 的输入直流电压；另一路经 RT、R3 和 RP 分压后，为 IC 提供检测电压。当环境温度较低时，RT 的阻值较大，IC 的检测端分压较高，使 IC 导通，二极管 VD3 点亮，VT 受触发而导通，电加热器通电开始升温。当温度上升到一定温度后，RT 的阻值随温度的升高而降低，使集成电路的检查端电压降低，VD3 熄灭、VT 关断，EH 断电停止加热。

第 6 章

数字电路的特点
与电路分析

在电子电路中，处理模拟量（信号）的电路等称为模拟电子电路，它们加工和处理的是连续变化的模拟信号。电子电路中另一大类电路的数字电子电路。它加工和处理的对象是不连续变化的数字信号。

数字电路相对于前述的模拟电路来说更加抽象化，而且随着目前数字技术的发展，目前电子产品中应用数字电路的类型更是千变万化，本章主要介绍脉冲信号产生电路、逻辑电路、定时延迟电路、变换电路等几种基本电路。

6.1
脉冲信号产生电路

脉冲信号产生电路是数字脉冲电路中的基本电路，它是指专门用来产生脉冲信号的电路，我们首先认识一下什么是脉冲信号产生电路。

通常，我们将能够产生脉冲信号的电路称为振荡器。常见的脉冲信号产生电路主要可分为晶体振荡器和多谐振荡器两种。

6.1.1　脉冲信号产生电路的结构特点

脉冲信号是指一种持续时间极短的电压或电流波形。从广义上讲，凡不具有持续正弦形状波形的信号，几乎都可以称为脉冲信号。它可以是周期性的，也可以是非周期性的。

几种常见的脉冲信号波形见图6-1。

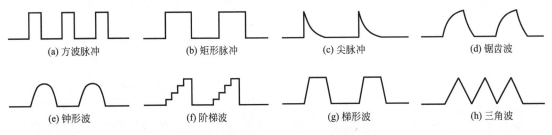

(a) 方波脉冲　　(b) 矩形脉冲　　(c) 尖脉冲　　(d) 锯齿波

(e) 钟形波　　(f) 阶梯波　　(g) 梯形波　　(h) 三角波

图6-1　常见的脉冲信号波形

若按极性分，常把相对于零电平或某一基准电平，幅值为正时的脉冲称为正极性脉冲，反之称为负极性脉冲（简称正脉冲和负脉冲）。

正、负脉冲波形见图6-2，其中图6-2（a）为正脉冲，图6-2（b）为负脉冲。

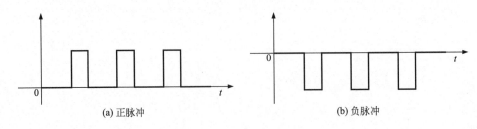

(a) 正脉冲　　　　　　　　　　(b) 负脉冲

图6-2　正、负脉冲波形

（1）晶体振荡器的结构特点与电路分析

晶体振荡器是一种高精度和高稳定度的振荡器，被广泛应用于家电、计算机和通信设备中，用于为数据处理电路产生时钟信号或基准信号。

晶体振荡器主要是由石英晶体和外围元件构成的谐振器件。石英是一种自然界中天然形成的结晶物质，具有一种称为压电效应的特性。晶体受到机械应力的作用会发生振动，由此产生电压信号的频率等于此机械振动的频率。当晶体两端施加交流电压时，它会在该输入电压频率的作用下振动。在晶体的自然谐振频率下，会产生最强烈的振动现象。晶体的自然谐振频率又称固有频率，由其实体尺寸以及切割方式来决定。

晶体外形及功能见图 6-3。

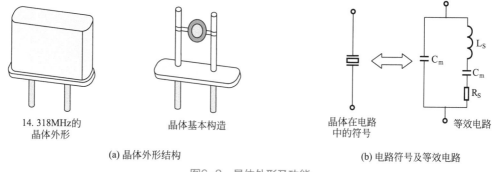

14. 318MHz的晶体外形　　晶体基本构造　　晶体在电路中的符号　　等效电路

(a) 晶体外形结构　　　　　　　　(b) 电路符号及等效电路

图6-3　晶体外形及功能

一般来说，使用在电子电路中的晶体由架在两个电极之间的石英薄芯片以及用来密封晶体的保护外壳所构成，其功能可以等效为 RLC 电路。

① 32 kHz 晶体管时钟振荡器。在数字电路中，时钟电路是不可缺少的，它是为数字电路提供时间基准信号的电路。

32 kHz 晶体管时钟振荡器见图 6-4，其采用 CMOS 集成电路 CD4007 作振荡信号放大器。

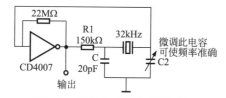

图6-4　32 kHz晶体管时钟振荡器

② 由 DTL（二极管和三极管组成的逻辑电路）集成电路构成的晶体振荡器。DTL 集成电路构成的晶体振荡器见图 6-5。

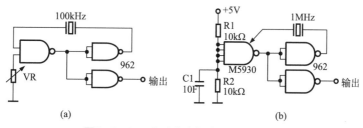

(a)　　　　　　　　　　(b)

图6-5　DTL集成电路构成的晶体振荡器

图 6-5 中所示的两个晶振电路，其振荡频率分别为 100 kHz 和 1 MHz。它们都是由门电路构成，为 DTL 电路系统提供晶振信号。

③ 由 TTL（晶体管逻辑电路）集成电路构成的晶体振荡器。TTL 集成电路构成的晶体振荡器，如图 6-6 所示，图中分别为 100MHz 和 20MHz 两种振荡频率的振荡电路。

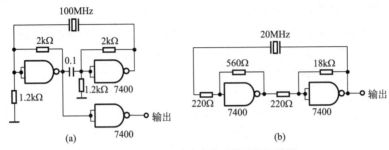

图6-6　TTL集成电路构成的晶体振荡器

（2）多谐振荡器的结构特点与电路分析

多谐振荡器是一种可自动产生一定频率和幅度的矩形波或方波的电路，其核心元件为对称的两只晶体管，或将两只晶体进行集成后的集成电路部分。

① 方波信号产生器。方波信号产生器也是一种多谐振荡器，它利用双稳态多谐振荡器产生方波信号，可同时输出两个相位相反的方波信号。电路简单稳定可靠。

方波信号产生器见图 6-7。

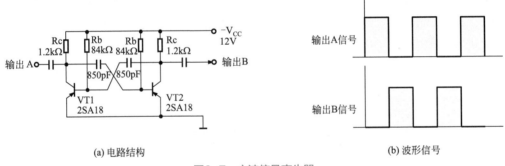

(a) 电路结构　　　　　　　　　　(b) 波形信号

图6-7　方波信号产生器

② 锯齿波振荡器。锯齿波振荡电路见图 6-8。

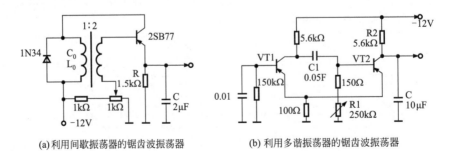

(a)利用间歇振荡器的锯齿波振荡器　　　(b)利用多谐振荡器的锯齿波振荡器

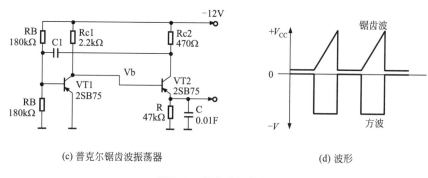

(c) 普克尔锯齿波振荡器　　　　　　(d) 波形

图6-8　锯齿波振荡电路

图 6-8（c）为比较常用的普克尔电路，首先，$-V_{CC}$ 通过 Rc1 加到 VT2 的基极，使 VT2 导通，电容器 C 通过 Rc2 充电。若 Rc2 选得比 R 大，则充电时间比放电时间长。

电容器 C 很快地充电到由 Rc2 和 R 对 $-VCC$ 的分压电位，Rc2 的压降通过 C1 使 VT1 的基极电位变正而截止。C 进行充电时，集电极电流逐渐减小，电源电压通过 RB 加给 VT1 的基极，使 VT1 导通。这样，VT1 的集电极电压下降，因为 VT2 的基极直接连接 VT1 的集电极，使 VT2 截止。由于 VT2 截止，C 上的电荷通过 R 放电，直到 VT2 的发射极电位高于基极电位时 VT2 再次导通。因此在 C 两端便产生周期性的锯齿波。

提示说明

晶体振荡器和多谐振荡器是数字电路中用于产生脉冲信号的电路，其产生的信号波形多为正负半轴对称的脉冲波形，而实际应用中有时可能只需用到其正半周波形，此时就需要用到脉冲整形电路和变换电路。

常见的脉冲信号整形电路和变换电路主要有：**RC 微分电路**（将矩形波转换为尖脉冲）、**RC 积分电路**、单稳态触发电路、双稳态触发电路等。这些电路有一个共同的特点：它们不能产生脉冲信号，只能将输入端的脉冲信号整形或变换为另一种脉冲信号。

常见的几种脉冲信号整形和变换电路及其输入和整形后输出的脉冲信号见图 **6-9**。

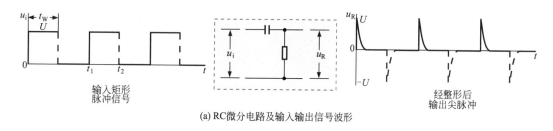

(a) RC微分电路及输入输出信号波形

图6-9

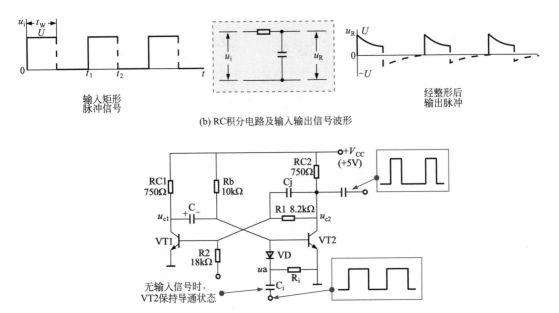

输入矩形
脉冲信号

经整形后
输出脉冲

(b) RC积分电路及输入输出信号波形

无输入信号时，
VT2保持导通状态

(c) 典型单稳态触发电路及输入、输出脉冲信号波形

图6-9　常见的几种脉冲信号整形和变换电路及其输入和整形后输出的脉冲信号

6.1.2　脉冲信号产生电路的实例分析

　　脉冲信号产生电路的应用十分广泛，根据不同的应用场合和产品需求，其电路结构也均有不同。下面就结合一些的实用脉冲信号产生电路来分析该类电路。

（1）键控脉冲信号产生电路的分析实例

　　键控脉冲信号产生电路是一种利用键盘输入电路的脉冲信号产生电路。键盘输入电路的结构见图6-10。

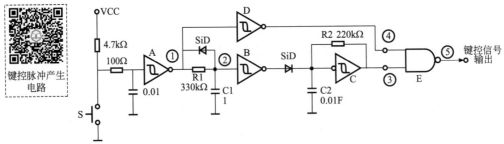

图6-10　键盘输入电路的结构

　　通过图6-10可知，该键盘脉冲信号产生电路主要是由操作按键S，反相器（非门）A、B、C、D，与非门E等组成的，其中操作按键与反相器、与非门共同起到产生脉冲信号的作用。

　　反相器的作用是其输出信号的相位与输入信号相反，与非门则是在与门输出端又增加了一个非门。

　　当按动一下开关S，反相器A的①脚会形成启动脉冲，②脚的电容被充电形成积分信号，②脚的充电电压达到一定电压值时，反相器控制脉冲信号产生电路 C 开始振荡，③脚输出脉冲信号，同时①脚的信号经反相器 D 后，加到与非门 E，⑤脚输出键控信号。

（2）1kHz 方波信号产生电路（CD4060）的分析实例

1kHz 方波信号产生电路见图 6-11。

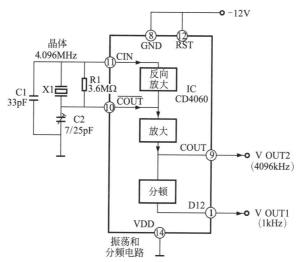

图6-11　1kHz方波信号产生电路

通过图 6-11 可知，该 1 kHz 方波信号产生电路主要是由振荡器 CD4060、晶体 X1、补偿电容 C1、C2 及外围元器件构成的。

其中，CD4060 内部振荡电路与外接的晶体 X1 构成晶体振荡器，用于产生脉冲信号波形。

当直流 12V 电压加到该电路中后，集成电路 IC（CD4060）开始工作，其内部的振荡电路通过⑩、⑪脚与外接晶体 X_1 构成晶体振荡器，产生脉冲信号，该振荡信号经 IC 内部一级放大后，直接由 IC 内部的固定分频器（1/4096）分频，然后从 IC 的①脚输出，因此从①脚得到的输出频率为 4.096MHz/4096=1kHz。从⑨脚输出的信号，则输出频率为 4.096MHz。

该电路中 R1 为反馈电阻，以确定 CD4060 内部门电路的工作点。C2 为频率调节电容，调节 C2 可将振荡频率调整到准确值。

（3）精密低频（1Hz）时钟信号发生器电路的分析实例

精密 1Hz 时钟信号产生电路见图 6-12。

通过图 6-12 可知，该电路由 14 级二进制计数器 CD4060、触发器 CD4027 及 32.768 kHz 石英晶体等元件组成。

其中，IC1（CD4060）为一种内部含有振荡电路的计数器，用于与外接的晶体产生脉冲信号；CD4027 为一种 JK 触发器，它可以将输入的波形进行整形后输出。

IC1 ⑩、⑪脚的外接晶体与芯片内电路构成振荡电路，其振荡频率为 32.768kHz，微调电容 C2 可精确调节此频率。

该振荡信号经 IC1 的 2^{14} 次分频后，在 IC1 的③脚输出 2Hz 的方波信号，该方波信号经 JK 触发器 IC2 进行 1/2 分频后，便可在 IC2 的①脚输出精确的频率为 1Hz 的时钟信号。

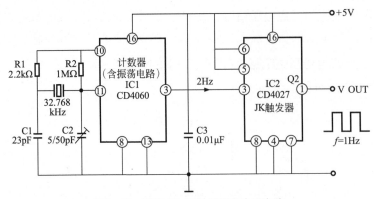

图6-12　精密1Hz时钟信号发生器电路

6.2

实用逻辑电路

6.2.1　实用逻辑电路的结构特点

　　逻辑电路是以二进制为原理，实现数字信号逻辑运算和操作的电路。基本的逻辑电路主要由门电路、反相器、触发器等。

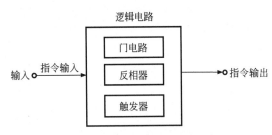

图6-13　逻辑电路的基本工作流程图

　　逻辑电路的基本工作流程图见图6-13。

　　由图6-13可知，逻辑电路是一种根据输入指令做出相应判断、分析和处理后，再输出相关指令信号的电路。

（1）八路轻触式电子互锁开关电路的结构特点与电路分析

　　八路轻触式电子互锁开关电路是一个典型逻辑实用电路，该电路具有电路简洁、体积小、操作舒适的特点，可输出八路信号进行控制。

　　八路轻触式电子互锁开关电路见图6-14。

　　从图6-14中我们可以看出，该逻辑电路是由指令输入端的操作按键、8D触发器、指令输出端LED指示灯等部件组成的。

　　该电路主要由三态同相8D触发器74LS374构成。电路中S1～S8为八个轻触按钮开关。LED1～LED8为对应的开关状态指示灯。按动S1～S8之一，VT1的基极将通过R3～R10中的某个电阻及所按开关连接到地，使C1放电，VT1导通，+5V电源经VT1和R11向C2充电，在IC1⑪脚形成一个正脉冲，经整形后送往各D触发器，由于所按下的按钮对应的D端接地，且①脚接地为低电平，其对应的Q端也跳变为低电平并锁存。此时相应的LED指示灯被点亮，并输出信号至功能选择电路。若下次再按动其他按钮开关，电路将重复上述过程。C2和R12可提供一个约10ms的延迟时间，可在换挡时防止误动作。C1主要起开机复位作用。

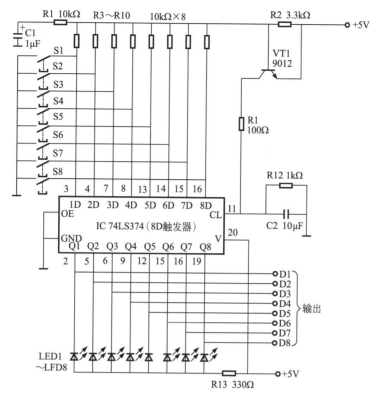

图6-14　八路轻触式电子互锁开关电路

![提示说明图标] **提示说明**

　　执行指令的核心元器件 **74LS374** 为一个 **8D** 触发器，想要了解电路对输入的键控指令进行如何处理，首先要了解这个 **8D** 触发器能够实现什么样的功能，一般需要首先弄清楚这个集成电路的内部结构是怎样的，然后根据内部结构框图在分析其执行或处理指令的过程，**8D** 触发器 **74LS374** 的内部结构框图见图 **6-15**。

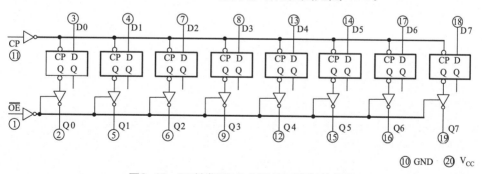

图6-15　8D触发器74LS374的内部结构框图

　　由图 **6-15** 可知，**8D** 触发器 **74LS374** 是一种具有八个输入端和八个输出端的集成电路，其内部由 **8** 只 **D** 触发器和 **8** 只非门构成，当输入端 **D** 为低电平时，输出端 **Q** 也为低电平，例如，当③脚输入指令信号为低电平时，其②脚相应的输出低电平。

（2）闪烁壁灯控制电路的分析实例

闪烁壁灯控制电路是通过非门输出的高电平与低电平，来控制两个灯泡交替点亮的过程。

闪烁壁灯控制电路见图6-16。

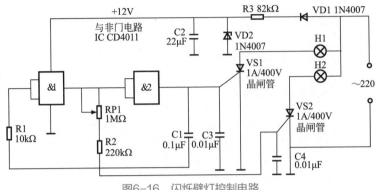

图6-16　闪烁壁灯控制电路

通过图6-16可知，该电路主要是由整流二极管VD1、稳压二极管VD2、与门电路IC（CD4011）、晶闸管VS1、VS2以及两只小灯泡H1、H2等部分构成的。

其中，电路中的VD1、VD2、R3及C2组成电阻降压半波整流稳压电路，由图中文字标识可知该整流电路可获得12V直流电压。与非门1、2组成多谐振荡器，调节RP1，可改变其振荡频率，使壁灯照明闪烁发光达到满意的效果。

当将电路的220V交流输入端接入市电后，半波整流稳压电路VD1、VD2、R3及C2整流输出12V直流电压为电路中其他器件提供工作电压。

当与非门获得基本过工作条件后，电路起振，与非门1、2的输出端便会交替的出现高电平与低电平。当与非门1输出高电平时，触发器晶闸管VS2导通，灯H2被点亮，此时与非门2输出低电平，晶闸管VS1被关断，灯H1熄灭。

6.2.2　实用逻辑电路的分析实例

实用逻辑电路的应用十分广泛，根据不同的应用场合和产品需求，其电路结构也均有不同。下面，我们就结合一些实际电子产品中的逻辑电路来分析该类电路。

（1）多路脉冲编码器的分析实例

典型多路脉冲编码器电路见图6-17。

通过图6-17可知，该电路主要是由二进制至16线时序译码器CD4514、4位二进制加法计算器CD4520等部分构成的。

CD4520为4位二进制加法计算器，当其时钟输入端CP（或EN）有时钟脉冲作用时，输出0000～1111二进制码。CD4514为二进制至16线时序译码器，可将二极管制码译为16线时序输出。由其构成多路脉冲编码器，该电路为15路编码器。

（2）键控脉冲编码器的分析实例

键控脉冲编码器见图6-18。

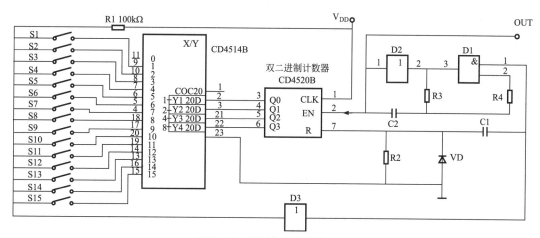

图6-17　典型多路脉冲编码器

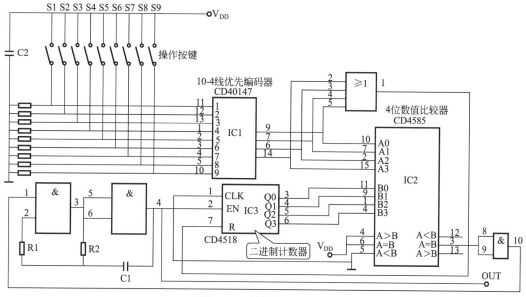

图6-18　键控脉冲编码器

通过图 6-18 可知，该电路主要是由 10-4 线优先编码器 CD40147、4 位数值比较器 CD4585、二进制计数器 CD4518 以及用于输入指令的操作按键 S1～S9 等部分构成的。

该键控脉冲编码器电路中，指令信号输入由按键 S1～S9 构成。当按下某键时，CD40147 对其编码，并将该编码送至 CD4585 数据端 A，同时使 CD4518 开始计数。当计数输出等于编码输入时，比较器输出高电平，该信号使脉冲振荡器停振，由此构成 9 通道脉冲编码器。

（3）触摸键控电路的分析实例

触摸键控电路见图 6-19。

由图 6-19 可知，该电路主要是由触摸键金属板 M、与非门电路（1～4），继电器 K、电池等部分构成的。

其中，触摸键金属板用于输入指令（启动电路指令）；4 个与非门电路则用于将输入的

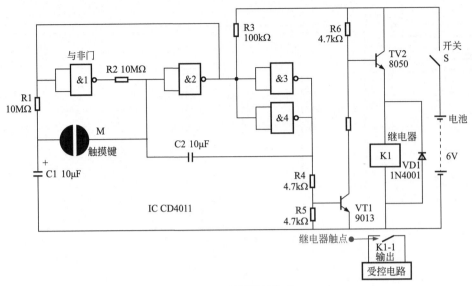

图6-19　触摸键控电路

指令进行识别和处理；继电器则为指令输出端负载，用于实现指令的输出。

在该触摸开关电路中，当用手触摸金属板 M 时，C1 上的充电电荷将通过人体电阻加到与非门 2 的输入端，使其称为高电平，最终导致与非门 3、4 输出高电平，使 VT1、VT2 导通，继电器 K1 吸合，及触点 K1-1 闭合，可控制负载工作。由于与非门 1 和与非门 2 之间通过电阻 R2 相连，所以由 C1 提供给与非门 2 输入端的高电平将保持下去，即使手离开了 M，电路仍会保持这一状态，直到 M 受到再次触摸为止。

当继电器维持吸合状态时，与非门 1 的输入端为低电平，C1 将通过 R1 及与非门 1 放电到 0V 左右。

当 M 再次受到触摸时，C1 上的 0V 电压经人体电阻加到与非门 2 的输入端，使电路又恢复到原先的状态，即 VT1、VT2 截止，继电器 K1 释放，K1-1 触点断开。

6.3
定时及延时电路

定时及延时电路用于智能控制电路中，对电子设备进行模块化控制，从而实现各种功能。

6.3.1　定时及延时电路的结构特点

定时电路主要的目的是调节时间，在特定的时间点上执行工作；而延迟电路则是暂缓执行时间，发出制冷后的某一时间段，再执行工作。

在实际的设备中，这两个电路既可以单独使用，又可以结合使用，与不同功能的模块的电路组合，应用在不同领域当中。

（1）定时电路的结构与电路分析

有些电子产品，输入执行命令后，需要在计数周期内执行若干次，此时可通过定时电路实现这一功能，起到调节时间的目的，如定时开关、定时提醒等。

典型定时电路见图 6-20。

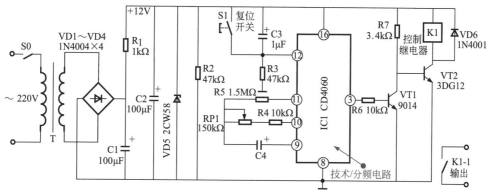

图6-20　典型定时电路

这是一个简易定时电路，它主要由一片 14 位二进制串行计数 / 分频集成电路 IC1 和供电电路等组成。IC1 内部电路与外围元件 R4、R5、RP1 及 C4 组成 RC 振荡电路。

当振荡信号在 IC1 内部经 14 级二分频后，在 IC1 的③脚输出经 8192（2^{13}）次分频信号，也就是说，若振荡周期为 T，利用 IC1 的③脚输出作延时，则延时时间可达 8192T，调节 RP1 可使 T 变化，从而起到了调节定时时间的目的。

开机时，电源供电经电容 C3 使 IC1 清零，随后 IC1 便开始计时，经过 8192T 时间后，IC1 ③脚输出高电平脉冲信号，使 VT1 导通，VT2 截止，此时继电器 K1 因失电而停止工作，其触点即起到了定时控制的作用。

电路中的 S1 为复位开关，若要中途停止定时，只要按动一下 S1，则 IC1 便会复位，计数器便又重新开始计时。电阻 R2 为 C3 提供放电回路。

（2）延迟电路的结构与电路分析

延迟电路在电子产品中起到暂缓执行的控制命令的作用，如延迟启动、延迟关闭等。

典型延迟电路见图 6-21。

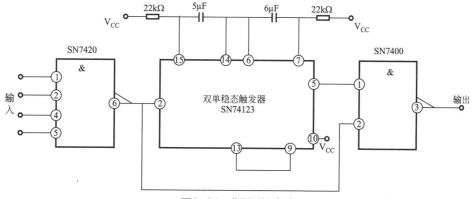

图6-21　典型延迟电路

这是一个延迟电路，该电路中 SN74123 为双单稳态触发器，将终端设备的键控输出信号或其他的按键或继电器的输出信号进行延迟，延迟约为 5 ms 以上，它可以消除按键触点的振动。本电路可用于各种电子产品的键控输入电路。

6.3.2　定时及延迟电路的分析实例

在实际的电子产品中，定时及延迟电路应用的十分广泛，根据不同产品的需求，其电路结构多种多样。

（1）定时电路的分析实例

① 定时提示电路的实例分析。典型定时提示电路见图6-22。

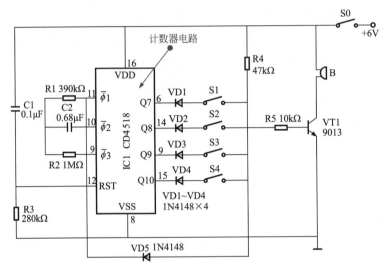

图6-22　典型定时提示电路

这是一个定时提示电路，该电路的主体是IC1 COMS向上计数器电路，内设振荡电路。电源启动后，即为IC1复位，计数器开始工作，经一定电源开关的计数周期（64周期）后，Q7～Q10端陆续输出高电平，当Q7～Q10都为高电平时，定时时间到，VT1导通，蜂鸣器发声，提示到时。

② 有显示功能的定时电路的实例分析。典型有显示功能的定时控制电路见图6-23。

这是一个具有数码显示功能的定时控制电路，其采用数码显示可使人们能直观地了解时间进程和时间余量，并可随意设定定时时间。

该电路中，IC1为555时基电路，它与外围元件组成一个振荡电路。IC2为可预置四位二进制可逆计数器74LS193，它与R2、C3构成预置数为9的减法计数器。IC3为BCD-7段锁存/译码/驱动器CD4511，它与数码管IC4组成数字显示部分。C1、R1和RP1用来决定振荡电路的翻转时间，为了使C1的充放电电路保持独立而互不影响，电路中加入了VD1、VD2。

电路中，在接通电源的瞬间，因电容C3两端的电压不能突变，故给IC2一个置数脉冲，IC2被置数为9。与此同时，C1两端的电压为零且也不能突变。故IC1的②、⑥脚为低电平，其③脚输出高电平，并为计数器提供驱动脉冲。IC2⑬脚输出脉冲信号的同时输出四位BCD信号，经译码器和驱动电路IC3去驱动数码管IC4。

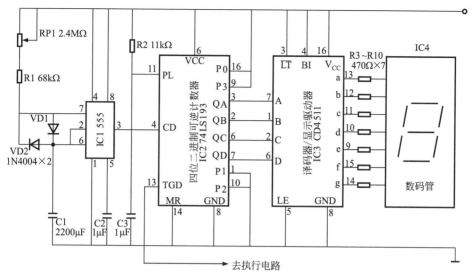

图6-23 典型有显示功能的定时控制电路

（2）延迟电路的分析实例

① 长时间脉冲延迟电路的实例分析。典型长时间脉冲延迟电路见图6-24。

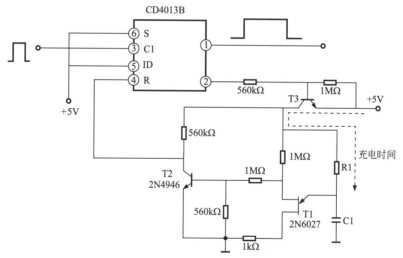

图6-24 典型长时间脉冲延迟电路

这是一个长时间脉冲延迟电路。该电路采用三个晶体管，能延长 D 触发器的延迟时间。在电容 C1 上的电压到达单结晶体管 T1 的转移电平之前，T1 仍处于截止状态。延迟时间由 R1、C1 的时间常数决定。当 C1 上的电压到达触发电平时 T1 导通，T2 截止，CD4013B ①脚变为低电平，输出一个宽脉冲。

② 延时熄灯电路的实例分析。典型延时熄灯电路见图6-25。

这是一个延时熄灯电路。该电路中，接通按钮开关 S 瞬间，由于 CD4541 的 Q/QSEL 端接高电平，使 IC1 的⑧脚输出高电平，VT 晶体管饱和导通，继电器 KS1 吸合，照明供电电路处于自保持状态。经延时 5 min 后，CD4541 ⑧脚输出变为低电平，继电器 KS1 释放，照明灯断电熄灭。

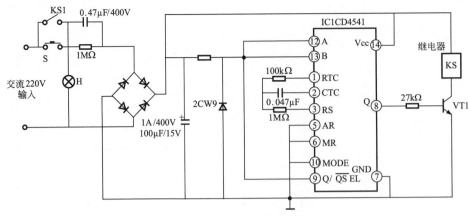

图6-25　典型延时熄灯电路

6.4
实用变换电路

在电子设备中，由于每个电路所需要的电流、电压、频率、信号类型（模拟信号或数字信号）可能有所不同，因此在这些电路中，就需要用相应的电路对这些信号等进行转换，即变换电路。

6.4.1　实用变换电路的结构特点

变换电路就是将输入的物理量或电量进行转换，变为电路所需的物理量或电量，这种电路是由阻容元件、晶体管或集成电路等部分组成的。在实际的设备中，常用的变换电路有电压-电流转换电路、频率-电压转换电路以及A/D、D/A转换电路等。由于各电路所检测的项目及所采取的保护措施不同，其应用领域及电路结构各不相同，但无论哪种电路结构，其信号的基本工作流程是相同的。

（1）电流-电压转换电路的结构特点与电路分析

在有些电子设备或电子测量电路中，需要将电流变成电压，或将电压转换为电流，这些电路适用于信号转换电路、测量电路以及相关的设备电路中，其工作流程很简单，就是将输入的电量，转换为另一种电量后，再输出。

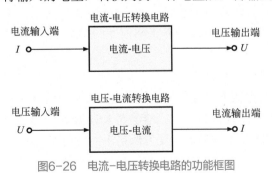

图6-26　电流-电压转换电路的功能框图

电流-电压转换电路的功能框图见图6-26。

在对电流-电压转换电路进行识读前，应首先了解该电路的结构组成，下面我们就具体介绍一下电流-电压转换电路的结构组成。

典型的电流-电压转转电路见图6-27。

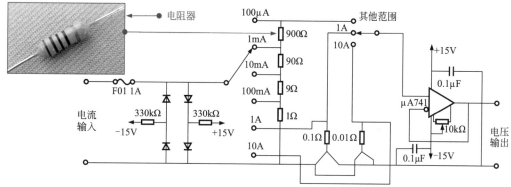

图6-27 典型的电流-电压转换电路

该电路用来将电流转换为电压，主要是由 0.01Ω～900Ω 高精度标准电阻以及转换器 μA741 等组成的。

0.01Ω～900Ω 高精度标准电阻主要用来选择该电路输出电流的数值，分为 100 μA、1mA、10mA、100mA、1 A、10A 等几组，转换器 μA741 主要用来将输入的电流转换为成比例的电压值。

电流经 F01 输入后，送往电流选择电路，由两个开关进行测量范围选择。电流从输入端输入，经选择电路选择完相应的电阻器后，由范围选择开关输入到 μA741A 中，经 μA741A 的变频处理，然后输出与输入电流成比例的电压值。

（2）频率-电压转换电路的结构特点与电路分析

在有些电子设备或电子测量电路中，需要将频率变成电压，或将电压转换为频率，这些电路适用于信号转换电路、测量电路以及相关的设备电路中。与电压、电流转换电路相同，频率、电压转换电路也可以分为两种，即频率-电压（f-u）转换电路和电压-频率（u-f）转换电路。

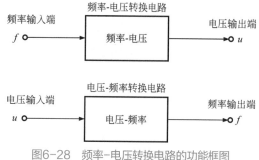

图6-28 频率-电压转换电路的功能框图

频率-电压转换电路的功能框图见图6-28。

频率-电压转换电路的主要功能时将频率信号转换为电压信号，为后级的电路进行供电；而电压-频率转换电路则是将电压信号转换为频率信号，去驱动后级电路工作。

典型的频率-电压转换电路图见图 6-29。

该电路可将输入的频率信号转换为电压信号，它是由脉冲整形电路 IC1、单稳态触发器 IC2、VT1、VT2 和 f-u 变换器 IC3 等电路构成的，用于频率检测电路，将频率信号变成直流电压信号，可形成控制信号。

通过该电路的结构组成和工作流程，可以识读出，12～24Hz 的频率脉冲信号送到 IC1 的②脚，IC1 的输出作为触发脉冲加到 IC2 的②脚，经 IC2 后输出脉冲的周期与输入信号相同，但脉宽固定。最后经频率-电压变换器 IC3 输出 0～1V 的直流电压。

当输入频率为 12Hz 时，调整 RP3，使输出电压为 0V，当输入频率为 24Hz 时，调整 RP2 使输出电压等于 1V。

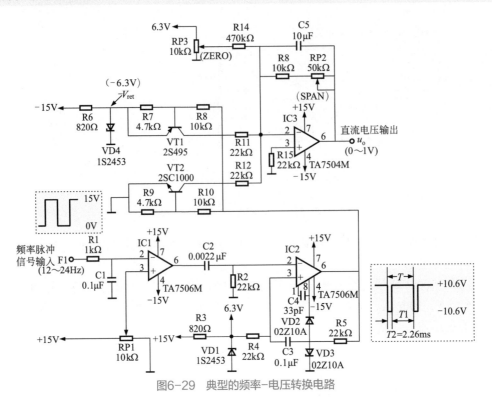

图6-29　典型的频率-电压转换电路

（3）A/D、D/A 转换电路的结构特点与电路分析

A/D 转换电路和 D/A 转换电路主要用于各种电子设备中的数字信号处理电路中，模拟信号在进行处理时，首先要转换成数字信号，或在处理后还要变回模拟信号。

数字电路和模拟信号之间是可以相互转换的，模拟信号变成数字信号的电路被称之为 A/D 转换电路，而数字信号变成模拟信号的电路则被称为 D/A 转换电路。

A/D、D/A 转换电路的功能框图见图 6-30。

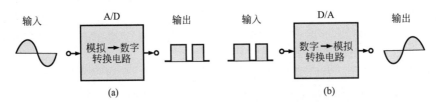

图6-30　A/D、D/A转换电路的功能框图

典型液晶电视机中的 A/D 转换电路见图 6-31，该电路可将 VGA 接口输入的模拟 R、G、B 视频信号进行变换，变为数字视频信号后送入后级电路进行处理。

通过图 6-31 可知，该电路主要是由 A/D 转换器 U304（AD9883）以及外围的元器件组成的，AD9883 可将输入的三路模拟信号变为三组数字信号。

通过对电路图的分析可以识读出，三路模拟 R、G、B 视频信号分别由 A/D 转换器 AD9883 的 ㊴、㊽ 和 ㊸ 脚输入，经内部电路进行钳位、放大以及 A/D 转换等处理后，输出三路 24 位的数字视频信号，送往后级电路中进行处理。

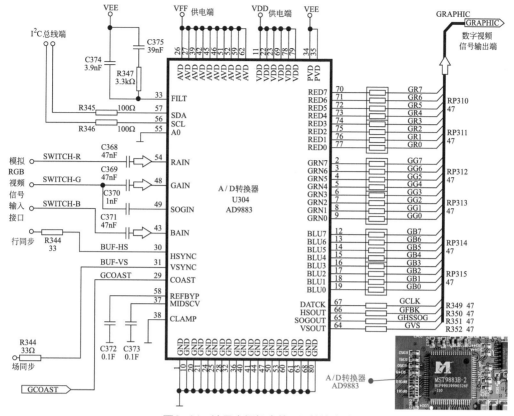

图6-31　液晶电视机中的A/D转换电路

6.4.2　实用变换电路的实例分析

在实际生活中，变换电路的应用十分广泛，根据不同产品的需求，其电路结构多种多样。

根据之前对检测控制电路结构特点的讲解，对于该类电路的识读，可首先了解电路的基本转换功能。下面就结合实际的变换电路，介绍一下该电路。

（1）电压－电流变换电路的分析实例

电压－电流变换电路就是指将电压变换成电流的电路，一般用于电压检测的电路中。

典型电压－电流变换电路见图6-32，它可以将±10V的直流电压变换成±1mA的电流。

该电路主要是由运算放大器IC1（LM301A）、IC2（TL080）和IC3（LM301A）以及一些外围的元器件组成的。

输入电压加到LM301A的输入端，经放大后由复合晶体管输出，经运算放大器TL080放大后，再经复合晶体管2SA495、2SC372输出电流信号。在工作时，±10V稳压电源经限流电阻VR1为输入端提供偏流（2mA），输出端的偏流则是由运算放大器和复合晶体管提供的。

（2）典型的电压－频率变换电路的分析实例

典型的电压－频率变换电路见图6-33，该电路主要可将输入的电压变为频率信号。

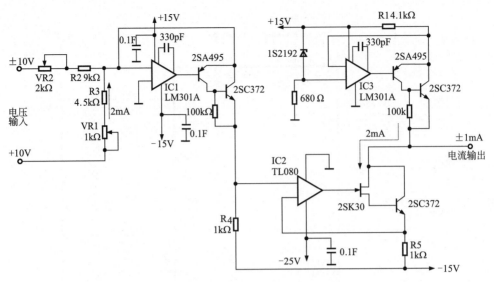

图6-32 典型的电压-电流变换电路

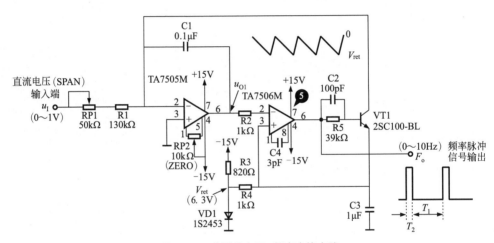

图6-33 典型的电压-频率变换电路

该电路主要是将输入的电压变为频率信号，由积分电路 IC1（TA7505M）和振荡电路 IC2（TA7506M）等构成，该电路可将电压变成频率信号进行计数，进行远距离信号传输（12～24Hz），用于 A/D 变换器（0～100Hz）。

通过该电路的结构组成和工作流程，我们可以识读出，0～1V 的直流电压经电位器 RP1 和电阻器 R1 后，加到 IC1（TA7505M）的②脚，经该电路后变为锯齿波信号，由 ⑥脚输出，经电阻器 R2 后送往 IC2（TA7506M）的②脚，变为 0～10Hz 的频率脉冲信号。

第 7 章

电子仪器仪表
的使用

7.1
指针万用表

7.1.1 指针万用表的结构特点

指针万用表是一种通过指针指示测量结果的多功能测量仪表。它可通过功能旋钮设置不同的测量项目和挡位，并根据表盘指针指示的方式显示测量的结果，其最大的特点就是能够直观地检测出电流、电压等参数的变化过程和变化方向。

图 7-1 为典型指针万用表的结构。可以看到，它是由刻度盘、指针、表头校正钮、零欧姆校正钮、量程旋钮、三极管检测插孔、表笔插孔和红、黑两只表笔及测试线构成的。

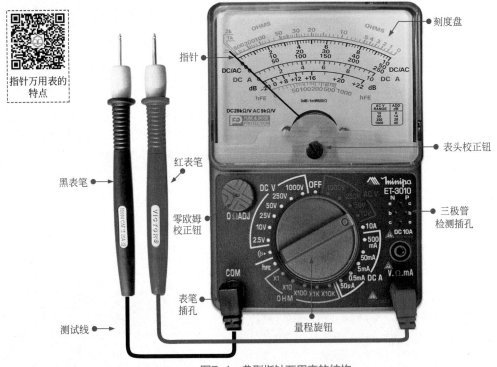

图7-1 典型指针万用表的结构

（1）刻度盘与指针

指针万用表通过指针指向刻度盘上的位置，即可明确地指示出检测到的数值。图 7-2 为典型指针万用表的刻度盘与指针，可以看到，刻度盘上由 5 条同心弧线构成，每条弧线上都标识了刻度，测量结果依据表针指示的刻度位置，再结合量程识读。

（2）表头校正钮和零欧姆校正钮

指针万用表的表头校正钮是用于进行机械调零的旋钮；零欧姆校正钮是指针万用表在检测电阻时，用于进行零欧姆调零校正的旋钮，如图 7-3 所示。

电阻刻度线

交流/直流电压刻度线

直流电流测试刻度线

分贝数刻度线

三极管放大倍数刻度线

指针

电阻刻度线：电阻刻度值分布从右到左，刻度线最右侧为0，最左侧为无穷大；

交流/直流电压刻度线：标有"DC/AC"，刻度值分布从左到右，左端为0，右端为可检测的最大数值；

直流电流测试刻度线：标有"DC A"，刻度值从左到右分布，左端为0，右端为可检测的最大直流电流；

分贝数刻度线：在其上端标有"dB"，刻度线的左端为"−20"，右端为"+22"表示量程范围；

三极管放大倍数刻度线：在其上端标有"hFE"，刻度值由左至右分布，左端为0，右端为1000

图7-2　典型指针万用表的刻度盘与指针

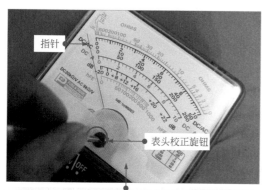

指针

表头校正旋钮

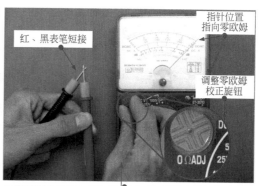

红、黑表笔短接

指针位置指向零欧姆

调整零欧姆校正旋钮

当指针式万用表在电流或电压的待测状态，指针应指向0位，如不在0位，可以使用一字槽螺钉旋具调整表头校正旋钮校正指针的位置，这样才可以保证检测到的数值准确有效

使用指针万用表检测电阻值前，需将红、黑表笔对接短路，观察指针位置应指向0Ω，若不在0位应通过零欧姆校正旋钮将万用表指针调整为零，用以提高电阻挡检测的准确性

图7-3　典型指针万用表的表头校正钮和零欧姆校正钮

（3）量程旋钮

指针万用表量程旋钮是用于设定测量功能的部件。量程旋钮外围标有各种量程和功能标识，可通过调整量程旋钮，选择需要检测的功能和挡位，如图 7-4 所示。

直流电压挡

通断测试挡

三极管放大倍数测试挡

电阻挡

关闭挡

交流电压挡

大电流直流电流挡

小电流直流电流挡

图7-4　典型指针万用表的量程旋钮

> **提示说明**
>
> 典型指针万用表中,"OFF"挡为关闭挡;当量程旋钮调整至"DC V"区域中的挡位中,表示检测直流电压;当量程旋钮调整至"AC V"区域中的挡位中,表示检测交流电压;当量程旋钮调整至"___"挡时,表示检测通断测试;当量程旋钮调整至"hFE"挡时,表示检测三极管放大倍数;当量程旋钮调至"OHM"挡,表示检测电阻值;当量程旋钮调制"DC A"挡,表示检测直流电流(0~500mA);当量程旋钮调制至"10A"挡,表示检测0.5~10A以下的直流电流。

(4)三极管检测插孔和表笔插孔

三极管检测插孔是专门用于连接晶体管的插孔,用于检测三极管的放大倍数;表笔插孔用于连接指针万用表的测试表笔,如图7-5所示。

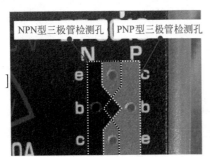

公共端"COM"表示负极,用于连接黑表笔,"V.Ω.mA"表示检测电压、电阻以及mA电流的连接插孔,连接红表笔;"DC 10A"表示检测10A以内的大电流使用的插孔,连接红表笔

NPN型三极管检测孔　PNP型三极管检测孔

公共端连接负极
插入黑表笔

直流10A以下大电流端
插入红表笔

电压/电阻/小电流端
插入红表笔

图7-5　典型指针万用表的三极管检查插孔和表笔插孔

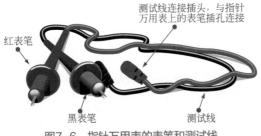

测试线连接插头,与指针
万用表上的表笔插孔连接

红表笔

黑表笔　　　测试线

图7-6　指针万用表的表笔和测试线

(5)表笔和测试线

表笔和测试线是指针万用表的重要组成部分。表笔和测试线一般有红、黑两种颜色,通过万用表的表笔插孔与万用表连接。

指针万用表的检测功能基本都需要将接有测试线的表笔与被测部分连接实现,如图7-6所示。

7.1.2　指针万用表的使用方法

使用指针万用表主要包括使用前的准备和检测操作两个环节。

(1)指针万用表使用前的准备

指针式万用表在进行检测前,应当根据需要检测的对象选择合适的连接插孔,连接表笔,然后进行机械调零,接着通过量程旋钮设置需要进行检测的挡位,若当此时需要检测电阻值时,应当进行零欧姆调整,如图7-7所示。

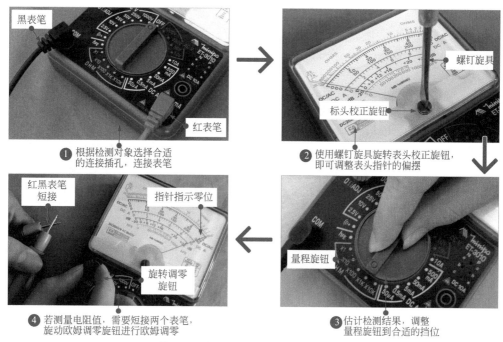

❶ 根据检测对象选择合适的连接插孔，连接表笔

❷ 使用螺钉旋具旋转表头校正旋钮，即可调整表头指针的偏摆

❹ 若测量电阻值，需要短接两个表笔，旋动欧姆调零旋钮进行欧姆调零

❸ 估计检测结果，调整量程旋钮到合适的挡位

图7-7　指针万用表使用前的准备工作

（2）指针万用表的检测操作

指针万用表的功能十分强大，可对多种参数进行检测，如电阻值、电压值、电流值、电容量、三极管放大倍数等。不同检测功能的操作方法基本相同，即在做好准备工作的前提下，将万用表的红、黑表笔搭在待检测对象上，结合选择挡位和量程，识读测量结果即可，如图7-8所示。

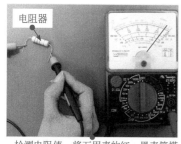

检测电阻值，将万用表的红、黑表笔搭在待测电阻器两引脚端，识读结果即可

检测电压值，将万用表的红、黑表笔与待测电池两端并联，识读结果即可

检测电流值，将万用表的红、黑表笔串联接在电路中，识读结果即可

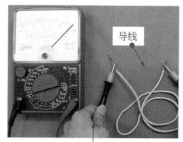

检测线路通断，将万用表的红、黑表笔搭在待测线路两端，识读结果即可

检测三极管放大倍数，将待测三极管插入指针万用表的三极管放大倍数检测插孔，识读结果即可

图7-8　指针万用表的使用方法

7.2
数字万用表

7.2.1 数字万用表的结构特点

数字万用表又称数字多用表，采用数字处理技术直接显示所测得的数值。测量时，通过液晶显示屏下面的功能旋钮设置不同的测量项目和挡位，并通过液晶显示屏直接将所测量的电压、电流、电阻等测量结果显示出来。其最大的特点就是显示清晰、直观、读取准确，既保证了读数的客观性，又符合人们的读数习惯。

图 7-9 为典型数字万用表的结构。可以看到，它是由液晶显示器、功能旋钮、电源按钮、峰值保持按钮、背光灯按钮、交直流切换按钮、表笔插孔（电流检测插孔、低于200mA 电流检测插孔、公共接地插孔、电阻、电压、频率和二极管检测插孔）、表笔、附加测试器、热电偶传感器等构成的。

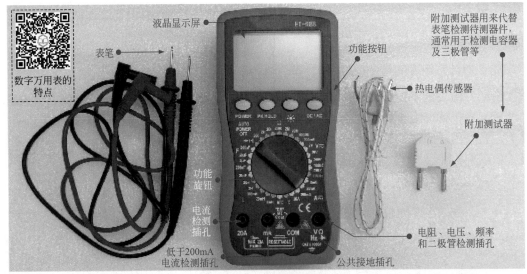

图7-9　典型数字万用表的结构

（1）液晶显示屏

液晶显示屏是用来显示当前测量状态和最终测量数值的，如图 7-10 所示。由于数字万用表的功能很多，因此在液晶显示屏上会有许多标识。它会根据用户选择的不同测量功能显示不同的测量状态。

（2）功能旋钮

功能旋钮位于数字万用表的主体位置（面板），通过旋转功能旋钮可选择不同的测量项目及测量挡位。在功能旋钮的圆周上有多种测量功能标识，测量时，仅需要旋动中间的功能旋钮，使其指示到相应的挡位，即可进入相应的状态进行测量。

图 7-11 为典型数字万用表的功能旋钮。

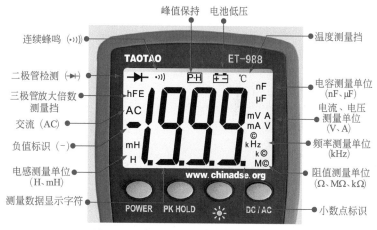

图7-10　典型数字万用表的液晶显示屏

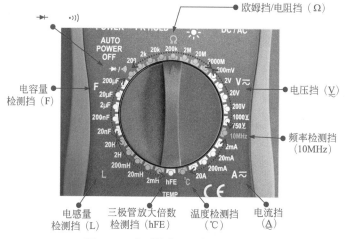

图7-11　典型数字万用表的功能旋钮

数字万用表的功能按钮

（3）功能按钮

数字万用表的功能按钮位于数字万用表液晶显示屏与功能旋钮之间，测量时，只需按动功能按钮，即可完成相关测量功能的切换及控制，如图 7-12 所示。

图7-12　典型数字万用表的功能按钮

（4）表笔插孔

表笔插孔位于数字万用表下方，如图 7-13 所示，主要是用于连接测试表笔。

标有"20A"的表笔插孔用于测量大电流（200mA～20A）的插孔；标有"mA"的表笔插孔为低于200mA电流检测插孔，此外也是附加测试器和热偶传感器的负极输入端

附加测试器

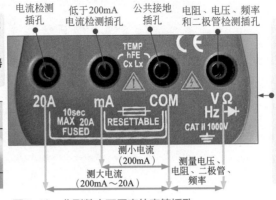

电流检测插孔　低于200mA电流检测插孔　公共接地插孔　电阻、电压、频率和二极管检测插孔

标有"COM"的表笔插孔为公共接地插孔，主要用来连接黑表笔，此外也是附加测试器和热电偶传感器的正极输入端；标有"VΩHz"的表笔插孔为电阻、电压、频率和二极管检测插孔，主要用来连接红表笔

测小电流（200mA）
测大电流（200mA～20A）
测量电压、电阻、二极管、频率

图7-13　典型数字万用表的表笔插孔

7.2.2　数字万用表的使用方法

使用数字万用表主要包括使用前的准备和检测操作两个环节。

（1）数字万用表使用前的准备

在使用数字万用表前，应首先了解数字万用表使用前的一些准备工作，如连接测量表笔、量程设定、开启电源开关、设置测量模式等，如图 7-14 所示。

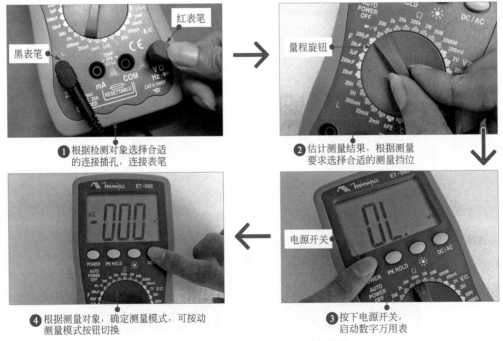

红表笔
黑表笔
❶ 根据检测对象选择合适的连接插孔，连接表笔

量程旋钮
❷ 估计测量结果，根据测量要求选择合适的测量挡位

电源开关
❸ 按下电源开关，启动数字万用表

❹ 根据测量对象，确定测量模式，可按动测量模式按钮切换

图7-14　数字万用表使用前的准备操作

（2）数字万用表的检测操作

数字万用表的使用操作比较简单，将万用表的表笔搭在待测对象上，直接读取显示屏显示的数值即可；若借助附加测试器，将待测对象插接在附加测试器上，检测一些特定参数，如图 7-15 所示。

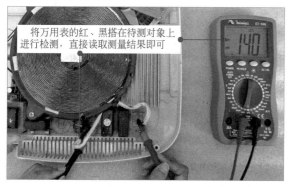

将万用表的红、黑搭在待测对象上进行检测，直接读取测量结果即可

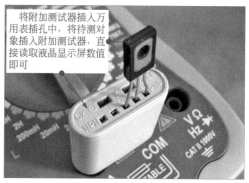

将附加测试器插入万用表插孔中，将待测对象插入附加测试器，直接读取液晶显示屏数值即可

图7-15　数字万用表的检测操作

7.3
模拟示波器

7.3.1　模拟示波器的结构特点

示波器是一种用来展示和观测信号波形及相关参数的电子仪器，它可以观测和直接测量信号波形的形状、幅度和周期，因此一切可以转化为电信号的电学参量或物理量都可转换成等效的信号波形来观测。如电流、电功率、阻抗、温度、位移、压力、磁场等参量的波形，以及它们随时间变化的过程都可用示波器来观测。

模拟示波器是一种实时监测波形的示波器。图 7-16 为典型模拟示波器的外形结构。可以看到，其主要由显示部分、键钮控制区域、测试线及探头、外壳等部分构成。

模拟示波器的结构特点

显示部分

键钮控制区域

测试线及探头

图7-16　典型模拟示波器的外形结构

（1）显示部分

示波器的显示部分主要由显示屏、刻度盘组成，如图 7-17 所示。

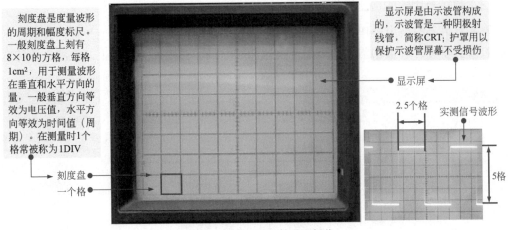

刻度盘是度量波形的周期和幅度标尺。一般刻度盘上刻有8×10的方格，每格1cm²，用于测量波形在垂直和水平方向的量，一般垂直方向等效为电压值，水平方向等效为时间值（周期）。在测量时1个格常被称为1DIV

显示屏是由示波管构成的，示波管是一种阴极射线管，简称CRT；护罩用以保护示波管屏幕不受损伤

显示屏

刻度盘

一个格

2.5个格　实测信号波形

5格

图7-17　模拟示波器的显示部分

（2）键钮控制区域

模拟示波器右侧是示波器的键钮控制区域，每个键钮都有符号标记，表示其功能，每个键钮和插孔的功能均不相同，这些键钮的分布如图 7-18 所示。

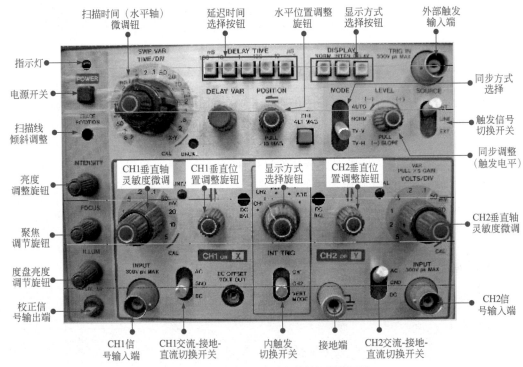

扫描时间（水平轴）微调钮

延迟时间选择按钮

水平位置调整旋钮

显示方式选择按钮

外部触发输入端

指示灯

电源开关

扫描线倾斜调整

亮度调整旋钮

聚焦调节旋钮

度盘亮度调节旋钮

校正信号输出端

CH1垂直轴灵敏度微调

CH1垂直位置调整旋钮

显示方式选择旋钮

CH2垂直位置调整旋钮

同步方式选择

触发信号切换开关

同步调整（触发电平）

CH2垂直轴灵敏度微调

CH2信号输入端

CH1信号输入端

CH1交流-接地-直流切换开关

内触发切换开关

接地端

CH2交流-接地-直流切换开关

图7-18　典型模拟示波器的键钮控制区域

（3）测试线和探头

示波器测试线和探头是将被测电路的信号传送到示波器输入电路的装置。

图 7-19 为典型模拟示波器的测试线和探头部分。

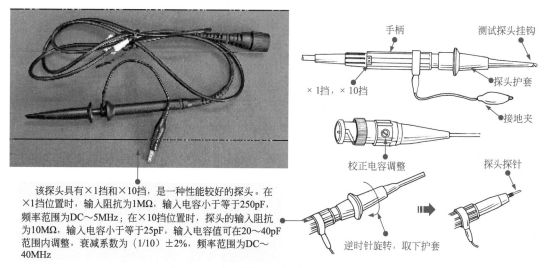

该探头具有×1挡和×10挡，是一种性能较好的探头。在×1挡位置时，输入阻抗为1MΩ，输入电容小于等于250pF，频率范围为DC～5MHz；在×10挡位置时，探头的输入阻抗为10MΩ，输入电容小于等于25pF，输入电容值可在20～40pF范围内调整，衰减系数为（1/10）±2%，频率范围为DC～40MHz

图7-19　典型模拟示波器的测试线和探头

7.3.2　模拟示波器的使用方法

示波器的功能强大，使用示波器可对电子产品中的信号波形进行精确的检测。使用模拟示波器检测信号波形主要包括使用前的准备和检测操作两个环节。

（1）模拟示波器使用前的准备

使用模拟示波器前需要做好充足准备工作，如连接电源及测试线、开机前键钮初始化设置、开机调整扫描线和探头自校正等。

① 连接电源及测试线。使用模拟示波器前，先连接示波器电源线，即将电源线一端连接示波器供电插口，一端连接市电插座；再将测试线及探头连接到示波器测试端插头座上，如图 7-20 所示。

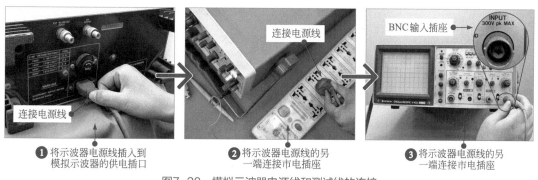

❶ 将示波器电源线插入到
模拟示波器的供电插口

❷ 将示波器电源线的另
一端连接市电插座

❸ 将示波器电源线的另
一端连接市电插座

图7-20　模拟示波器电源线和测试线的连接

② 开机前键钮初始化设置。模拟示波器开机前需要进行初始化设置，即应将水平位置调整钮（H.POSITION）和垂直位置调整钮（V.POSITION）置于中心位置。触发信号源钮（TRIG.SOURCE）置于内部位置即 INT。触发电平钮（TRIG.EVEL）置于中间位置，显示模式开关置于自动位置，即 AUTO 位置，如图 7-21 所示。

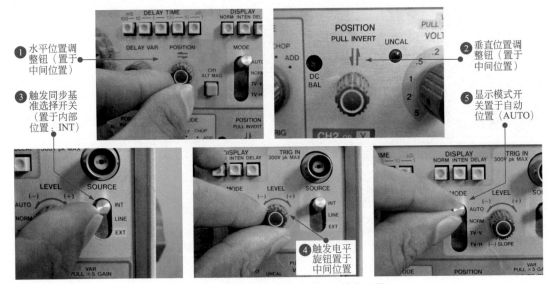

图7-21 模拟示波器开机前键钮初始化设置

③ 开机调整扫描线。检测信号前，先使示波器进入准备状态，按下电源开关，电源指示灯亮，约 10s 后，显示屏上显示出一条水平亮线，这条水平亮线就是扫描线。若扫描线不处于显示屏垂直居中位置或亮度、聚焦不够，可以调节垂直位置调整旋钮及亮度、聚焦钮，使扫描线调至中间位置且清晰明亮，如图 7-22 所示。

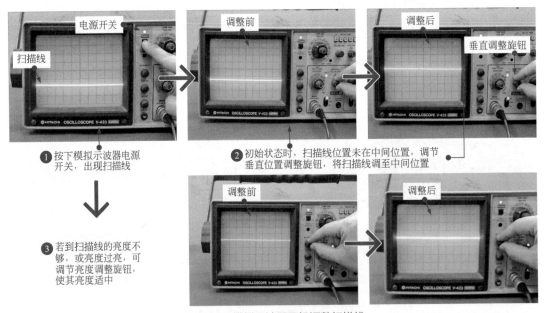

图7-22 模拟示波器开机调整扫描线

④ 示波器探头自校正。扫描线调节完成后，将示波器探头连接在自身的基准信号输出端（1000Hz、0.5V 方波信号），显示窗口会显示出 1000Hz 的方波信号波形，若出现波形失真的情况，则可以使用螺钉旋具调整示波器探头上的校正螺钉对探头进行校正，使显示屏显示的波形正常，如图 7-23 所示。

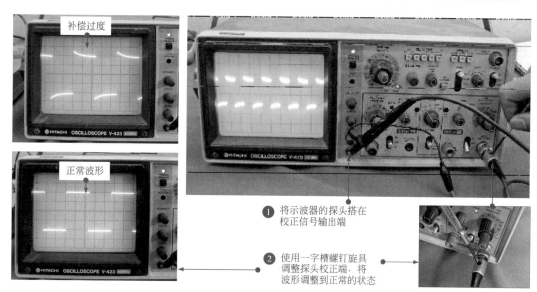

① 将示波器的探头搭在
校正信号输出端

② 使用一字槽螺钉旋具
调整探头校正端，将
波形调整到正常的状态

图7-23 模拟示波器探头自校正

（2）模拟示波器的检测操作

使用模拟示波器检测信号，在完成前述基本的准备操作外，需要先找到检测对象或检测区域内正确的接地点，将示波器接地夹接地，然后再将探头搭在检测对象引脚或电路中，根据测量结果调整模拟示波器键钮部分，使检测结果清晰显示在显示屏上即可。

例如，借助模拟示波器检测影碟机输出的视频信号，将模拟示波器的接地夹接到 AV 线的接地端上，将探针搭在 AV 线的输出端（视频输出端）上，模拟示波器的屏幕上可以看到波形的显示，调整示波器键钮区域相关检测，使检测波形显示正常，具体操作如图 7-24 所示。

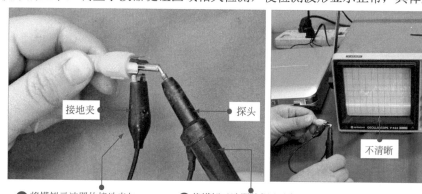

① 将模拟示波器的接地夹与
DVD机视频线的接地端连接

② 将模拟示波器的探头连接
DVD机视频线的信号输出端

③ 此时模拟示波器显示屏上
显示出所测得的信号波形

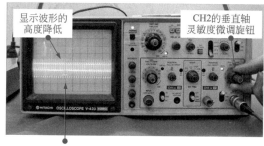

④ 调整模拟示波器键钮区域中CH2的垂直轴灵敏
度微旋钮

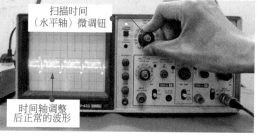

⑤ 调整模拟示波器键钮区域中扫描时间
（水平轴）微调钮

图7-24 模拟示波器的检测操作数字示波器的结构特点与使用方法

7.4 数字示波器

7.4.1 数字示波器的结构特点

数字示波器一般都具有存储记忆功能，能存储记忆测量过程中任意时间的瞬时信号波形，可以将变化的信号捕捉一瞬间进行观测。

图7-25为典型数字示波器的外形结构。可以看到，其主要由显示屏、键钮区域、探头连接区构成。

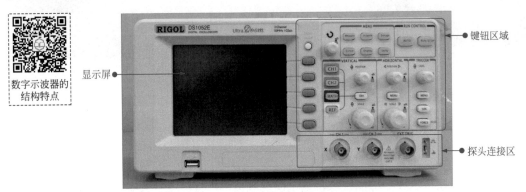

图7-25　典型数字示波器的外形结构

（1）显示屏

数字示波器的显示屏是显示测量结果和设备的当前工作状态的部件，且用户在测量前或测量过程中，参数设置、测量模式或设定调整等操作也是依据显示屏实现的。

图7-26为典型数字示波器的显示屏，可以看到，在显示屏上能够直接显示出波形的类型、屏幕每格表示的幅度、周期大小等，通过示波器屏幕上显示的数据，可以很方便地读出波形的幅度和周期。

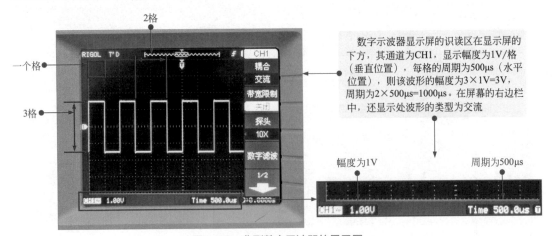

数字示波器显示屏的识读区在显示屏的下方，其通道为CH1，显示幅度为1V/格（垂直位置），每格的周期为500μs（水平位置），则该波形的幅度为3×1V=3V，周期为2×500μs=1000μs。在屏幕的右边栏中，还显示处波形的类型为交流

图7-26　典型数字示波器的显示屏

（2）键钮区域

数字示波器的键钮区域设有多种按键和旋钮，如图 7-27 所示，可以看到该部分设有菜单键、菜单功能区、触发控制区、水平控制区、垂直控制区。

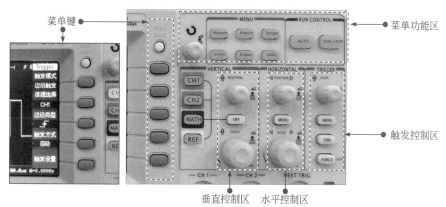

图7-27　典型数字示波器的键钮区域

（3）探头连接区

探头连接区用于与数字示波器的测试线及探头相连接，其对应的是 CH1 按键、CH1 信号输入端、CH2 按键和 CH2 信号输入端，如图 7-28 所示。

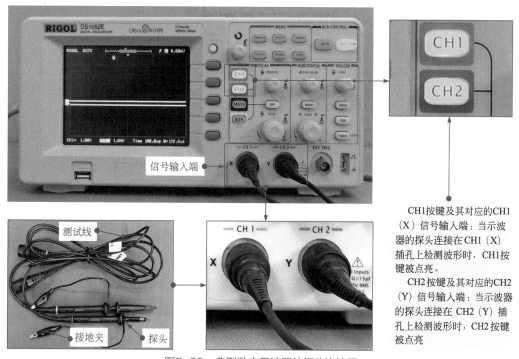

图7-28　典型数字示波器的探头连接区

7.4.2　数字示波器的使用方法

使用数字示波器检测信号也可分为检测前的准备和检测操作两个环节。

（1）数字示波器检测前的准备操作

数字示波器在使用前主要分为三个步骤，即连接电源线和测试线、开机自校正和探头校正。

① 连接电源线和测试线。数字示波器电源线和测试线的连接方法与模拟示波器相同，如图 7-29 所示。

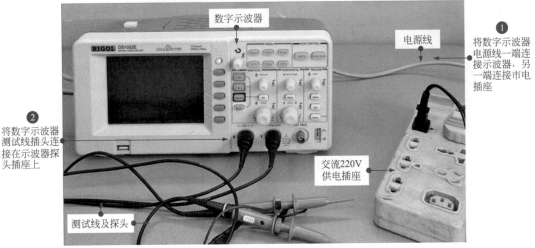

图7-29　典型数字示波器电源线和测试线的连接

② 开机自校正。连接好电源线和测试线后，按下开机按钮开机，此时还不能进行检测。若第一次使用该数字示波器或长时间没有使用，应对该示波器进行自校正，如图 7-30 所示。

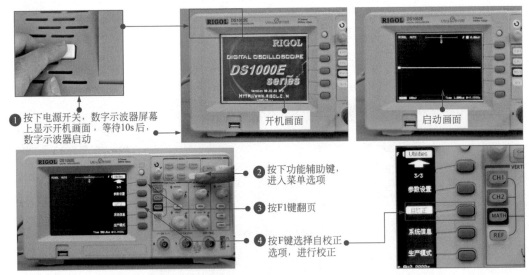

图7-30　典型数字示波器的开机和自校正操作

③ 探头校正。数字示波器整机自校正完成后，还不能直接用于检测，也需要校正探头，使整机处于最佳测量状态。

　　数字示波器本身有基准信号输出端，可将数字示波器的探头连接基准信号输出端进行校正，如图 7-31 所示。

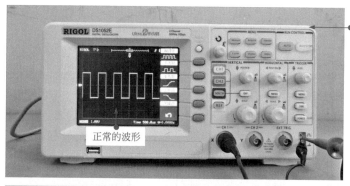

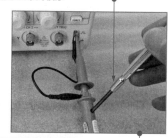

若数字示波器显示的波形出现补偿不足和补偿过度的情况，则需用一字螺钉旋具微调探头上的调整钮，直到示波器的显示屏显示正常的波形

正常的波形

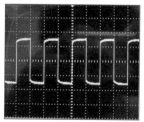

|补偿不足的波形|补偿过度的波形|正常的波形|

图7-31　数字示波器探头的校正

（2）数字示波器的检测操作

　　数字示波器准备操作完成后，便可根据待测对象特点进行检测操作了。例如，使用数字示波器测量正弦信号，先将数字示波器与信号源相连，即将信号源测试线中的黑鳄鱼夹与示波器的接地夹相连，再将红鳄鱼夹与示波器的探头连接，连接完毕后，在信号源和数字示波器通电的情况下，便可以在示波器的屏幕上观察到由信号源输出的正弦波形了，如图 7-32 所示。

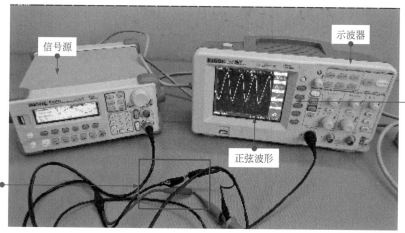

示波器

信号源

❷
连接完毕后，数字示波器的屏幕上可观察到由信号源输出的正弦波形

❶
信号源测试线中的黑鳄鱼夹与示波器的接地夹相连（接地夹接地），再将红鳄鱼夹与示波器的探头连接

正弦波形

图7-32　使用数字示波器检测正弦信号的操作方法

7.5
信号发生器

7.5.1 信号发生器的结构特点

信号发生器是一种可以产生不同频率、不同幅度及规格波形信号的仪器，也称为信号源。信号发生器种类较多，常见的有正弦信号发生器、函数（波形）信号发生器、脉冲信号发生器和随机信号发生器四种，不同种类的信号发生器，可产生的信号波形种类不同，下面以典型函数信号发生器为例。

图 7-33 为典型函数信号发生器的前面板结构。从前面板可以看到各种功能按键、旋钮及菜单软键，可以进入不同的功能菜单或直接获得特定的功能应用。

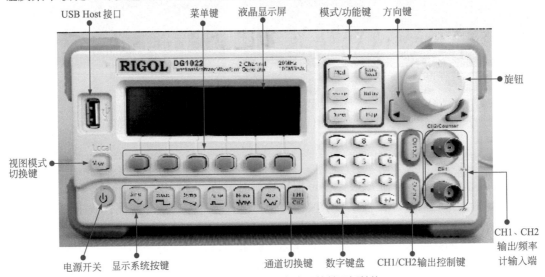

图7-33 典型函数信号发生器的前面板结构

图 7-34 为该典型函数信号发生器的背部，可以看到各种接口、插座和电源开关。

图 7-35 为该典型函数信号发生器的液晶显示屏及菜单栏部分，显示屏周围能够显示出菜单栏对应的信息和参数。

7.5.2 信号发生器的使用方法

信号发生器的主要功能是产生信号，其工作的实质是实现特定信号的输出，需要将信号发生器与接收信号对象连接。

因此，使用信号发生器需要先做好准备工作，然后开机启动，再根据所需信号的类型、参数，设定输出信号参数，正确使用。

使用信号发生器前，连接检测设备。

按下总电源开关和电源按键，启动信号发生器，根据需要选择所需信号的类型，设定信号的相关参数。这里以"频率为 20kHz，幅值为 2.5 VPP"的正弦波信号为例演示操作方法，如图 7-36 所示。

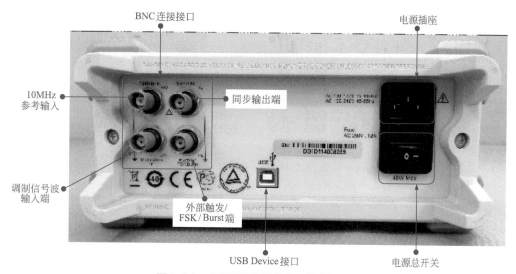

图7-34　典型函数信号发生器的背部结构

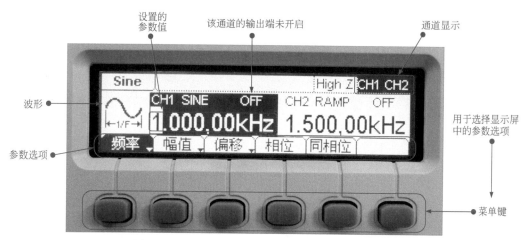

图7-35　典型函数信号发生器的液晶显示屏和菜单栏

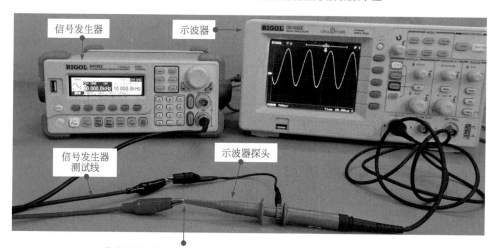

❶ 信号发生器与示波器直接连接，示波器的显示屏
即可显示出检测到信号发生器输出的脉冲信号

图7-36

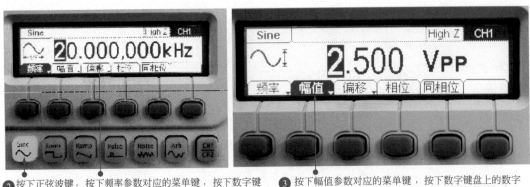

❷ 按下正弦波键，按下频率参数对应的菜单键，按下数字键盘上的数字按钮，输入频率的数值 "20"，选择频率的单位为 "kHz"，按下对应的菜单键，观察输入完成的频率参数

❸ 按下幅值参数对应的菜单键，按下数字键盘上的数字按钮，输入幅值的数值 "2.5"，选择幅值的单位为 "Vpp"，按下对应的菜单键，观察设置完成的幅值参数

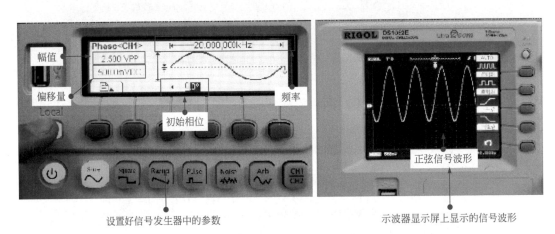

设置好信号发生器中的参数

示波器显示屏上显示的信号波形

图7-36　典型函数信号发生器的操作方法

7.6 场强仪

7.6.1　场强仪的结构特点

场强仪是一种测量电场强度的仪器，主要用于测量电视信号、电平、图像载波电平、伴音载波电平、载噪比、交流声（哼声干扰 HUM）、频道和频段的频率响应、图像 / 伴音比等。

图 7-37 为典型场强仪的外形结构，可以看到，该场强仪由信号输入端口（RF 射频信号）、充电端口、显示屏、功能按键区和调节功能区等构成。

信号输入端口主要用于与被测信号端口连接（主要为电视 RF 信号）；充电端口是连接充电器的，用于为场强仪的电池充电；显示屏主要用于显示检测结果和当前场强仪的工作状态；功能按键区包含 8 个按键，用于设定场强仪的测量功能；调节功能区是场强仪使用时，用来输入或调节工作状态的，如图 7-38 所示。

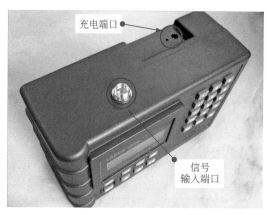
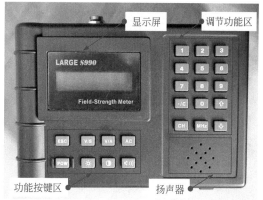

图7-37　典型场强仪的外形结构

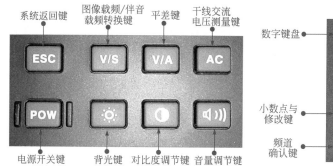

便携式场强仪的结构特点

图7-38　典型场强仪上的功能按键区和调节功能区

7.6.2　场强仪的使用方法

使用场强仪测试工作之前，必须阅读其技术说明书，以对所选用场强仪的功能特性参数有全面、准确的了解和掌握，同时还需要了解场强仪适用的环境要求，避免在使用时造成测量信号的不准确或损伤仪器。

下面以场强仪检测有线电视信号强度为例，介绍场强仪的使用方法。

有线电视线路是由系统前端送来一定强度的信号，经由彩色电视机解码后还原出电视节目，当无信号或信号强度不足时，都将引起收视功能异常。一般可借助场强仪检测入户线送入信号的强度，如图 7-39 所示。

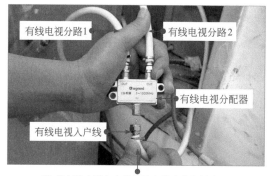
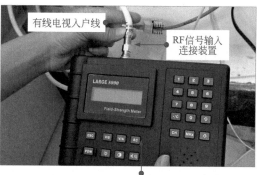

❶ 将有线电视入户线的输入接头从有线电视分配器入口端处拔下，对其进行检测

❷ 将有线电视入户线插接到场强仪顶部 RF 信号输入端口上安装的 RF 信号输入连接装置上

图7-39

③ 按下电源开关，开启场强
仪，使其进入工作状态

④ 检测时，若室内光线较暗，则可按下功能按键
区的"背光键"，将背光灯打开进行操作

⑤ 按数字键输入需要检测的频道，如输
入023，然后按下频道键，进行确认

⑥ 一般正常电平值为 65～80 dB，所测"023"频
道图像载频信号的电平值为 74.3 dB，表示正常

⑦ 按下场强仪功能按键区的
图像载频/伴音载频转换键

⑧ 此时屏幕显示"CHS"，测得
伴音载频电平值为 70.7 dB

图7-39　使用场强仪检测有线电视线路中的信号强度

7.7
频谱分析仪

7.7.1　频谱分析仪的结构特点

频谱分析仪是一种多用途的电子测量仪器，简称频谱仪（又可称为频域示波器或跟踪示波器）。它可以对一定频段范围信号的强度、带宽等进行测量，也可用于测量信号电平、谐波失真、载波功率、频率、调制系数、频率稳定度和纯度等。

图 7-40 为典型频谱分析仪的外形结构。可以看到，频谱分析仪主要是由显示屏、操控按键、接口区域以及电源开关等构成的。

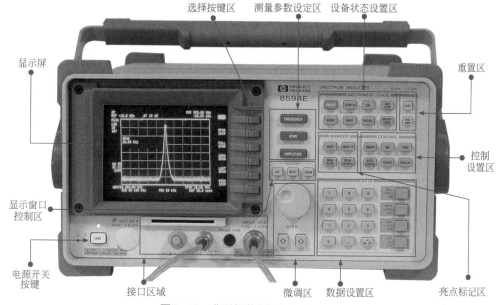

图7-40　典型频谱分析仪的外形结构

（1）显示屏

频谱分析仪的显示屏主要是用于显示测量到的数据信息，由于频谱分析仪的功能强大，所以需要显示屏显示的信息也相对较多，图 7-41 为显示屏显示的信息内容。

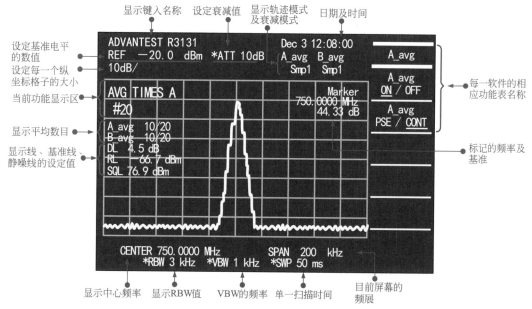

图7-41　典型频谱分析仪显示屏上显示的信息内容

（2）操控按键

频谱分析仪的操控按键中有很多不同功能的按键，如图 7-42 所示。由图可知，频谱分析仪的操控按键可以分为测量参数设定区、亮点标记区、设备状态设置区、重置区、数据设置区以及控制设置区等。

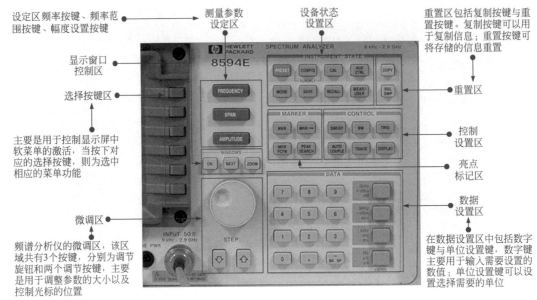

设定区频率按键、频率范围按键、幅度设置按键

测量参数设定区

设备状态设置区

重置区包括复制按键与重置按键。复制按键可以用于复制信息；重置按键可将存储的信息重置

显示窗口控制区

选择按键区

主要是用于控制显示屏中软菜单的激活，当按下对应的选择按键，则为选中相应的菜单功能

重置区

控制设置区

亮点标记区

数据设置区

微调区

频谱分析仪的微调区，该区域共有3个按键，分别为调节旋钮和两个调节按键，主要是用于调整参数的大小以及控制光标的位置

在数据设置区中包括数字键与单位设置键，数字键主要用于输入需要设置的数值；单位设置键可以设置选择需要的单位

图7-42　典型频谱分析仪上的操控按键

7.7.2　频谱分析仪的使用方法

频谱分析仪的种类很多，但其基本的使用方法相同。通常应当在开机后进行误差检测和功能检测，当确定频谱分析仪可以正常工作时，需要通过操控按键对需要调节的参数进行设定，然后通过检测探头对需要检测的信号或设备进行检测即可。

以检测手机发射和接收的信号为例，频谱分析仪的使用方法如图7-43所示。

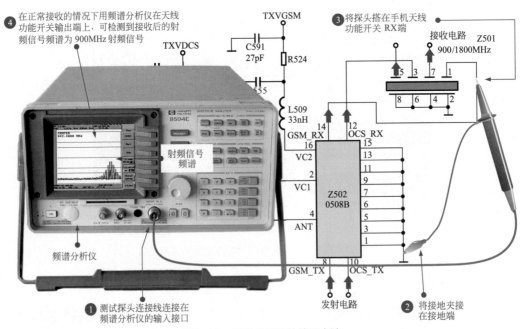

❹ 在正常接收的情况下用频谱分析仪在天线功能开关输出端上，可检测到接收后的射频信号频谱为900MHz射频信号

❸ 将探头搭在手机天线功能开关 RX端

❶ 测试探头连接线连接在频谱分析仪的输入接口

❷ 将接地夹接在接地端

图7-43　频谱分析仪的使用方法

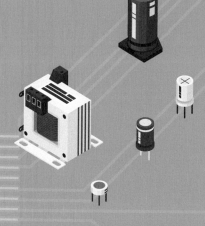

第 8 章

常见信号的特点
与测量

8.1
交流正弦信号

交流正弦信号存在于大部分电子产品中，一般是在放大电路中引入正反馈，并创造条件，使电路产生稳定可靠的振荡，便可产生交流正弦信号。

8.1.1　交流正弦信号的特点

在实际生活中，我们使用最多的就是正弦交流电，即大小和方向随时间按正弦规律周期性变化的交流电，可用交流正弦信号表示。

图 8-1 为交流正弦信号波形与非正弦信号波形的对比。

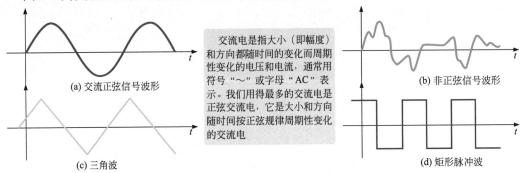

图8-1　交流正弦信号波形与非正弦信号波形的对比

图 8-1（a）是交流正弦信号波形，是按照正弦规律变化的信号；图 8-1（b）是非正弦信号波形，实际上，非正弦信号波形可分解为多个不同频率和幅度的正弦波形；图 8-1（c）和图 8-1（d）分别是三角波和矩形脉冲波。

图 8-2 为正弦交流电的波形图。正弦交流电有瞬时值和最大值（或称幅值）之分。瞬时值通常用小写字母（如 u、i）表示；最大值通常用大写字母（如 U_m、I_m）表示。

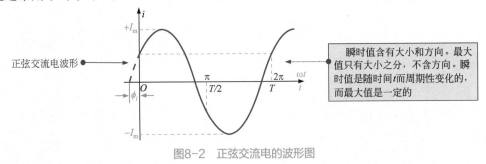

图8-2　正弦交流电的波形图

提示说明

由于交流电的方向是反复变化的，因此在分析交流电时总是人为地规定电流和电压的参考方向。要注意的是，参考方向并不是实际方向。如果由参考方向计算出的电流或电压为正值，则表明实际方向与参考方向相同；如果为负值，则表明实际方向与参考方向相反。

8.1.2　交流正弦信号的测量

测量交流正弦信号可使用信号源为某一电路提供信号，再用示波器检测，也可以直接使用示波器检测某一电源电路。

（1）交流正弦信号的测量

使用函数信号发生器输出一个交流正弦信号，为放大器提供输入信号，再使用示波器检测输出信号，如图 8-3 所示。

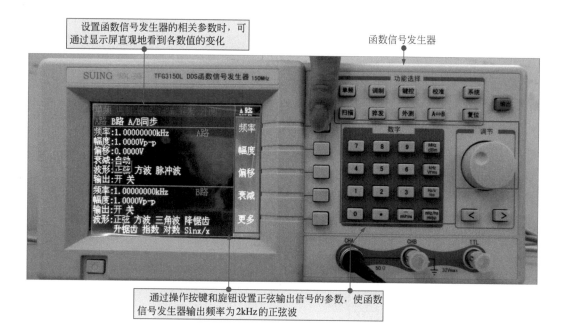

图8-3　交流正弦信号的测量

函数信号发生器可以产生频率和幅度可调的正弦波，当函数信号发生器发出频率为 2kHz 的正弦波时，可在示波器的显示屏上显示该交流正弦信号。若信号频率发生变化，则示波器上显示的正弦信号波形也会发生变化，如图 8-4 所示。

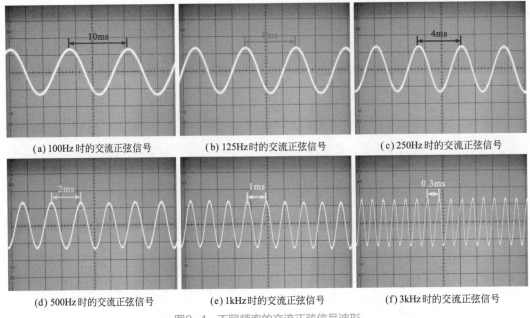

(a) 100Hz 时的交流正弦信号 　　(b) 125Hz 时的交流正弦信号 　　(c) 250Hz 时的交流正弦信号

(d) 500Hz 时的交流正弦信号 　　(e) 1kHz 时的交流正弦信号 　　(f) 3kHz 时的交流正弦信号

图8-4　不同频率的交流正弦信号波形

（2）电源电路中交流正弦信号的测量

图 8-5 为电源电路中的信号波形。

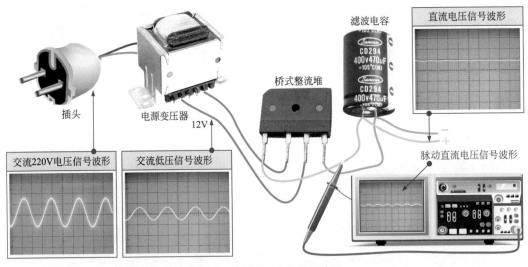

图8-5　电源电路中的信号波形

8.2
音频信号

　　音频信号是电子电路中常见到的一种信号，在彩色电视机、VCD/DVD 等影音产品中可以检测到。

8.2.1　音频信号的特点

音频信号是指语音、音乐之类的声音信号。音频信号的频率、幅度与声音的音调、强弱相对应。在电子产品中，音频信号分为两种，即模拟音频信号和数字音频信号，如图8-6 所示。

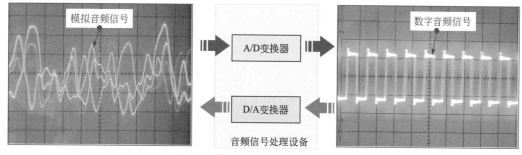

图8-6　模拟音频信号和数字音频信号

音频信号是一种连续变化的模拟信号，可用一条连续的曲线来表示。模拟音频信号在进行数字处理时，要先变成数字信号，数字信号可以进行存储、编码、解码、压缩、解压缩、纠错等处理，经处理后还要变回模拟信号。

（1）模拟音频信号的特点

模拟音频信号在时间轴上是连续的信号，可以用它的某些参数去模拟连续变化的物理量，或是该物理量数值的大小，如图 8-7 所示。

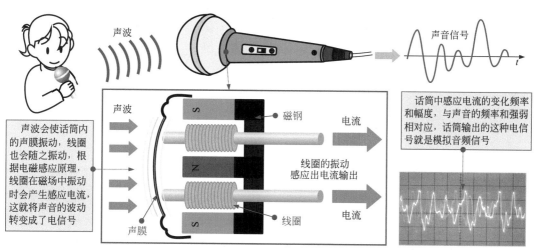

图8-7　模拟音频信号的产生

音频信号中用幅度值来模拟音量的高、低，用频率模拟音调的高、低，如图 8-8 所示。

模拟信号具有直观、形象的特点，但是模拟信号精度低，表示的范围小，且容易受到干扰。如果模拟信号受到干扰信号的侵扰，信号就会变形，就不能准确地反映原信号的内容。在电子设备中，模拟信号经种种处理和变换，往往会受到噪声和失真的影响。在电路中，从输入端到输出端，尽管信号的形状大体没有变化，但信号的信噪比和失真度可能已经大大变差了。在模拟设备中，这种信号的劣化是无法避免的。

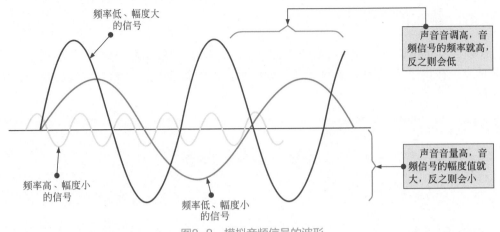

图8-8　模拟音频信号的波形

（2）数字音频信号的特点

数字音频信号代表信息的物理量是一系列数字组的形式，在时间轴上是不连续的，如图 8-9 所示。

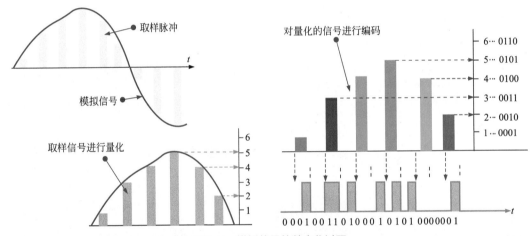

图8-9　模拟信号的数字化过程

模拟信号的数字化过程是取样、量化和编码的过程。以一定的时间间隔对模拟信号取样，再将取样值用数字组来表示。数字信号在时间轴上是离散的，表示幅度值的数字量也是离散的，因为幅度值是由有限的状态数来表示的，将模拟信号转换成数字信号，并以数字的形式进行处理、传输或存储，便可克服上述模拟信号的不足。

数字信号在传输过程中同样会受到噪声和干扰的影响，由于数字信号传输的是脉冲信号，脉冲信号经限幅处理后可以消除噪声和干扰的影响，因而采用数字信号的方式可以消除波形恶化的问题。

8.2.2　音频信号的测量

音频信号送入扬声器等输出设备便能够发出声音。这些信号可以通过示波器在电子电路中测量。图 8-10 为电视机中音频信号的测量。

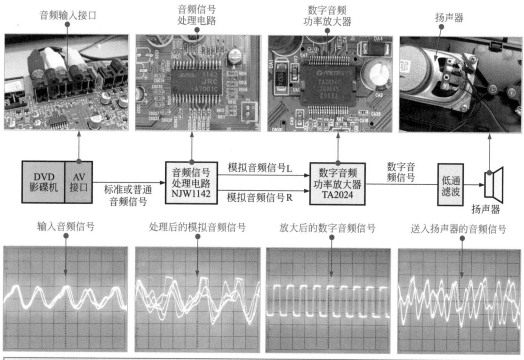

根据上述信号流程，找到AV接口、音频信号处理电路、数字音频功率放大器及扬声器的音频信号输入和输出引脚，在这些检测点都能够检测到音频信号波形

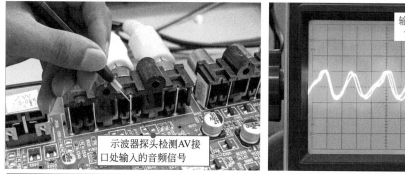

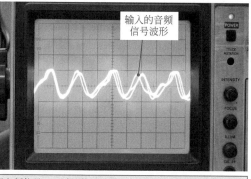

示波器检测音频信号

模拟电视机AV接口与影碟机相连，由影碟机送入标准或普通音频信号，示波器接地夹接地，探头搭在AV接口处，检测输入的音频信号

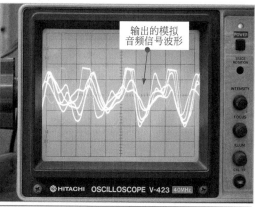

由AV接口送入的音频信号送到音频信号处理电路中，经过处理后输出模拟音频信号。同样，将示波器接地夹接地，探头搭在音频信号处理电路的输出引脚上，检测输出的模拟音频信号

图8-10

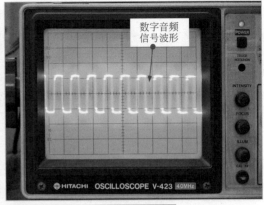

数字音频
信号波形

示波器探头检测数字功率
放大器输出端的信号波形

处理后的音频信号送入到数字音频功率放大器中，经放大后，输出数字音频信号

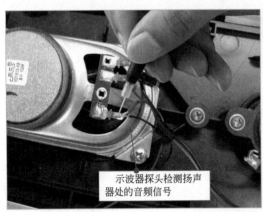
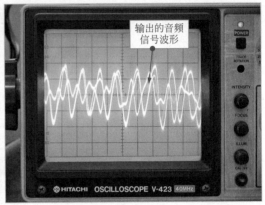

输出的音频
信号波形

示波器探头检测扬声
器处的音频信号

数字音频信号经过转换后送入扬声器中，使用示波器在扬声器的引脚处应能检测到输出的音频信号波形

图8-10　电视机中音频信号的测量

8.3
视频信号

　　视频信号是彩色电视机等显示设备中最常见的一种信号，在电子电路检测过程中常会对视频信号进行测量。

8.3.1　视频信号的特点

　　视频信号包括亮度信号、色度信号、复合同步信号及色同步信号。这些信号对图像还原起着重要的作用，如图8-11所示。

8.3.2　视频信号的测量

　　视频信号的测量方法与音频信号基本相同，一般也使用示波器进行检测。

右侧为白色，左侧为黑色，中间从白色到黑色的变换是呈阶梯状逐级加深的

从白色到黑色的变换在信号表现上是呈阶梯状变化的。由于黑白阶梯图像是由上下两部分组成的，所以在这个波形中呈现为两个阶梯的信号波形，即交叉的两条阶梯的信号波形

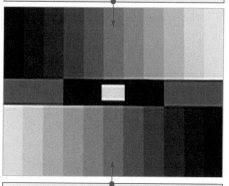

白色

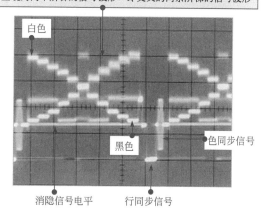

黑色

色同步信号

消隐信号电平

行同步信号

左侧为白色，右侧为黑色，中间由白色到黑色的过渡也呈阶梯状

在图像信号中用电平的高、低表示图像的明暗，图像越亮，电平越高，图像越暗，电平低。白色物体的亮度电平最高。黑色电平和消隐电平基本相等，即显像管完全不发光

两个行同步信号之间的部分是一行视频图像信号，该信号与显像管上显示的图像相对应

彩条信号 色同步信号

标准彩条图像

图像信号 行同步信号

彩条信号最左侧为白信号，白信号是没有色副载波的；彩条信号最右侧，与消隐电平重合的为黑信号

这个图像经过编码电路就形成一种标准的彩条信号，每一条代表一种颜色。实际上，该信号的不同颜色是用色副载波的不同相位来表示的

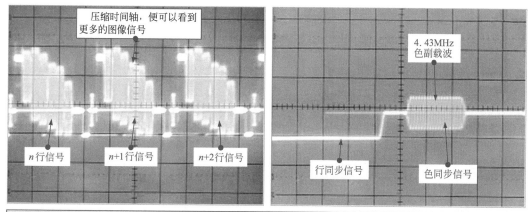

压缩时间轴，便可以看到更多的图像信号

4.43MHz
色副载波

n行信号 $n+1$行信号 $n+2$行信号

行同步信号 色同步信号

把标准彩条信号波形展开，将行同步、色同步信号部分放大，可看到左侧是行同步信号，在行同步信号的台阶上面是色同步信号，在色同步信号里面为4.43MHz的色副载波。它是一个逐行倒像信号，即每一行的相位都要反转180°

图8-11

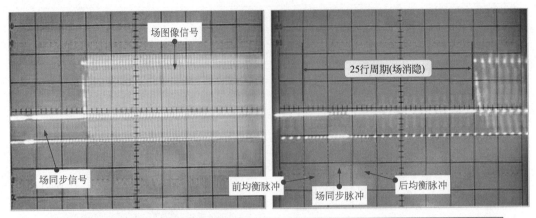

图像中左侧的空挡是场同步信号，将场同步信号部分展开，从左侧依次是前均衡脉冲、场同步脉冲和后均衡脉冲

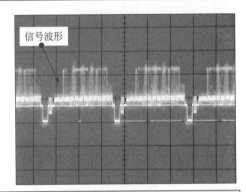

显示器件在播放景物图像视频时，视频信号的波形会随景物内容的变化而发生变化。因此检测时，我们常常会选择标准图像信号作为视频信号来测量，以便于调试和分析

图8-11　视频信号的特点

视频信号的测量

（1）测量影碟机输出的视频信号

　　检测影碟机输出的视频信号时，需要用到示波器、标准信号测试光盘、影碟机及连接线等。测试方法如图 8-12 所示。

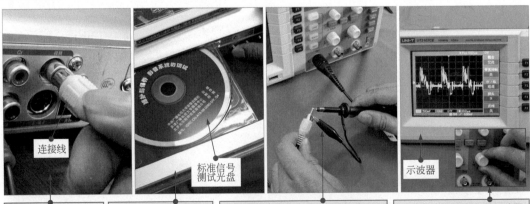

将AV连接线插到影碟机的输出接口上

影碟机通电开机后，放入标准信号测试光盘

将示波器接地夹接信号线接地触片，探头搭在 AV信号线中的视频输出端上

调整示波器旋钮，使示波器显示当前测到的视频信号波形

图8-12　测量影碟机输出的视频信号

（2）测量彩色电视机中的视频信号

下面以 TCL-2116E 型彩色电视机的单片集成电路 LA76810 为例，介绍视频信号的测量方法如图 8-13 所示。

测量彩色电视机的视频信号

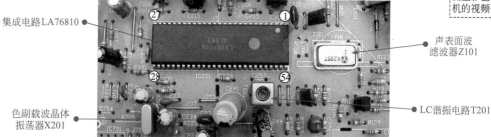

集成电路LA76810

声表面波滤波器Z101

LC谐振电路T201

色副载波晶体振荡器X201

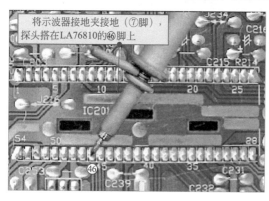

将示波器接地夹接地（⑦脚），探头搭在LA76810的㊻脚上

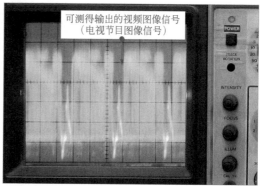

可测得输出的视频图像信号（电视节目图像信号）

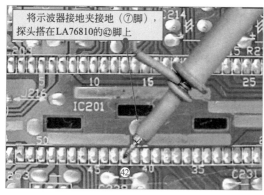

将示波器接地夹接地（⑦脚），探头搭在LA76810的㊷脚上

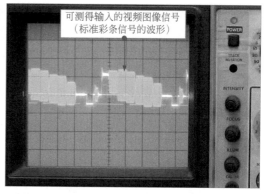

可测得输入的视频图像信号（标准彩条信号的波形）

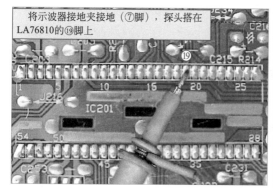

将示波器接地夹接地（⑦脚），探头搭在LA76810的⑲脚上

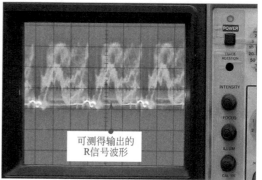

可测得输出的R信号波形

图8-13

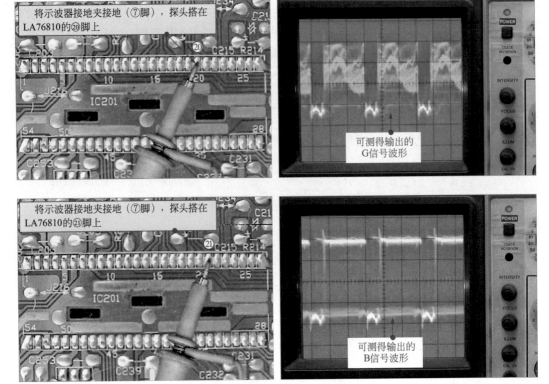

图8-13　测量彩色电视机中的视频信号

8.4
脉冲信号

脉冲信号是指一种持续时间极短的电压或电流波形，如彩色电视机中的行 / 场扫描信号、键控脉冲信号等。

8.4.1　脉冲信号的特点

脉冲信号种类多样，凡不具有持续正弦形状的波形，几乎都可以称为脉冲信号。如图8-14所示，常见的脉冲信号有方波脉冲、矩形脉冲、尖脉冲、锯齿波脉冲、钟形波脉冲、阶梯波脉冲、梯形波脉冲和三角波脉冲。

脉冲信号可以是周期性的，也可以是非周期性的，若按极性分常把相对于零电平或某一基准电平、幅值为正时的脉冲称为正极性脉冲，反之称为负极性脉冲（简称正脉冲和负脉冲）。

如图 8-15 所示，理想的矩形脉冲信号波形，由低电平到高电平或从高电平到低电平，都是突然垂直变化的。

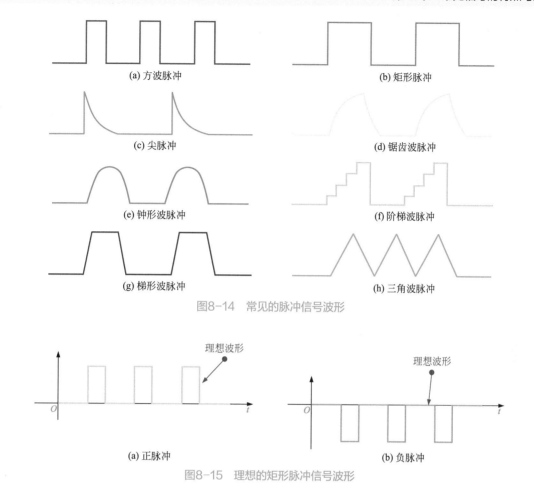

(a) 方波脉冲

(b) 矩形脉冲

(c) 尖脉冲

(d) 锯齿波脉冲

(e) 钟形波脉冲

(f) 阶梯波脉冲

(g) 梯形波脉冲

(h) 三角波脉冲

图8-14 常见的脉冲信号波形

(a) 正脉冲

(b) 负脉冲

图8-15 理想的矩形脉冲信号波形

但实际上，脉冲从一种电位状态过渡到另一种电位状态总要经历一定时间，与理想波形相比，波形也会发生一些畸变，图 8-16 为实际的脉冲信号波形。

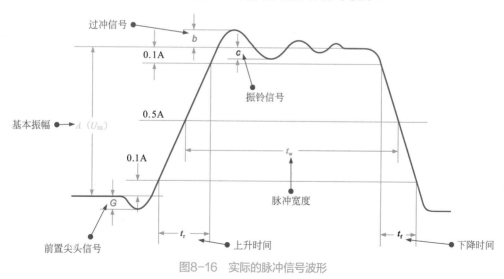

图8-16 实际的脉冲信号波形

图 8-17 为脉冲信号的上升沿和下降沿，脉冲上升沿是指信号由 10% 上升到最大幅度 90% 时所需要的时间。下降沿则是从 90% 下降到 10% 所需要的时间。

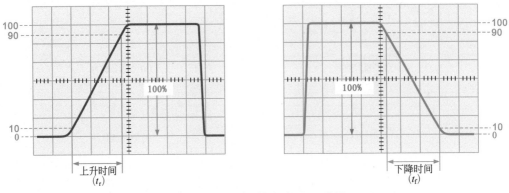

图8-17　脉冲信号的上升沿和下降沿

图 8-18 为典型键控脉冲信号产生电路及其信号的波形时序关系。

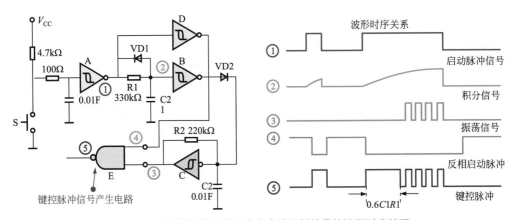

图8-18　典型键控脉冲信号产生电路及其信号的波形时序关系

图 8-18 中，按下开关 S，反相器 A 的输出端会形成启动脉冲信号。①脚会形成启动脉冲，②脚的电容被充电形成积分信号，②脚的充电电压达到一定电压值时，反相器控制脉冲信号产生电路 C 振荡，③脚输出脉冲信号，①脚信号经反相器 D 后，加到与非门 E，⑤脚输出键控信号。

8.4.2　脉冲信号的测量

测量脉冲信号，可使用信号源提供信号，再用示波器进行检测，也可以直接使用示波器在某一电路中检测脉冲信号。

（1）矩形脉冲信号的测量

使用信号发生器输出一个矩形脉冲信号，再使用示波器检测信号发生器输出端的信号波形，如图 8-19 所示。

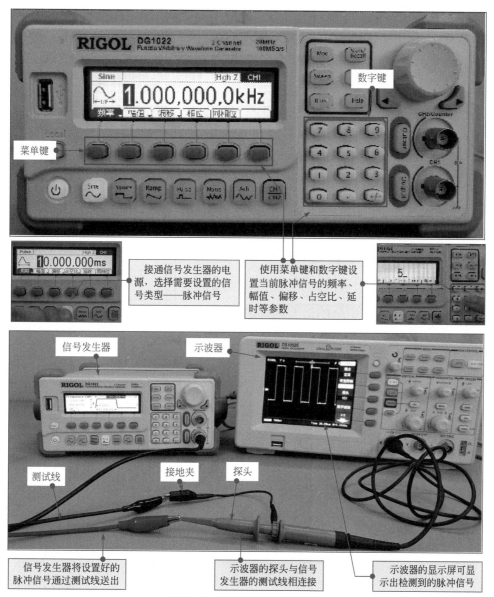

图8-19　矩形脉冲信号的测量

（2）彩色电视机中脉冲信号的测量

图 8-20 为检测彩色电视机中行、场扫描电路的信号波形。

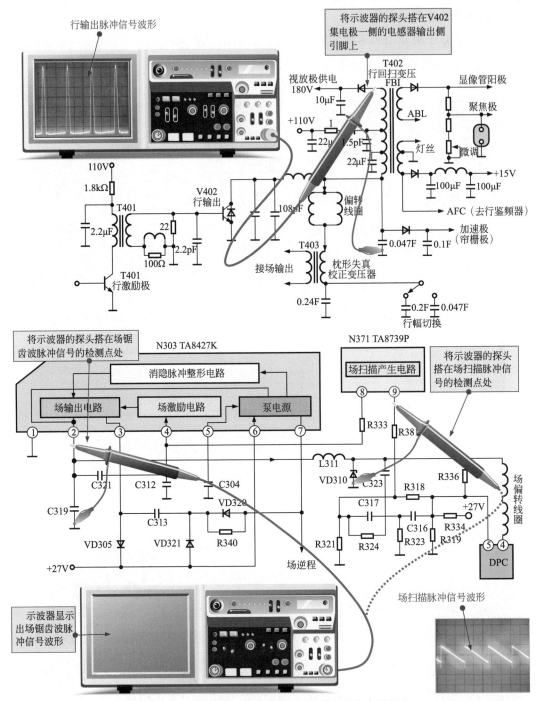

图8-20 检测彩色电视机中行、场扫描电路的信号波形

8.5
数字信号

数字信号在很多电子产品中都可以见到，如在 DVD 影碟机、液晶电视机、显示器等

电子产品中。随着科技的发展，数字信号的应用也越来越广泛。

8.5.1 数字信号的特点

数字信号的幅度取值是离散的。幅值表示被限制在有限数值之内的信号。该信号可以实现长距离、高质量的传输。例如，二进制码就是一种数字信号，受噪声影响小，很容易在数字电路中进行处理。图 8-21 为卡拉 OK 电路中的数字信号波形。

图8-21 卡拉OK电路中的数字信号波形

图 8-22 为 D/A 变换器电路中的数字信号波形。

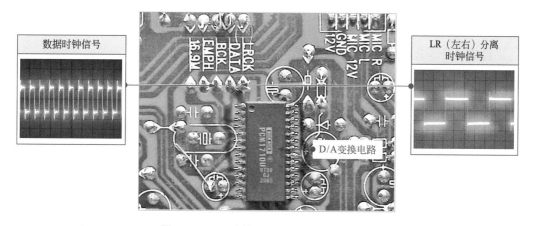

图8-22 D/A变换器电路中的数字信号波形

8.5.2 数字信号的测量

图 8-23 为测量数字音频处理电路中的数字信号。

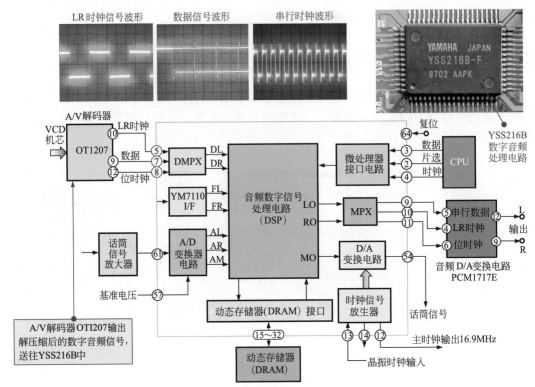

图8-23　测量数字音频处理电路中的数字信号

8.6

高频信号

高频信号在电子电路中的应用较为广泛，如人们通过收音机收听广播节目（高频无线电信号）；通过电视机接收高频信号播放电视节目；计算机网络使用高频信号便可互通信号；手机借助特高频信号进行通话、收发短信；卫星借助于超高频信号进行通信和广播。

8.6.1　高频信号的特点

高频信号顾名思义就是频率较高的信号，通常是由高频信号振荡器和调制器产生的。高频信号放大器就是放大高频信号的电路，如收音机、电视机、手机等产品中的高频放大电路。这些放大器的工作频率很高。

图 8-24 为 AM 收音机的高频放大电路，其功能是放大天线接收的微弱高频信号。此外，该电路还具有选频功能。

天线感应的信号加到 L1、C1 和 D1 组成的谐振电路上，改变线圈 L1 的并联电容，就可以改变谐振频率。该电路是采用变容二极管的电调谐方式。变容二极管 D1 在电路中相当于一个电容。电容的值随加在其上的反向电压变化。改变电压，就可以改变谐振频率。此外，高频放大器的输出变压器初级线圈的并联电容中也使用了变容二极管 D3，与 D1 同步变化，C1 和 C2 可微调，以便能微调谐振点。

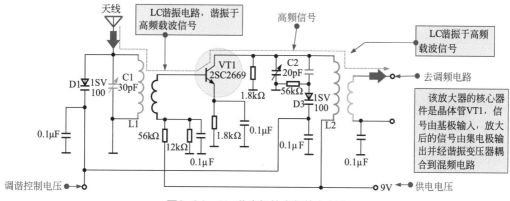

图8-24　AM收音机的高频放大电路

提示说明

在无线电广播领域，通常说的高频是频率在 **3～30MHz** 的信号频率，而对于电视广播、卫星广播所涉及的信号频率高达数十吉赫兹，这些信号也属于高频信号的范围。

手机的高频放大器可放大 **900MHz** 和 **1800MHz** 的射频信号；电视机的高频放大 **VHF** 和 **UHF** 频道的信号；**FM** 收音机放大 **88～108MHz** 的调频立体声广播信号；中波收音机放大 **500～1650kHz** 的高频信号；短波收音机的高频放大 **1.5～30MHz** 的高频信号。

8.6.2　高频信号的测量

（1）扫频仪测量高频信号

图 8-25 为使用扫频仪测量高频信号。由于高频放大器在很多产品中都需要有一定的频带宽度，所以可以通过测量频带宽度的仪表之一扫频仪测量高频信号放大器的频率特性。扫频仪具有一个扫描信号发生器，可以连续输出一系列频率从低到高的信号，将这些信号送入高频信号放大器中，经放大后输出，再送回扫频仪中，由扫频仪接收这些信号，并测量出所接收信号的频带宽度，测量的结果由屏幕显示出来。

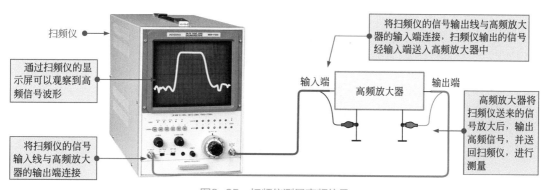

图8-25　扫频仪测量高频信号

（2）频谱分析仪测量高频信号

图 8-26 为使用频谱分析仪测量高频信号。

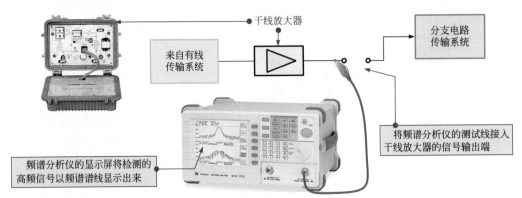

图8-26 频谱分析仪测量高频信号

干线放大器或分支分配放大器都是一个宽频带放大器，有线电视系统中的各频道电视信号都由它进行放大，再经分支分路送往用户。

在工作状态，将干线放大器的输出端或信号检测端的信号送给频谱分析仪，频谱分析仪对输入的信号成分进行分析和测量，将信号中包含的各种频率成分检测出来，并以频率谱线的形式显示出来。显示屏上所显示的频谱谱线的高、低表示信号的强弱。

第 9 章

常见功能部件的
特点与检测

9.1
开关部件

开关部件一般指用来控制仪器、仪表的工作状态或对多个电路进行切换的部件，可以在开和关两种状态下相互转换。

9.1.1　开关部件的功能特点

开关部件的功能是接通或断开电路，种类繁多，不同类型开关部件的结构存在差异，所实现的功能也各不相同，有的起开关作用，有的起转换作用。按照控制方式划分，主要有按动式开关、滑动型开关、旋转式开关等。

（1）按动式开关的功能特点

图 9-1 为按动式开关的功能特点。按动式开关是通过按动按键，使开关接触或断开，从而达到电路通断切换的目的。

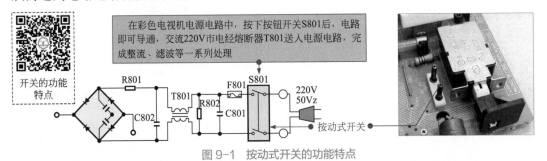

开关的功能特点

在彩色电视机电源电路中，按下按钮开关S801后，电路即可导通，交流220V市电经熔断器T801送入电源电路，完成整流、滤波等一系列处理

图 9-1　按动式开关的功能特点

（2）滑动型开关的功能特点

滑动型开关具有拨动省力、定位可靠、使用方便等特点，因此被广泛应用在电子产品中。由于不同产品对开关的外形、尺寸及开关数量有不同的要求，因而具体产品也有很多的型号。图 9-2 为滑动型开关的功能特点。

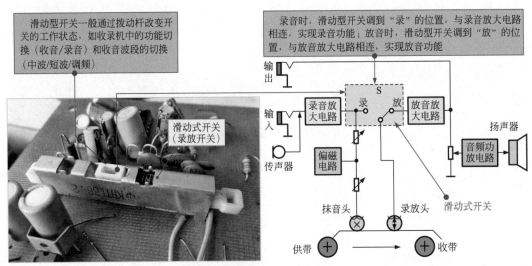

滑动型开关一般通过拨动杆改变开关的工作状态，如收录机中的功能切换（收音/录音）和收音波段的切换（中波/短波/调频）

录音时，滑动型开关调到"录"的位置，与录音放大电路相连，实现录音功能；放音时，滑动型开关调到"放"的位置，与放音放大电路相连，实现放音功能

图 9-2　滑动型开关的功能特点

（3）旋转式开关的功能特点

图9-3为旋转式开关的功能特点。旋转式开关一般由触片、转柄、触点等组成，当转动旋转式开关的转柄时，触点与相应的选通触片接通，实现电子产品某些功能的转换。

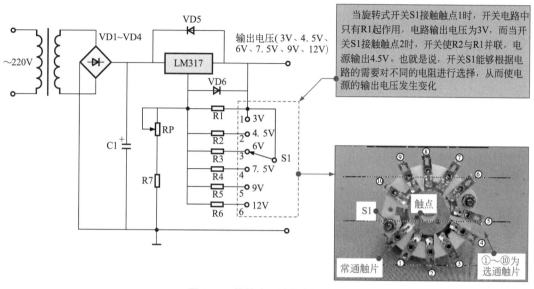

当旋转式开关S1接触触点1时，开关电路中只有R1起作用，电路输出电压为3V，而当开关S1接触触点2时，开关使R2与R1并联，电源输出4.5V。也就是说，开关S1能够根据电路的需要对不同的电阻进行选择，从而使电源的输出电压发生变化

图9-3　旋转式开关的功能特点

9.1.2　开关部件的检测

检测开关部件时，主要是使用万用表检测开关部件引脚之间在不同状态下的阻值是否正常。由于开关部件的检测方法基本相同，因此下面将以典型的按动式开关为例进行介绍。图9-4为按动式开关的检测方法。

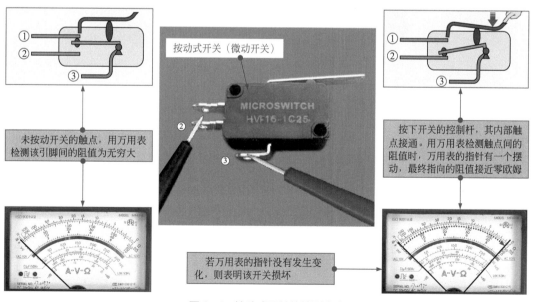

未按动开关的触点，用万用表检测该引脚间的阻值为无穷大

按动式开关（微动开关）

若万用表的指针没有发生变化，则表明该开关损坏

按下开关的控制杆，其内部触点接通。用万用表检测触点间的阻值时，万用表的指针有一个摆动，最终指向的阻值接近零欧姆

图9-4　按动式开关的检测方法

9.2

传感器

传感器是指能感受并能按一定规律将所感受到的被测物理量或化学量等（如温度、湿度、光线、速度、浓度、位移、重量、压力、声音等）转换成便于处理与传输电量的器件或装置。简单地说，传感器是一种将外界物理量转换为电信号的器件。

9.2.1 传感器的功能特点

电子技术中应用的传感器种类较多，按照基本的感知功能可分为光电传感器、温度传感器、湿度传感器、霍尔传感器等。

（1）光电传感器的功能特点

光电传感器是指将光的变化量转换为电信号的器件（如光敏电阻、光敏二极管、光敏晶体管、光耦合器及光电池等）。常见的光电传感器如图9-5所示。

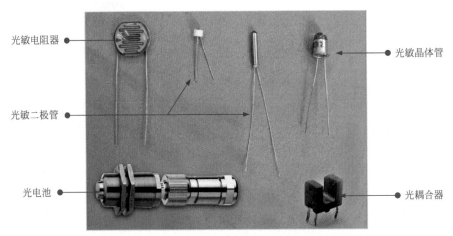

图9-5 常见的光电传感器

图9-6为光电传感器的典型应用。

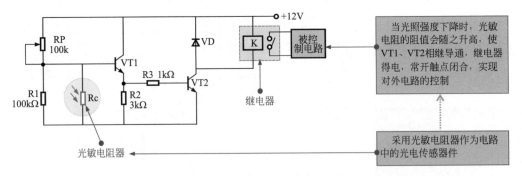

当光照强度下降时，光敏电阻的阻值会随之升高，使VT1、VT2相继导通，继电器得电，常开触点闭合，实现对外电路的控制

采用光敏电阻器作为电路中的光电传感器件

这是一种光控开关电路，采用光敏电阻器作为光电传感器件，通过环境光照的改变自动实现对外电路的控制。

(a) 光敏电阻器的典型应用

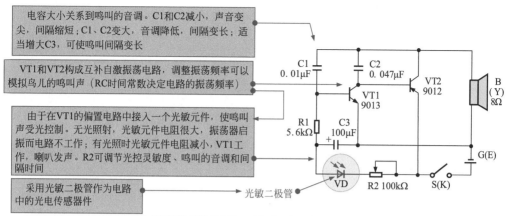

电容大小关系到鸣叫的音调。C1和C2减小，声音变尖，间隔缩短；C1、C2变大，音调降低，间隔变长；适当增大C3，可使鸣叫间隔变长

VT1和VT2构成互补自激振荡电路，调整振荡频率可以模拟鸟儿的鸣叫声（RC时间常数决定电路的振荡频率）

由于在VT1的偏置电路中接入一个光敏元件，使鸣叫声受光控制。无光照射，光敏元件电阻很大，振荡器启振而电路不工作；有光照时光敏元件电阻减小，VT1工作，喇叭发声。R2可调节光控灵敏度、鸣叫的音调和间隔时间

采用光敏二极管作为电路中的光电传感器件

这是采用光敏二极管作为光电传感部件的玩具电路。天亮时，电路中的光敏二极管感受到光照强度变化，即会驱动扬声器发出悦耳的鸟鸣声。

(b) 光敏二极管的典型应用

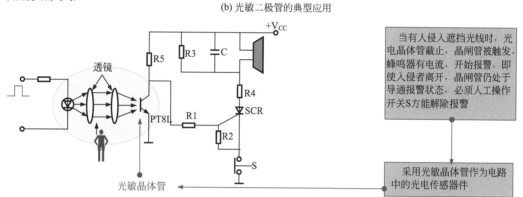

当有人侵入遮挡光线时，光电晶体管截止，晶闸管被触发，蜂鸣器有电流，开始报警，即使入侵者离开，晶闸管仍处于导通报警状态，必须人工操作开关S方能解除报警

采用光敏晶体管作为电路中的光电传感器件

这是采用光电检测方式的防盗报警器电路。采用光敏晶体管作为光电传感器件，有人侵入时会触发报警。

(c) 光敏晶体管的典型应用

图9-6　光电传感器的典型应用

（2）温度传感器的功能特点

温度传感器实质上是一种热敏电阻器，是利用热敏电阻器的阻值随温度变化而变化的特性来测量温度及与温度有关的参数，并将参数变化量转换为电信号，送入控制部分，实现自动控制。图9-7为温度传感器的功能特点。

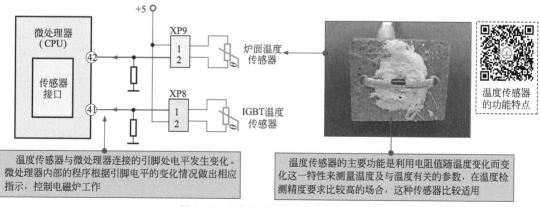

温度传感器与微处理器连接的引脚处电平发生变化。微处理器内部的程序根据引脚电平的变化情况做出相应指示，控制电磁炉工作

温度传感器的主要功能是利用电阻值随温度变化而变化这一特性来测量温度及与温度有关的参数，在温度检测精度要求比较高的场合，这种传感器比较适用

图9-7　温度传感器的功能特点

（3）湿度传感器的功能特点

常见的湿度传感器是一种湿敏电阻，阻值对环境湿度比较敏感。图9-8为湿度传感器的功能特点。

湿度传感器的功能特点

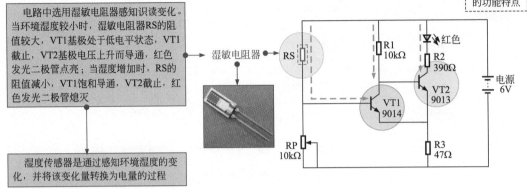

电路中选用湿敏电阻感知识读变化。当环境湿度较小时，湿敏电阻器RS的阻值较大，VT1基极处于低电平状态，VT1截止，VT2基极电压上升而导通，红色发光二极管点亮；当湿度增加时，RS的阻值减小，VT1饱和导通，VT2截止，红色发光二极管熄灭

湿度传感器是通过感知环境湿度的变化，并将该变化量转换为电量的过程

图9-8 湿度传感器的功能特点

（4）霍尔传感器的功能特点

霍尔传感器又称磁电传感器，霍尔传感器主要由霍尔元件、放大器、温度补偿电路及稳压电源构成。当变化的磁场作用到霍尔传感器时，其内部的霍尔元件会产生与磁场相对应的电压信号。该信号经整形和放大后，由信号输出端输出。霍尔传感器工作时必须外加工作电压。图9-9为霍尔传感器的功能特点。

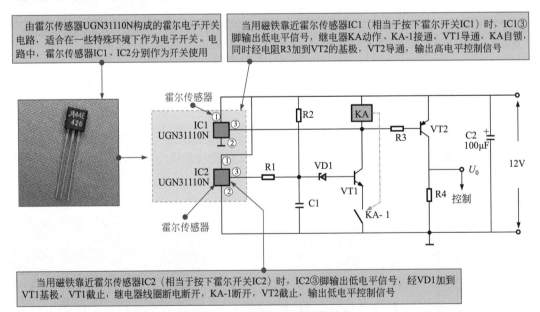

由霍尔传感器UGN31110N构成的霍尔电子开关电路，适合在一些特殊环境下作为电子开关。电路中，霍尔传感器IC1、IC2分别作为开关使用

当用磁铁靠近霍尔传感器IC1（相当于按下霍尔开关IC1）时，IC1③脚输出低电平信号，继电器KA动作、KA-1接通，VT1导通，KA自锁，同时经电阻R3加到VT2的基极，VT2导通，输出高电平控制信号

当用磁铁靠近霍尔传感器IC2（相当于按下霍尔开关IC2）时，IC2③脚输出低电平信号，经VD1加到VT1基极，VT1截止，继电器线圈电断开，KA-1断开，VT2截止，输出低电平控制信号

图9-9 霍尔传感器的功能特点

9.2.2 传感器的检测

了解了传感器的功能特点后，下面分别对光电传感器、温度传感器、湿度传感器、霍尔传感器进行检测。

光敏电阻器
的检测方法

（1）光电传感器的检测

测量光电传感器，一般都是在改变光照条件下通过万用表测量其阻值，根据测量结果判断好坏。图9-10为光敏电阻器的检测方法。

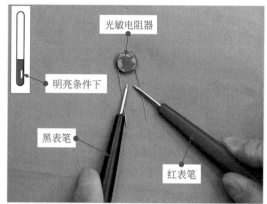

将万用表的红、黑表笔分别搭在待测光敏电阻器引脚的两端，结合挡位设置（"×100Ω"欧姆挡）观察指针的指示位置，识读当前测量值为5×100Ω＝500Ω，正常

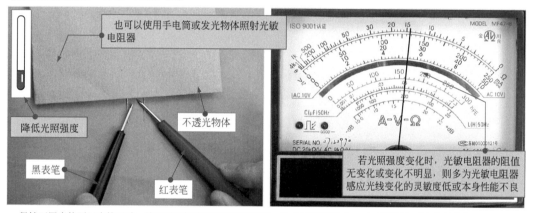

保持万用表的两只表笔不动，使用透明物体遮住光敏电阻器，结合挡位设置（"×1k"欧姆挡）观察指针的指示位置，识读当前测量值为14×1kΩ＝14kΩ，正常

图9-10 光敏电阻器的检测方法

可根据光敏二极管在不同光照条件下阻值发生变化的特性判断性能好坏。图9-11为光敏二极管的检测方法。

提示说明

光敏二极管在正常光照下的阻值变化规律与普通二极管的判别规律相同，当光敏二极管在强光源下时，正向阻值和反向阻值都相应减小。

光敏晶体管（光敏晶体三极管）是一种受光作用时，引脚间阻值会发生变化的一种三极管。因此光敏晶体管的检测方法与光敏二极管的检测方法基本类似，也是根据在不同光照条件下阻值会发生变化的特性来判断性能好坏。图9-12为光敏晶体管的检测方法。

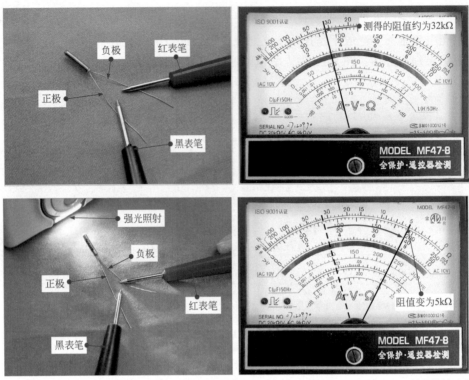

黑表笔搭在光敏二极管的正极引脚上，红表笔搭在负极引脚上，测得正向阻值为32kΩ，红、黑表笔保持不动，使用强光源照射二极管感光部位，测量值减小为5kΩ

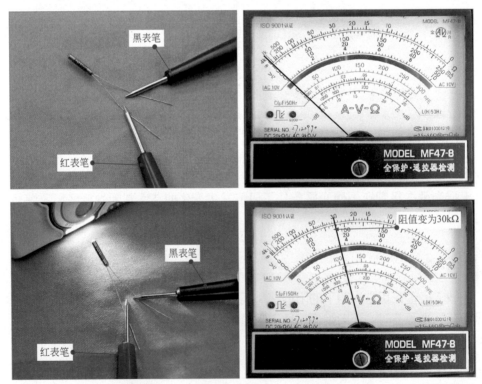

黑表笔搭在光敏二极管的负极引脚上，红表笔搭在正极引脚上，测得反向阻值为无穷大，红、黑表笔保持不动，使用强光源照射二极管感光部位，测量值减小到30kΩ左右

图 9-11　光敏二极管的检测方法

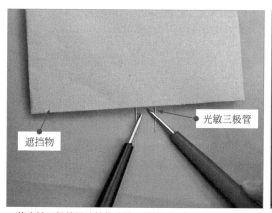

将光敏三极管用遮挡物遮挡，并将万用表红、黑表笔分别搭在发射极（e）和集电极（c）上，测得e-c之间的阻值为无穷大，正常

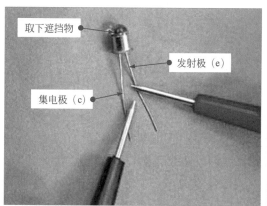

将遮挡物取下，保持万用表红、黑表笔不动，将光敏三极管置于一般光照条件下，测得e-c之间的阻值为650kΩ，正常

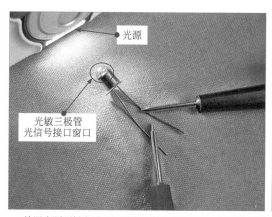

使用光源照射光敏三极管的光信号接收窗口，在较强光照条件下，测得e-c之间的阻值为60kΩ，正常

图 9-12 光敏晶体管的检测方法

（2）温度传感器的检测

温度传感器能够灵敏感知周围环境温度的变化情况，检测该类传感器时可通过改变环境温度条件，用万用表测其阻值，并根据检测结果判断性能的好坏。热敏电阻器是温度传感器中最为常用的传感器。下面以该器件为例介绍温度传感器的基本检测方法。图 9-13 为热敏电阻器的检测方法。

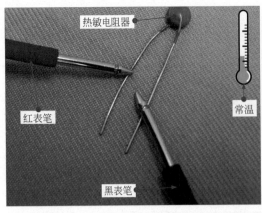

将万用表的红、黑表笔分别搭在待测热敏电阻器引脚的两端，结合挡位设置（"×10"欧姆挡）观察指针的指示位置，识读当前测量值为33×10Ω＝330Ω，正常

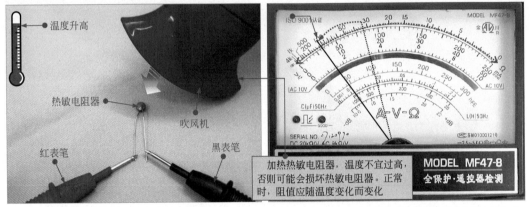

红、黑表笔不动，用吹风机或电烙铁加热热敏电阻器，结合挡位设置（"×10"欧姆挡）观察指针的指示位置，读取当前测量值为130×10Ω＝1300Ω，正常。若温度变化，阻值不变，则说明该热敏电阻器性能不良

图9-13　热敏电阻器的检测方法

（3）湿度传感器的检测

　　湿度传感器的阻值会随周围湿度的变化而变化。常见的湿度传感器是一种湿敏电阻，阻值对环境湿度比较敏感。根据这一特性，可用万用表检测其在不同湿度环境下的阻值来判断该传感器的好坏。图9-14为湿敏电阻器的检测方法。

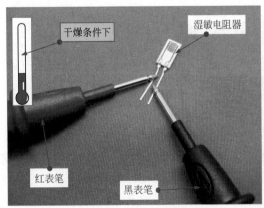

将万用表的红、黑表笔分别搭在待测温敏电阻器引脚的两端，结合挡位设置（"×10k"欧姆挡）观察指针的指示位置，识读当前测量值为75.6×10kΩ＝756kΩ，正常

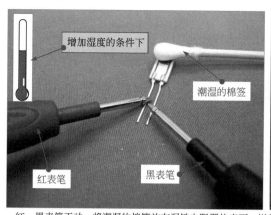

红、黑表笔不动，将潮湿的棉签放在湿敏电阻器的表面，增加湿敏电阻器的湿度，结合挡位设置（"×10k"欧姆挡），观察指针的指示位置，读取当前测量值为33.4×10kΩ＝334kΩ，正常

图 9-14　湿敏电阻器的检测方法

提示说明

　　通过以上的描述可知，在正常湿度和湿度增大的情况下，湿敏电阻器都有一固定值，表明湿敏电阻器基本正常。若湿度变化，电阻值不变，则说明该湿敏电阻器性能不良。一般情况下，湿敏电阻器不受外力碰撞不会轻易损坏。

（4）霍尔传感器的检测

　　霍尔传感器一般都有电源端、信号输出端和接地端。检测时，可通过万用表测阻值的方法判断好坏，也可用示波器在路检查信号输出端的信号。图 9-15 为霍尔传感器的检测方法。

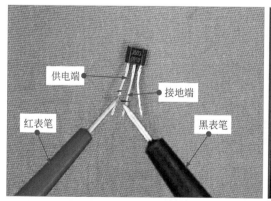

将万用表红、黑表笔分别搭在霍尔传感器的供电端和接地端，结合挡位设置（"×1k"欧姆挡）观察指针的指示位置，识读当前的测量值为0.9×1kΩ＝0.9kΩ，正常

图 9-15

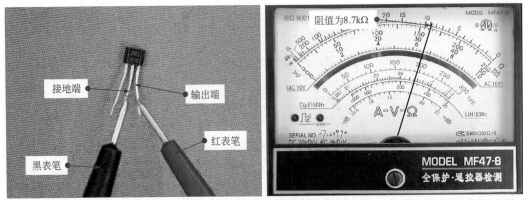

将万用表黑表笔位置不动，红表笔搭在霍尔传感器的输出端，结合挡位设置（"×1k"欧姆挡）观察指针的指示位置，识读当前的测量值为8.7×1kΩ＝8.7kΩ，正常

图9-15　霍尔传感器的检测方法

9.3 电声器件

电声器件是一种换能器件，能将音频电信号转换成声波，或者能将声波转换成电信号。电声器件在影音产品中的应用十分广泛，是音频设备的重要组成部分。

9.3.1　电声器件的功能特点

电声器件的种类繁多，不同类型的电声器件，其结构存在差异。常见的电声器件主要有蜂鸣器、扬声器等。

（1）蜂鸣器的功能特点

蜂鸣器是一种一体化结构的电子讯响器，采用直流电压或脉冲电压供电，可将电信号转换成声波，广泛应用于计算机、打印机、复印机、报警器、电子玩具、汽车电子设备、电话机、定时器等电子产品中。图9-16为蜂鸣器的功能特点。

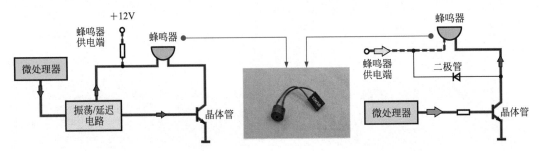

(a) 采用振荡/延迟电路的蜂鸣器驱动电路　　　　　　　(b) 微处理器直接控制的蜂鸣器驱动电路

报警驱动电路是通过微处理器驱动控制的。蜂鸣器供电端接+18V或+12V直流电压，当微处理器输出驱动信号后，该信号经晶体管放大后，驱动蜂鸣器，使其发出声响。该电路中的二极管用于吸收反向脉冲，以保护晶体管不受损坏

图9-16　蜂鸣器的功能特点

（2）扬声器的功能特点

扬声器俗称喇叭，是音响系统中不可或缺的重要器件，所有的音乐都是通过扬声器发出声音传到人耳的。

图9-17为扬声器的功能特点。通常，音频信号经音频信号处理电路处理，送入到音频功率放大器中放大，最后输出伴音信号并驱动扬声器发声。

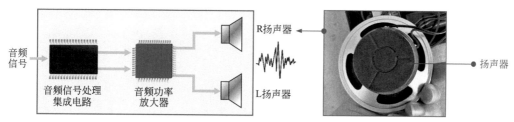

图9-17　扬声器的功能特点

9.3.2　电声器件的检测

了解了电声器件的功能特点后，下面分别对蜂鸣器和扬声器进行检测。

（1）蜂鸣器的检测

蜂鸣器最常见的故障就是由于碰撞或者使用时间较长出现触点接触不良及焊点氧化，导致蜂鸣器不能够正常与主电路板接通，出现无法播放声音的故障。如果排除接触不良的故障，就可以检测蜂鸣器本身。通过检测蜂鸣器的阻值判断蜂鸣器是否损坏。检测蜂鸣器，应首先了解待测蜂鸣器的正、负极引脚，为蜂鸣器的检测提供参照标准。图9-18为蜂鸣器的检测方法。

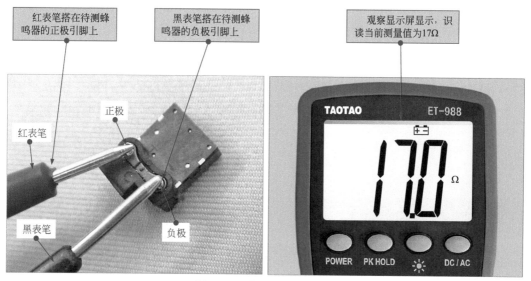

图9-18　蜂鸣器的检测方法

（2）扬声器的检测

扬声器是电声器件里面的音频输出设备，也是比较薄弱的一个器件，对于音响效果而言，是一个最重要的器件。下面以典型扬声器为例介绍一下检测方法。检测扬声器可通过检测阻值来判断是否损坏。进行检测之前，应首先了解待测扬声器的标称阻值，为扬声器的检测提供参照标准。图9-19为扬声器的检测方法。

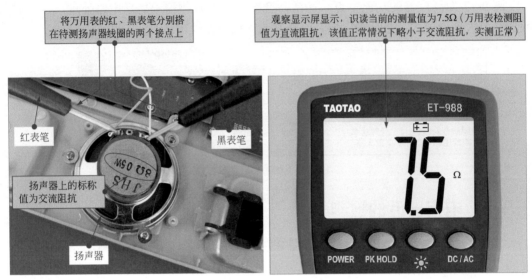

将万用表的红、黑表笔分别搭在待测扬声器线圈的两个接点上

观察显示屏显示，识读当前的测量值为7.5Ω（万用表检测阻值为直流阻抗，该值正常情况下略小于交流阻抗，实测正常）

红表笔

黑表笔

扬声器上的标称值为交流阻抗

扬声器

图9-19 扬声器的检测方法

提示说明

一般来说，用万用表直接测量扬声器为直流阻抗，正常情况下，该数值应略小于标称值；若实测数值与标称值相差较大，则说明所测扬声器性能不良；若所测阻值为零或者为无穷大，则说明扬声器已损坏，需要更换。

通常，如果扬声器性能良好，检测时，将万用表的一只表笔搭在扬声器的一个端子上，当另一只表笔触碰扬声器的另一个端子时，扬声器会发出"咔咔"声，如果扬声器损坏，则不会有声音发出，这一点在检测判别故障时十分有效。此外，扬声器出现线圈粘连或卡死、纸盆损坏等情况用万用表是判别不出来的，必须试听音响效果才能判别。

9.4
显示器件

显示器件是指能够显示各种电子产品工作状态的部件，也是实现人机交互不可缺少的器件，目前很多电子产品中都采用了显示器件，通常这些显示部件需要由驱动电路驱动，从而显示出相应的信息内容。

9.4.1 显示器件的功能特点

显示器件的种类很多，从显示方式上来说，有灯光显示、字符/数字显示及图形图像显示。下面以数字显示的数码管为例进行介绍。

图 9-20 为数码管的功能特点。数码管实际上是一种数字显示器件，又可称为 LED 数码管，是电子产品中常用的显示器件，如应用在电磁炉、微波炉操作面板上，用以显示工作状态、运行时间等信息。

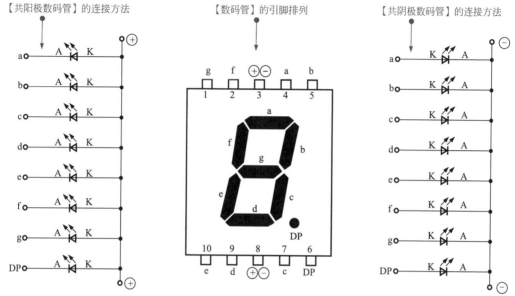

数码管是以发光二极管（LED）为基础，用多个发光二极管组成 a、b、c、d、e、f、g 七段笔段，另用 DP 表示小数点，用笔端来显示相应的数字或图像。下图为典型数码管的实物外形、引脚功能及连接方式。数码管按照字符笔画段数的不同可以分为七段数码管和八段数码管两种，段是指数码管字符的笔画（a～g），八段数码管比七段数码管多一个发光二极管单元（多一个小数点显示 DF）

图 9-20　数码管的功能特点

9.4.2 显示器件的检测

了解了数码管的功能特点后，下面将对数码管进行检测。检测时，可使用万用表检测相应笔段的阻值来判断数码管是否损坏。检测之前，应首先了解待测数码管各笔段所对应的引脚，为数码管的检测提供参照标准。图 9-21 为数码管的检测方法。

🔲 提示说明

在正常情况下，检测相应笔段时，其相应笔段发光，且万用表显示一定的阻值；若检测时相应笔段不发光或万用表显示无穷大或零，均说明该笔段发光二极管已损坏。上面是采用共阳极结构的数码管，若采用共阴极结构的数码管，检测时，应将红表笔接触公共阴极，用黑表笔接触各个笔段引脚，相应的笔段才能正常发光。

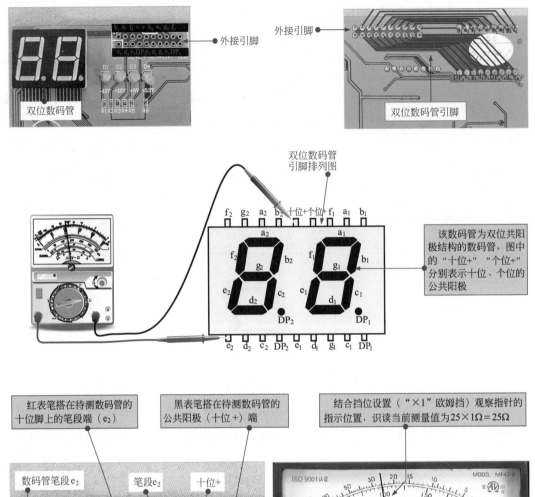

图9-21 数码管的检测方法

9.5
电池部件

电池部件都是为电子产品提供能源的部件，不同的电池部件它们的结构、功能及应用不同。电池本身内部存储有电能，当电子产品与电池构成回路后，电池会产生电流为电子产品提供能源，使电子产品正常工作。

9.5.1　电池部件的功能特点

电池部件的种类较多，应用领域各不相同，下面主要以典型部件为例介绍电池部件的功能特点。

电池是为电子产品提供能源的器件，常用于数码相机、收音机、电动玩具、计算器、万用表、遥控器、钟表、电动自行车、智能手机等产品中。图9-22为电池的功能特点。

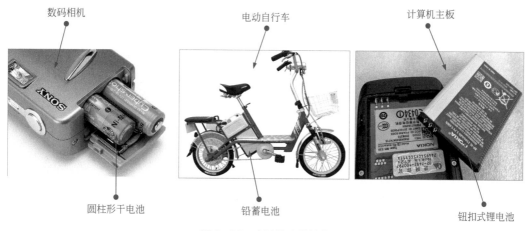

图9-22　电池的功能特点

9.5.2　电池部件的检测

了解了电池部件的功能特点后，下面对电池部件进行检测。

图9-23为电池的检测方法。电池作为一种能源供给部件，检测时，可使用万用表检测其输出的直流电压值来判断电池是否损坏。检测之前，应首先了解待测电池的额定电压值，为电池的检测提供参照标准。

提示说明

在一般情况下，无论是手机电池，还是我们常用的 5 号、7 号干电池，用万用表直接测量时，不论电池电量是否充足，测得的值都会与它的额定电压值基本相同，也就是说，测量电池空载时的电压不能判断电池电量情况。电池电量耗尽的主要表现是电池内阻增加，而当接上负载电阻后，会有一个电压降。例如，一节 5 号干电池，电池空载时的电压为 **1.5V**，但接上负载电阻后，电压降为 **0.5V**，表明电池电量几乎耗尽。

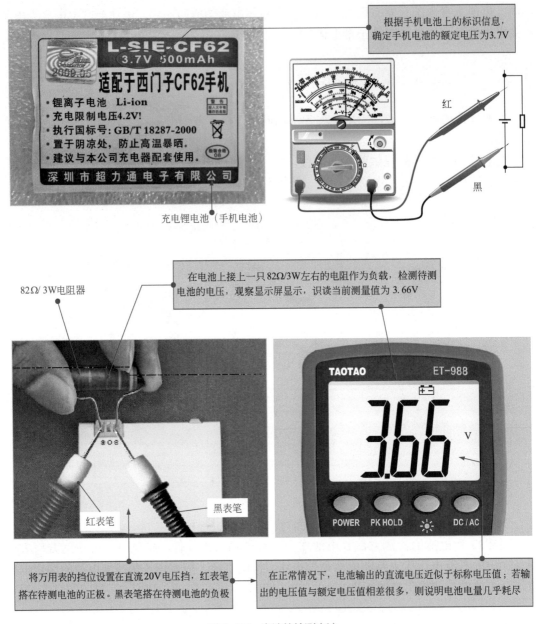

根据手机电池上的标识信息，确定手机电池的额定电压为3.7V

充电锂电池（手机电池）

82Ω/3W电阻器

在电池上接上一只82Ω/3W左右的电阻作为负载，检测待测电池的电压，观察显示屏显示，识读当前测量值为3.66V

红表笔

黑表笔

将万用表的挡位设置在直流20V电压挡，红表笔搭在待测电池的正极，黑表笔搭在待测电池的负极

在正常情况下，电池输出的直流电压近似于标称电压值；若输出的电压值与额定电压值相差很多，则说明电池电量几乎耗尽

图9-23　电池的检测方法

9.6 变压器

　　变压器是利用电磁感应原理传递电能或传输交流信号的器件，在各种电子产品中的应用比较广泛。

9.6.1 变压器的功能特点

变压器在电路中主要可实现电压变换、阻抗变换、相位变换、电气隔离、信号传输等功能。图9-24为变压器的功能特点。

变压器是将两组或两组以上的线圈绕制在同一个线圈骨架上或绕在同一铁芯上制成的,利用电感线圈靠近时的互感原理,将电能或信号从一个电路传向另一个电路

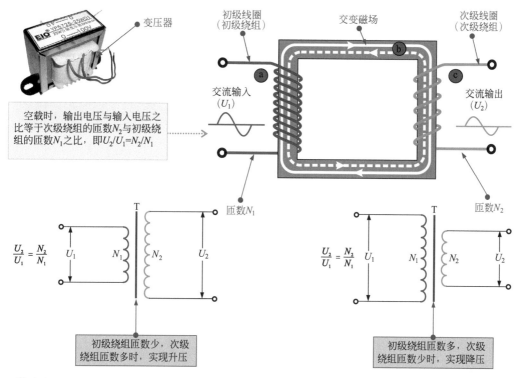

(a) 变压器的电压变换功能

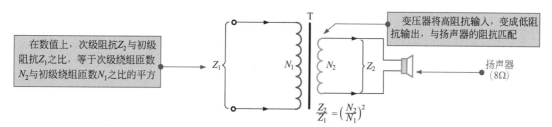

变压器通过初级线圈、次级线圈还可实现阻抗的变换,即初级与次级线圈的匝数比不同,输入与输出的阻抗也不同

图 9-24

根据变压器的变压原理，初级部分的交流电压是通过电磁感应原理"感应"到次级绕组上的，没有进行实际的电气连接，因而变压器具有电气隔离功能

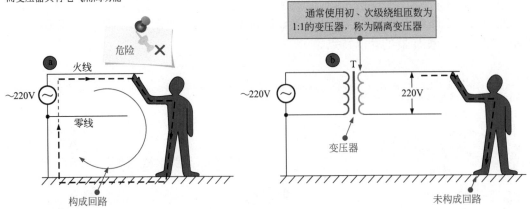

ⓐ 无隔离变压器的电气线路：人体直接与市电220V接触，人体会通过大地与交流电源形成回路而发生触电事故

ⓑ 接入隔离变压器的电气线路：接入隔离变压器后，由于变压器线圈分离不接触，可起到隔离作用。人体接触到电压，不会与交流220V市电构成回路，保证了人身安全

(c) 变压器的电气隔离功能

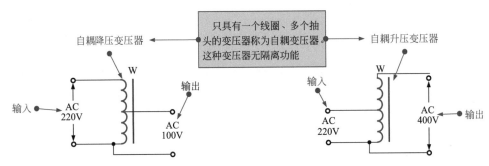

(d) 变压器的信号自耦（自耦变压器）功能

图9-24 变压器的功能特点

9.6.2 变压器的检测

变压器是一种以初、次级绕组为核心部件的器件，使用万用表检测变压器时，可通过检测变压器的绕组阻值来判断变压器是否损坏。

（1）变压器绕组阻值的检测

检测变压器绕组阻值主要包括检测变压器初、次级绕组本身的阻值、绕组与绕组之间的绝缘电阻、绕组与铁芯（或外壳）之间的绝缘电阻三个方面，如图9-25所示，检测之前，应首先区分待测变压器的绕组引脚，为变压器的检测提供参照标准。

（2）变压器输入、输出电压的检测

变压器主要的功能就是进行电压变换，在正常情况下，若输入端电压正常，则输出端应有变换后的电压输出。使用万用表检测变压器时，可通过检测变压器的输入、输出电压来判断变压器是否损坏。

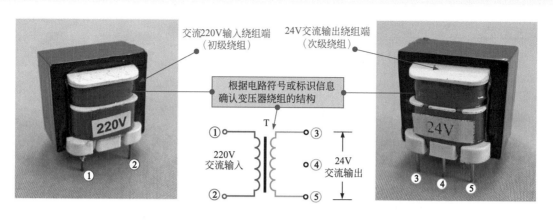

交流220V输入绕组端
（初级绕组）

24V交流输出绕组端
（次级绕组）

根据电路符号或标识信息
确认变压器绕组的结构

220V
交流输入

24V
交流输出

红、黑表笔分别搭在待测变压器初、次级绕组任意两引脚上。若变压器有多个次级
绕组，应依次检测各次级与初级绕组之间的阻值、次级绕组与次级绕组之间的阻值

初级绕组引脚

次级绕组引脚

黑表笔

红表笔

在正常情况下，检测的阻值应均为无穷大。若绕组间有一定
的阻值或阻值很小，则说明所测变压器绕组间存在短路现象

(a) 变压器绕组与绕组之间阻值的检测

变压器绕组
阻值的检测
方法

将万用表的红、黑表笔分别搭在
待测变压器的初级绕组两引脚上

从万用表的显示屏上读取出实测
初级绕组的阻值为2.2kΩ，正常

初级绕组引脚

检测电阻值
时，不区分正、
负极，红、黑
表笔直接搭在
测试点上即可

黑表笔

红表笔

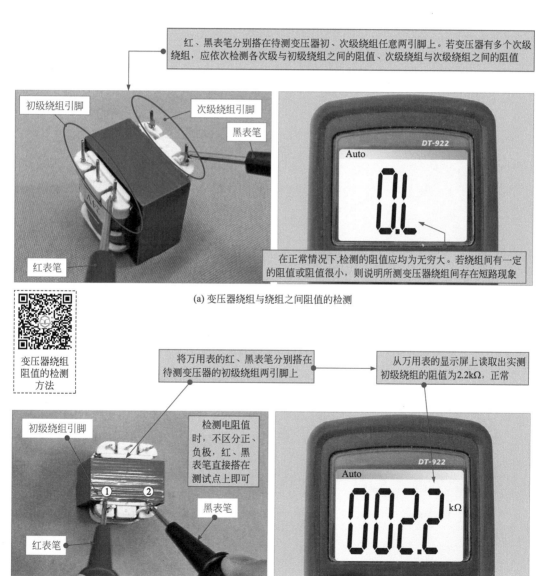

图9-25

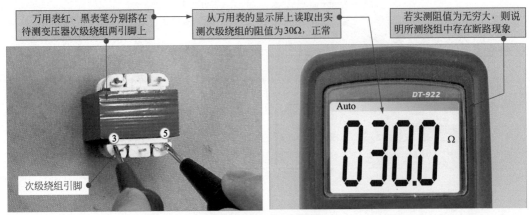

万用表红、黑表笔分别搭在待测变压器次级绕组两引脚上

从万用表的显示屏上读取出实测次级绕组的阻值为30Ω，正常

若实测阻值为无穷大，则说明所测绕组中存在断路现象

次级绕组引脚

(b) 检测变压器绕组本身阻值的操作

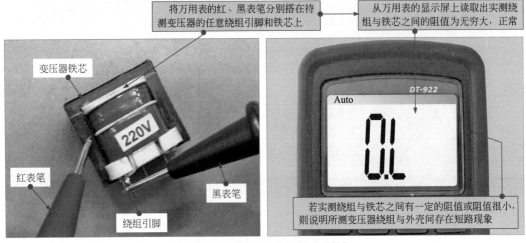

将万用表的红、黑表笔分别搭在待测变压器的任意绕组引脚和铁芯上

从万用表的显示屏上读取出实测绕组与铁芯之间的阻值为无穷大，正常

变压器铁芯

220V

红表笔

黑表笔

绕组引脚

若实测绕组与铁芯之间有一定的阻值或阻值很小，则说明所测变压器绕组与外壳间存在短路现象

(c) 检测变压器绕组与铁芯之间阻值的操作

图 9-25　变压器绕组的阻值检测方法

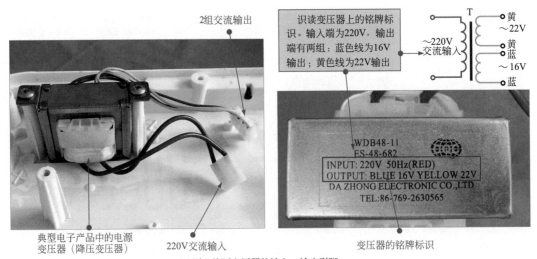

2组交流输出

识读变压器上的铭牌标识。输入端为220V，输出端有两组：蓝色线为16V输出；黄色线为22V输出

黄
~22V
~220V
交流输入
黄
蓝
~16V
蓝

WDB48-11
ES-48-682
INPUT: 220V 50Hz(RED)
OUTPUT: BLUE 16V YELLOW 22V
DA ZHONG ELECTRONIC CO.,LTD
TEL:86-769-2630565

典型电子产品中的电源变压器（降压变压器）

220V交流输入

变压器的铭牌标识

(a) 区分待测变压器的输入、输出引脚

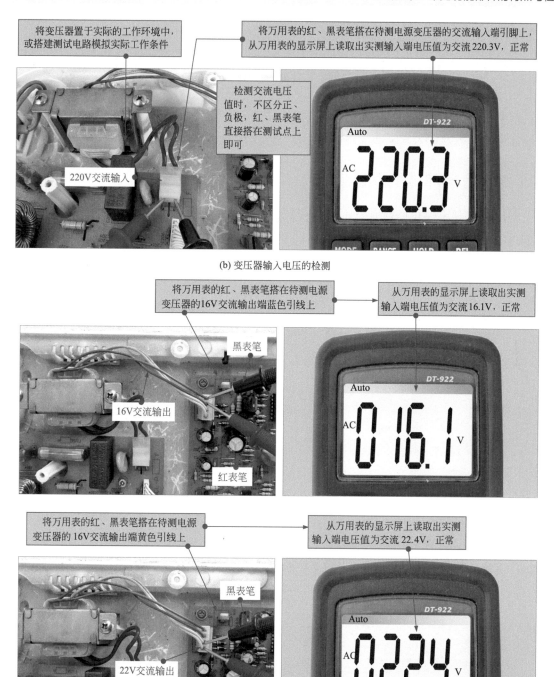

(b) 变压器输入电压的检测

(c) 变压器输出电压的检测

图9-26 变压器输入、输出电压的检测操作

使用万用表检测变压器输入、输出端的电压时，需要将变压器置于实际的工作环境中，或搭建测试电路模拟实际工作条件，并向变压器输入一定值的交流电压，然后用万用表分别检测输入、输出端的电压值，如图9-26所示。检测之前，应首先区分待测变压器的输入、输出引脚，了解其输入、输出电压值，为变压器的检测提供参照标准。

9.7
散热部件

散热部件主要应用于电子产品中的发热性元件中，能够高效地把发热性电子部件产生的热量向外部散发，大大降低发热性电子部件及采用发热性元件的电子产品的内部温度。

9.7.1 散热部件的功能特点

在电子产品中，我们通常会看到各种散热部件，都起到散发热量的作用。图9-27为典型的散热部件。

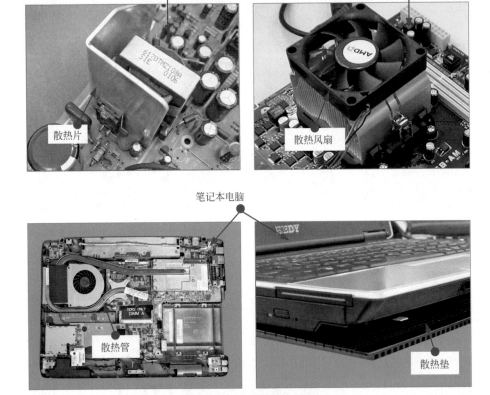

图9-27 典型的散热部件

9.7.2 散热部件的检测

在散热部件中，需要检测判断好坏的一般是散热风扇，其他散热部件基本上不易损坏，下面我们就来了解一下散热风扇的检测方法。检测时，应先观察风扇组件的连接引线插接是否良好、检查扇叶下面的电动机有无锈蚀等迹象，若从外观无法确定，再使用万用表进行检测。图9-28为散热风扇的检测方法。

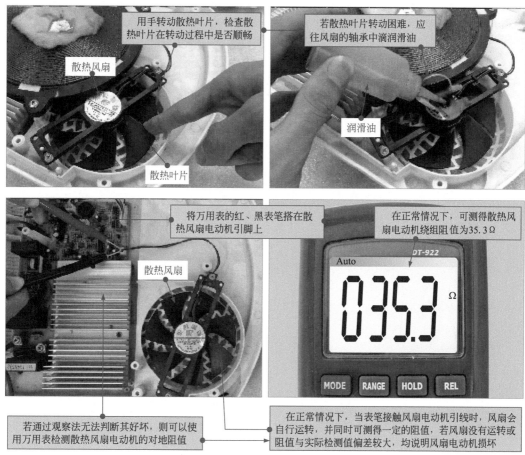

图9-28　散热风扇的检测方法

9.8
接插件

接插件是指设备与设备之间或设备内各电路之间的连接插口或插件，是电子产品间或电路间信息传输的通道，在电子产品中基本上都设有接插件。

9.8.1　接插件的功能特点

接插件的种类较多，根据接插件连接形式的不同，主要有外部接插件和内部接插件，不同种类接插件的功能各不相同，应用领域也不相同。图9-29为接插件的功能特点。

9.8.2　接插件的检测

接插件是电子产品中最常用的零部件之一，内部损坏或连接线断裂、老化都会影响信息的传输。因此，接插件的检测是非常重要的。图9-30为接插件的检测方法。

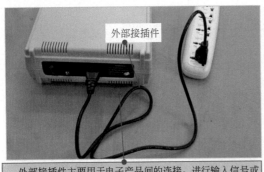

外部接插件主要用于电子产品间的连接，进行输入信号或输出信号传输的接插件。常用的外部接插件有通用接插件和专用接插件

内部接插件主要用于连接电子产品内部的线路板，进行数据、信号的传输。常用的内部接插件有插座式接插件、针脚式接插件、压接式接插件

图9-29　接插件的功能特点

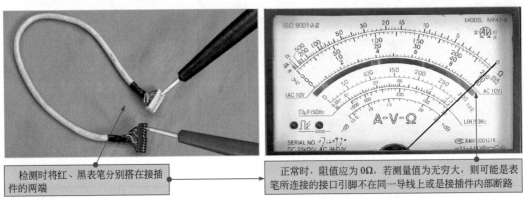

检测时将红、黑表笔分别搭在接插件的两端

正常时，阻值应为 0Ω，若测量值为无穷大，则可能是表笔所连接的接口引脚不在同一导线上或是接插件内部断路

图9-30　接插件的检测方法

第 10 章

传感器与微处
理器电路

10.1
传感器控制电路

10.1.1 温度检测控制电路

温度检测控制电路主要是通过温度传感器对周围（环境）温度进行检测，一旦温度发生变化，控制电路便可根据温度的变化执行相应的动作。

（1）典型温度检测控制电路

图10-1为温度检测控制电路。温度传感器LM35D将温度检测值转换成直流电压送到电压比较器A2的⑤脚，A2的⑥脚为基准设定的电压，基准电压是由A1放大器和W1、W2微调后设定的值，当温度的变换使A2⑤脚的电压超过⑥脚时，A2输出高电平使VT导通，继电器J动作，开始启动被控设备，如加热器等设备。

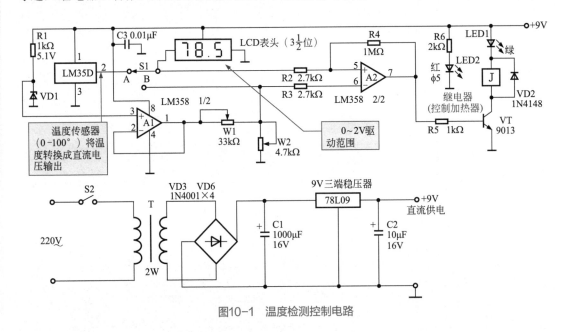

图10-1 温度检测控制电路

（2）蔬菜大棚中的典型温度检测控制电路

图10-2为蔬菜大棚中应用的温度检测控制电路。它主要是由温度传感器SL234M，运算放大器LM324、LM358，双时基电路NE556，继电器J和显示驱动电路等部分构成的。温度传感器输出的温度等效电压经多级放大器后在放大器（6）中与设定值进行比较，然后经NE556去控制继电器，再对大棚加热器进行控制，同时将棚内的温度范围通过发光二极管LED显示出来。

（3）热敏电阻式温度控制电路

图10-3所示是热敏电阻式温度控制电路。该电路采用热敏电阻器作为感温元件，当感应温度发生变化，热敏电阻器便会发生变化，从而进一步控制继电器，使压缩机动作。

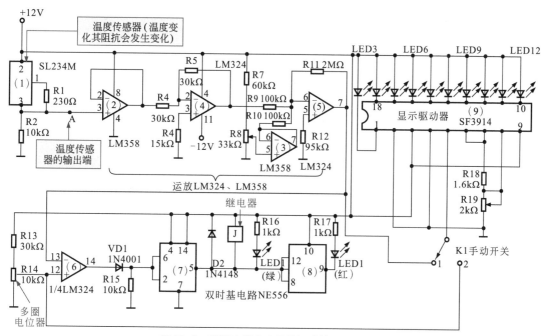

图10-2 蔬菜大棚中应用的温度检测控制电路

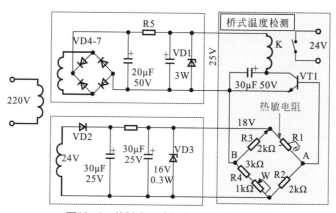

图10-3 热敏电阻式温度控制器的原理图

电路中三极管VT1的发射极和基极接在电桥的一条对角线上,电桥的另一对角线接在18V电源上。

RP为温度调节电位器。当RP固定为某一阻值时,若电桥平衡,则A点电位与B点电位相等,VT1的基极与发射极间的电位差为零,三极管VT1截止,继电器K释放,压缩机停止运转。

随着停机后箱内的温度逐渐上升,热敏电阻R1的阻值不断减小,电桥失去平衡,A点电位逐渐升高,三极管VT1的基极电流I_b逐渐增大,集电极电流I_c也相应增大,箱内温度越高,R1的阻值越小,I_b越大,I_c也越大。当集电极电流I_c增大到继电器的吸合电流时,继电器K吸合,接通压缩机电机的电源电路,压缩机开始运转,系统开始进行制冷运行,箱内温度逐渐下降。随着箱内温度的逐步下降,热敏电阻R1阻值逐步增大,此时三极管基极电流I_b变小,集电极电流I_c也变小,当I_c小于继电器的释放电流时,继电器 K 释放，压缩机电机断电停止工作。停机后箱内的温度又逐步上升，热敏电阻 R1 的阻值又不断减小，使电路进行下一次工作循环，从而实现了箱内温度的自动控制。

目前，热敏电阻式温度控制器已制成集成电路式，其可靠性较高并且可通过数字显示有关信息。电子式（热敏电阻式）温度控制器是利用热敏电阻作为传感器，通过电子电路控制继电器的开闭，从而实现自动温控检测和自动控制的功能。

图 10-4 为桥式温度检测电路的结构。该电路是由桥式电路、电压比较放大器和继电器等部分组成。在 C、D 两端接上电源，根据基尔霍夫定律，当电桥的电阻 R1R4=R2R3 时，A、B 两点的电位相等，输出端 A 与 B 之间没有电流流过。热敏电阻的阻值 R1 随周围环境温度的变化而变化，当平衡受到破坏时，A、B 之间有电流输出。因此，在构成温度控制器时，可以很容易地通过选择适当的热敏电阻来改变温度调节范围和工作温度。

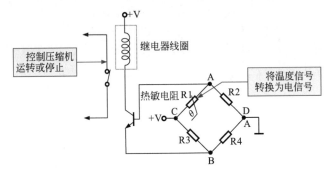

图10-4　桥式温度检测电路的结构

（4）自动检测加热电路

图 10-5 为一种简易的小功率自动加热电路。该电路主要是由电源供电电路和温度检测控制电路构成的。

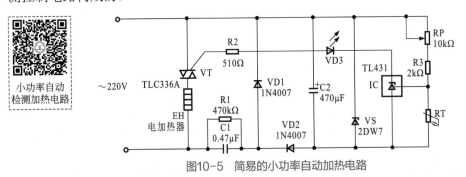

图10-5　简易的小功率自动加热电路

电源供电电路主要是由电容器 C1、电阻器 R1、整流二极管 VD1、VD2、滤波电容器 C2 和稳压二极管 VS 等部分构成的；温度检测控制电路主要是由热敏电阻器 RT、电位器 RP、稳压集成电路 IC、电加热器及外围相关元件构成的。

电源供电电路输出直流电压分为两路：一路作为 IC 的输入直流电压；另一路经 RT、R3 和 RP 分压后，为 IC 提供控制电压。

RT 为负温度系数热敏传感器，其阻值随温度的升高而降低。当环境温度较低时，RT 的阻值较大，IC 的控制端分压较高，使 IC 导通，二极管 VD3 点亮，VT 受触发而导通，电加热器通电开始升温。当温度上升到一定温度后，RT 的阻值随温度的升高而降低，使集成电路控制端电压降低，VD3 熄灭、VT 关断，EH 断电停止加热。

图 10-6 为一种典型的 NE555 控制的自动检测加热电路。该电路主要是由电源电路、温度检测控制电路构成的。

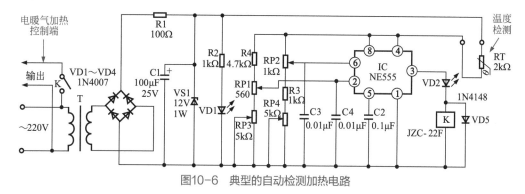

图10-6 典型的自动检测加热电路

电路中，电源电路主要由交流输入部分、电源开关 K、降压变压器 T、桥式整流电路（VD1~VD4）、电阻器 R1、电源指示灯 VD1、滤波电容器 C1 和稳压二极管 VS1 构成。

温度检测电路是由热敏电阻 RT、555 集成电路 IC（NE555）、电位器 RP1~RP3、继电器 K、发光二极管 VD2 及外围相关元件构成的。其中，RT 为负温度系数热敏电阻，其阻值随温度的升高而降低。

交流 220V 电压经变压器 T 降压、桥式整流电路整流、电容滤波、二极管稳压后产生约 12V 的直流电压，为集成电路 IC 提供工作电压。当该电路测试到环境温度较低时，热敏电阻器 RT 的阻值变大，集成电路 IC 的②、⑥脚电压降低，③脚输出高电平，VD2 点亮，继电器 K 得电吸合，其常开触头将电加热器的工作电源接通，使环境温度升高；同样，当环境温度升高的一定温度时，RT 的阻值变小，集成电路 IC 的②、⑥脚电压升高，③脚输出低电平，VD2 熄灭，继电器 K 释放，其常开触头将电加热器的工作电源切断，使环境温度逐渐下降。

10.1.2 湿度检测控制电路

（1）湿度检测报警电路

湿度反映大气干湿的程度，测量环境湿度对工业生产、天气预报、食品加工等非常重要。湿敏传感器是对环境相对湿度变换敏感的元件，通常由感湿层、金属电极、引线和衬底基片组成。

图 10-7 为施密特湿度检测报警电路。可以看到，由三极管 VT1 和 VT2 等组成的施密特电路，当环境湿度小时，湿敏电阻器 RS 电阻值较大，施密特电路输入端处于低电平状态，VT1 截止，VT2 导通，红色发光二极管点亮；当湿度增加时，RS 电阻值减小，VT1 基极电流增加，VT1 集电极电流上升，负载电阻器 R1 上电压降增大，导致 VT2 基极电压减小，VT2 集电极电流减小，由于电路正反馈的工作使 VT1 饱和导通，VT2 截止，使 VT2 的集电极接近电源电压，红色发光二极管熄灭。同样道理，当湿度减少时，导致另一个正反馈过程，施密特电路迅速翻转到 VT1 截止，VT2 饱和导通状态，红色发光二极管从熄灭跃变到点亮。

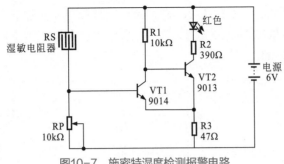

图10-7　施密特湿度检测报警电路

（2）自动喷灌控制电路

图10-8为典型的喷灌控制电路。该电路主要是由湿度传感器、检测信号放大电路（晶体管 VT1、VT2、VT3 等）、电源电路（滤波电容 C2、桥式整理电路 UR、变压器 T）和直流电动机 M 等构成的。

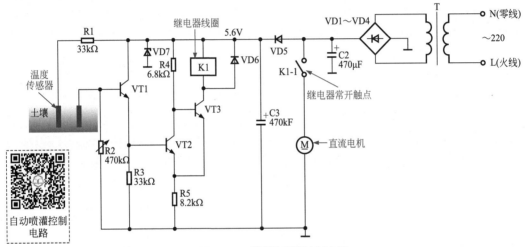

图10-8　典型的喷灌控制电路

在该电路中，湿度传感器用于检测土壤中的湿度情况，直流电动机 M 用于带动喷灌设备动作。

当喷灌设备工作一段时间后，土壤湿度达到适合农作物生长的条件，此时湿度传感器的电阻值变小，此时 VT1 导通，并为 VT2 基极提供工作电压，VT2 也导通。VT2 导通后直接将 VT3 基极和发射极短路，因此 VT3 截止，从而使继电器线圈 K1 失电断开，并带动其常开触点 K1-1 恢复常开状态，直流电动机断电停止工作，喷灌设备停止喷水。

当土壤湿度变干燥时，湿度传感器的电阻值增大，导致 VT1 基极电位较低，此时 VT1 截止，VT2 截止，VT3 的基极由 R4 提供电流而导通，继电器线圈 K1 得电吸合，并带动常开触点 K1-1 闭合，直流电机接通电源，开始工作。

（3）土壤湿度检测电路

图 10-9 为一种常见的土壤湿度检测电路，该电路的传感器器件是由探头式湿度传感器构成的。

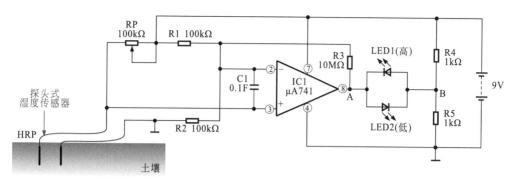

图10-9　由湿度探头传感器构成的土壤湿度检测电路

该电路主要通过两个发光二极管的显示状态指示土壤的不同湿度状态：当两个二极管都不发光或发光暗淡时，说明土壤湿度适于所种植物种的生长；当LED1亮而LED2不亮时，说明土壤湿度过高；当LED1不亮而LED2亮时，显示土壤湿度过低。

探头式湿度传感器的探头是插在被检测的土壤中的，其探头根据所感知土壤湿度呈现不同的电阻值，并与电阻器R1、R2和RP构成桥式电路。首先记录当土壤湿度适合种植物生长时所检测到的电阻值，并通过调节RP的电阻将其设置为与传感器探头两端的土壤电阻值与RP的电阻值相等，此时桥式电路处于平衡状态，运算放大器IC1的两个输入端之间电位差为零，其⑧脚输出电压约为电源电压的一半。由于电阻器R4、R5的分压值也为电源电压的一般，故发光二极管LED1和LED2都不发亮。此时土壤湿度合适。

当土壤过于潮湿时，传感器探头输出的电阻信号远小于RP的阻值，此时电桥失去平衡，则运算放大器IC1的②脚电压大于其③脚电压，IC1的⑧脚输出低电平，此时LED1亮，LED2灭，显示土壤湿度过高。

当土壤过于干燥时，传感器探头输出的电阻信号远高于RP的阻值，也使得电桥失去平衡，IC1的②脚电压小于③脚电压，IC1的⑧脚输出高电平，此时LED1灭，LED2亮，显示土壤湿度过低。

（4）粮库湿度检测和报警电路

图10-10为粮库湿度检测器电路原理图。该电路只要是由电容式湿度传感器CS、555时基振荡电路IC1、倍压整流电路VD1、VD2及湿度指示发光二极管等构成的。

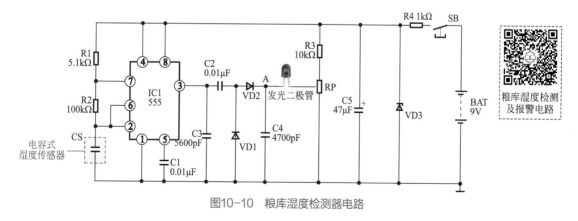

图10-10　粮库湿度检测器电路

该电路中，电容式湿度传感器用于监测粮食的湿度变化，当粮食受潮，湿度增大时，该电容器的电容量减小，其充放电是时间变短，引起时基振荡电路②、⑥脚外接的时间常数变小，则其内部振荡器的谐振频率升高。当 IC1 ③脚输出的频率升高时，该振荡信号经耦合电容器 C2 后，由倍压整流电路 VD1、VD2 整流为直流电压。频率的升高引起 A 点直流电压的升高，当发光二极管左侧电压高于右端电压时，发光二极管发光。

也就是说，当发光二极管发光时，粮食的湿度较大。若该电路用于监测储藏粮食湿度的情况，则当二极管发光时，应对粮库实施通风措施，否则湿度过大，粮食容易变质。

10.1.3　气体检测控制电路

（1）煤气报警电路

图 10-11 为由气敏电阻器等元件构成的家用煤气报警器电路，此电路中 QM-N10 是一个气敏电阻器。220V 市电经电源变压器 T1 降至 5.5V 左右，作为气敏电阻器 QM-N10 的加热电压。气敏电阻器 QM-N10 在洁净空气中的阻值为几十千欧姆，当接触到有害气体时，电阻值急剧下降，它接在电路中使气敏电阻的输出端电压升高，该电压加到与非门上。由与非门 IC1A、IC1B 构成一个门控电路，IC1C、IC1D 组成一个多谐振荡器。当 QM-N10 气敏传感器未接触到有害气体时，其电阻值较高，输出电压较低，使 IC1A ②脚处于低电位，IC1A 的①脚处于高电位，故 IC1A 的③脚为高电位，经 IC1B 反相后其④脚为低电位，多谐振荡器不起振，三极管 VT2 处于截止状态，故报警电路不发声。一旦 QM-N10 敏感到有害气体时，阻值急剧下降，在电阻 R2、R3 上的压降使 IC1A 的②脚处于高电位，此时 IC1A 的③脚变为低电平，经 IC1B 反相后变为高电平，多谐振荡器起振工作，三极管 VT2 周期性地导通与截止，于是由 VT1、T2、C4、HTD 等构成的正反馈振荡器间歇工作，发出报警声。与此同时，发光二极管 LED1 闪烁，从而达到有害气体泄漏警告的目的。

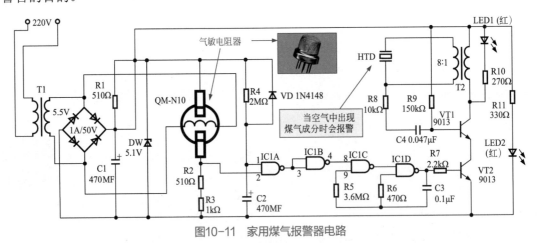

图10-11　家用煤气报警器电路

气敏电阻器是利用金属氧化物半导体表面吸收某种气体分子时，发生氧化反应和还原反应而使电阻值改变的特性而制成的电阻器。

（2）井下氧浓度检测电路

图 10-12 为一种井下氧浓度检测电路，该电路可用于井下作业的环境中，检测空气中

的氧浓度。电路中的氧气浓度检测传感器将检测结果变成直流电压，经电路放大器 IC1-1 和电压比较器 IC1-2 后，去驱动晶体管 VT1，再由 VT1 去驱动继电器，继电器动作后触点接通，蜂鸣器发声，提醒氧浓度过低，引起人们的注意。

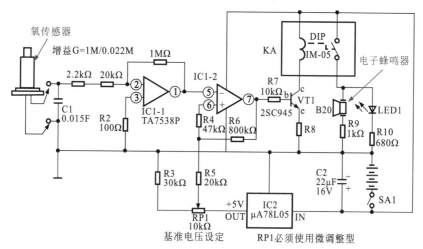

图10-12　井下氧浓度检测电路

10.1.4　磁场检测控制电路

图 10-13 为电磁炉的锅质检测电路。锅质检测是靠炉盘的感应电压（电动势）来实现的。

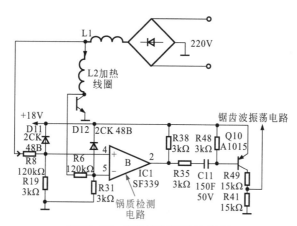

图10-13　电磁炉的锅质检测电路

工作时，交流 220V 经桥式整流堆输出 300V 的直流电压，300V 的直流电压经过平滑线圈 L1，将电压送到炉盘线圈 L2 上。炉盘线圈 L2 的工作是受门控管的控制，门控管的开、关控制在炉盘线圈里面就变成了开、关的电流变化（即高频振荡的开、关电流）。

当锅放到炉盘上，锅本身就成了电路的一部分。当锅靠近加热线圈，由于锅是软磁性材料，很容易受到磁化的作用，有锅和没有锅，以及锅的大小、厚薄，都会对加热线圈的感应产生一定的影响。从炉盘线圈取出一个信号经过电阻 R6 送到电压比较器（锅质检测电路）SF339 的⑤脚。SF339 是一个集成电路，它是由 4 个比较器构成的。SF339 的④和

⑤脚分别有正号和负号的标识，其中正号表示同向输入端（即输入的信号和输出的信号的相位相同），负号表示反向输入端（即输出信号和输入信号的相位相反）。以④脚的电压为基准，若线圈输出信号有变化，就会引起⑤脚输入的电压发生变化。如果⑤脚的输入电压低于④脚，那么电压比较器SF339②脚的输出电压就是高电平；如果⑤脚的电压升高超过了④脚的电压，那么SF339②脚的输出电压就会变成低电平。因此，如果SF339②脚输出的电压发生变化，就表明被检测的物质发生变化。锅质检测电路输出的信号经过晶体管Q10，会将变化的信号放大，然后用放大的信号去控制锯齿波振荡电路，这就是这种电压比较器（锅质检测电路）的工作过程。

10.1.5　光电检测控制电路

（1）光电防盗报警电路

图10-14是具有锁定功能的物体检测和报警电路，可用于防盗报警。如果有人入侵到光电检测的空间，光被遮挡，光敏晶体管截止，其集电极电压上升，使D1、VT1都导通，晶闸管也被触发而导通，报警灯则发光，只有将开关K1断开，才能解除报警状态。

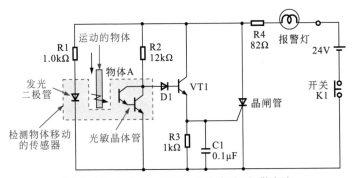

图10-14　具有锁定功能的物体检测和报警电路

（2）光控开关电路

图10-15为典型光控开关电路的结构图。该电路主要是由光敏电阻RG与时基集成电路IC1（SG555）、继电器线圈（KA）及继电器常开触点KA-1构成的。

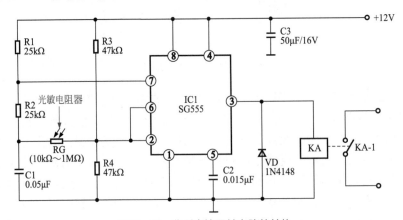

图10-15　典型光控开关电路的结构

该电路中，光敏电阻器 RG 可随光照强度的不同在 10kΩ～1MΩ 之间变化。

当无光照或光线较暗时，光敏电阻器 RG 呈高阻状态，其在电路中呈现的阻值远远大于 R3 和 R4，IC1 ③脚输出低电平，继电器不动作。

当有光照时，光敏电阻器 RG 电阻值变小，IC1 ③脚输出变为高电平，继电器线圈 KA 得电吸合，并带动常开触点 KA-1 闭合，被控制电路随之动作。

（3）光控照明电路

图 10-16 为采用光敏传感器（光敏电阻）的光控照明灯电路。该电路可大致划分为光照检测电路和控制电路两部分。

光照检测电路是由光敏电阻 RG、电位器 RP、电阻器 R1 和 R2 以及非门集成电路 IC1 组成的。控制电路是由时基集成电路 IC2、二极管 VD1 和 VD2、电阻器 R3～R5、电容器 C1 和 C2 以及继电器线圈 KA、继电器常开触点 KA-1 组成的。

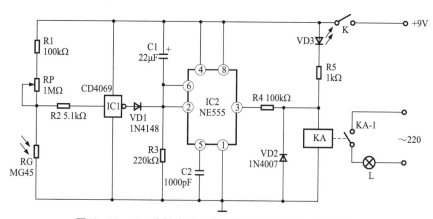

图10-16　采用光敏传感器（光敏电阻）的光控照明灯电路

当白天光照较强时，光敏电阻器 RG 的阻值较小，则 IC1 输入端为低电平，输出为高电平，此时 VD1 导通，IC2 的②、⑥脚为高电平，③脚输出低电平，发光二极管 VD2 亮，但继电器线圈 KA 不吸合，灯泡 L 不亮。

当光线较弱时，RG 的电阻值变大，此时 IC1 输入端电压变为高电平，输出低电平，使 VD1 截止；此时，电容器 C1 在外接直流电源的作用下开始充电，使 IC2 ②、⑥脚电位逐渐降低，③脚输出高电平，使继电器线圈 KA 吸合，带动常开触点闭合，灯泡 L 接通电源，点亮。

（4）自动应急灯电路

图 10-17 为一种采用电子开关集成电路的自动应急灯电路。用该电路制作成的自动应急灯在白天光线充足时不工作，当夜间光线较低时能自动点亮。

图 10-17 中，主要是由电源供电电路、光控电路和电子开关电路等部分构成的。在白天或光线强度较高时，光敏二极管 VSL 电阻值较小，三极管 VT1 处于截止状态，后级电路不动作，灯牌 EL 不亮；当到夜间光线变暗时，VSL 电阻值变大，使晶体管 VT1 基极获得足够促使其导通的电压值，后级电路开始进入工作状态，电子开关集成电路 IC 内部的电子开关接通，灯泡 EL 点亮。

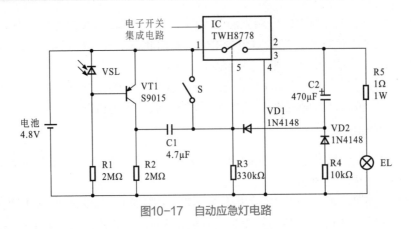

图10-17　自动应急灯电路

10.2
微处理器及相关电路

10.2.1　典型微处理器的基本结构

微处理器简称CPU，它是将控制器、运算器、存储器、输入和输出通道、时钟信号产生电路等集成于一体的大规模集成电路。由于它具有分析和判断功能，有如人的大脑，因而又被称为微电脑，广泛地应用于各种电子电器产品之中，为产品增添了智能功能。它有很多的品种和型号。

图10-18是典型CMOS微处理器的结构示意图、从图中可见，它是一种双列直插式大规模集成电路，是采用绝栅场效应晶体管制造工艺而成的，因而被称之为CMOS型微处理器，其中电路部分是由稳压电路、存储器电路等组成的。

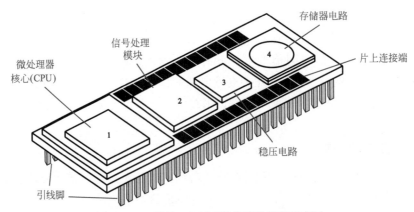

图10-18　典型CMOS微处理器的结构示意图

图10-19为CMOS 8位单片微处理器电路的内部结构框图（CXP750096系列）。

由图可知，该电路是由CPU、内部存储器（ROM、RAM）、时钟信号产生器、字符信号产生器、A/D转换器和多路输入输出接口电路构成的，通过内部程序的设置可以灵活的对多个输入和输出通道进行功能定义，以便于应用在各种自动控制的电路中。

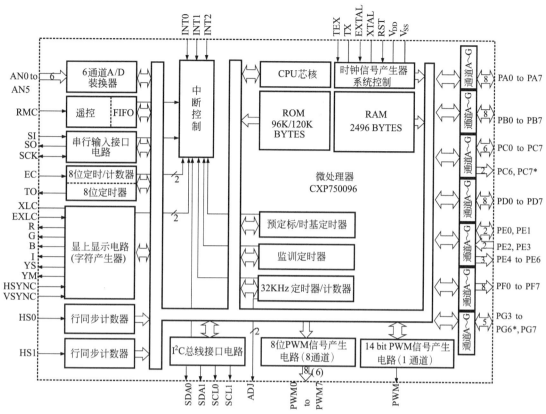

图10-19 CMOS 8位单片微处理器电路（CXP750096系列）

10.2.2 微处理器的外部电路

（1）输入端保护电路

CMOS 微处理器是一种大规模集成电路（LSI），其内部是由 N 沟道或 P 沟道场效应晶体管构成的，如果输入电压超过 200V 会将集成电路内的电路损坏，为此在某些输入引脚要加上保护电路，如图 10-20 所示。

由于各种输入信号的情况不同，当各引脚之间加有异常电压的情况下，保护电路形成电路通道从而对 LSI（大规模集成电路）内部电路实现了保护。其保护电路的结构和原理如图 10-21 所示。

（2）复位电路

复位电路的结构和数据如图 10-22 所示。图 10-22（a）是微处理器复位电路的结构。微处理器的电源供电端在开机时会有一个从 0V 上升至 5V 的过程，如果在这个过程中启动，有可能出现程序错乱，为此微处理器都设有复位电路，在开机瞬间复位端保持 0V，低电平。当电源供电接近 5V 时（大于 4.6V），复位端的电压变成高电平（接近 5V）。此时微处理器才开始工作。在关机时，当电压值下降到小于 4.6V 时复位电压下降为零，微处理器程序复位，保证微处理器正常工作。图 10-22（b）所示为电源供电电压和复位电压的时间关系。

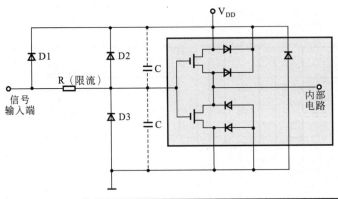

钳位二极管	耐压	IC内的晶体管	耐压
D1、D2	30~40V	P沟道	30V
D3	30~40V	N沟道	40V

图10-20　LSI输入端子保护电路

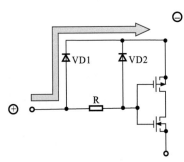

(a) 输入端与电源之间的通路

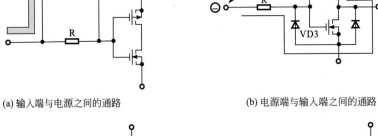

(b) 电源端与输入端之间的通路

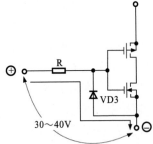

(c) 输入端与地线之间形成通路

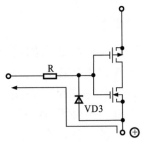

(d) 地线与输入端之间形成通路

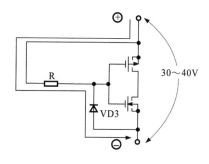

(e) 输入信号为高电平时电源与地线之间形成通路

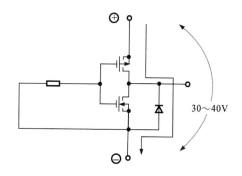

(f) 输入信号为低电平时电源与地线之间形成通路

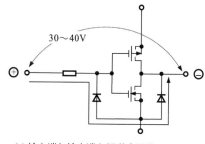

(g) 输入端与输出端之间形成通道

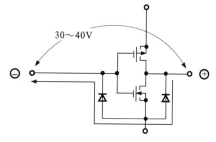

(h) 输出端与输入端之间形成通道

图10-21 各种保护电路的结构和工作原理

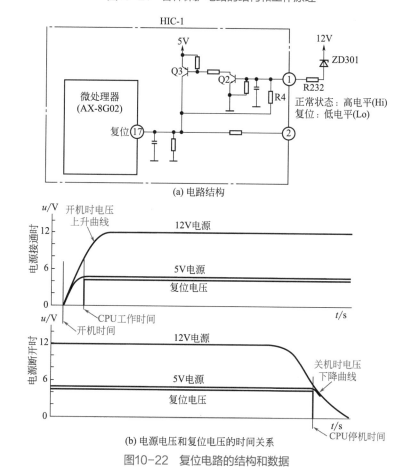

(a) 电路结构

(b) 电源电压和复位电压的时间关系

图10-22 复位电路的结构和数据

图 10-23 为海信 KFR-25GW/06BP 变频空调器室内机微处理器的复位电路。开机时微处理器的电源供电电压是由 0V 上升到 +5V，这个过程中启动程序有可能出现错误，因此需要在电源供电电压稳定之后再启动程序，这个任务是由复位电路来实现的。图中 IC1 是复位信号产生电路，②脚为电源供电端，①脚为复位信号输出端，该电压经滤波（C20、C26）后加到 CPU 的复位端 ㉔ 脚。复位信号比开机时间有一定的延时，延时时间长度，与 ㉔ 脚外的电容大小有关。

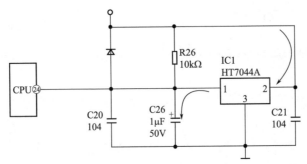

图10-23　海信KFR-25GW/06BP变频空调器室内机微处理器的复位电路

（3）微处理器的时钟信号产生电路

图 10-24 是 CPU 时钟信号产生电路的外部电路结构。外部谐振电路与内部电路一起构成时钟信号振荡器，为 CPU 提供时钟信号。

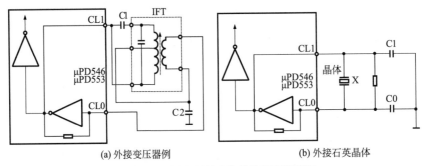

(a) 外接变压器例　　　(b) 外接石英晶体

图10-24　CPU时钟电路的外部电路结构

（4）CPU 接口的内部和外部电路

图 10-25 是 CPU 输入 / 输出通道的内部和外部电路。

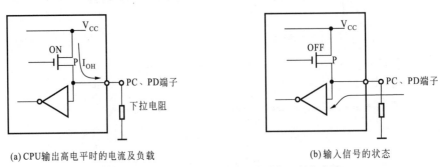

(a) CPU输出高电平时的电流及负载　　　(b) 输入信号的状态

图10-25　CPU输入/输出通道的内部和外部电路

图 10-26 是 CPU 输出通道的电路及工作状态，该通道采用互补推挽的输出电路。

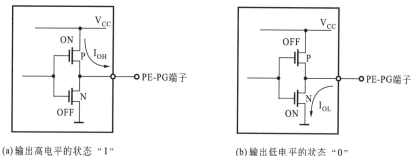

(a)输出高电平的状态 "1"　　　　　　(b)输出低电平的状态 "0"

图10-26　CPU输出通道的结构及工作状态

（5）CPU 的外部接口电路

图 10-27 是 CPU 的外部接口电路示意图。由于 CPU 控制的电子电气元件（或电路）不同，被控电路所需的电压或电流不能直接从 CPU 电路得到，因而需要加接口电路，或称转换电路。

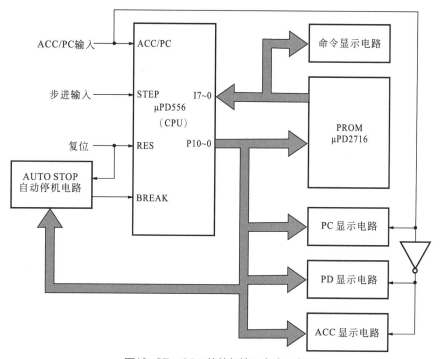

图10-27　CPU的外部接口电路示意图

图 10-28 是 CPU 的输入和输出接口电路的实例，输入和输出信号都经 MPD4050C 缓冲放大器，设置缓冲放大器的输入输出电压极性和幅度，可以满足电路的要求。

（6）CPU 对存储器（PROM）的接口电路

图 10-29 是 CPU 对存储器（PROM）的接口电路。微处理器（CPU）输出地址信号（P0～P10）给存储器，存储器将数据信号通过数据接口送给 CPU。

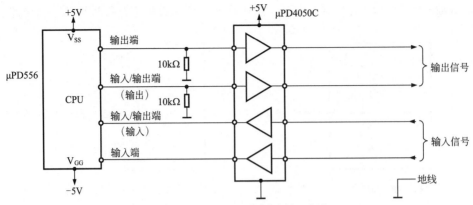

图10-28　CPU输入和输出接口电路

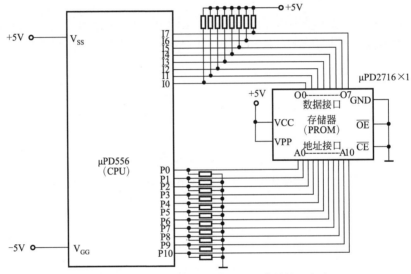

图10-29　CPU对存储器（PROM）的接口电路

（7）CPU的输入输出和存储器控制电路

图 10-30 是以 CPU 为中心的自动控制电路，该电路以 CPU 为中心，它工作时接收运行 / 自动停机 / 步进电路的指令，外部设有两个存储器存储工作程序，PH3～0 输出控制指令经 PLA 矩阵输出执行指令。同时 CPU 输出显示信号。

10.2.3　定时电路

（1）定时控制电路（CD4060）

图 10-31 为一种简易定时控制电路，它主要由一片 14 位二进制串行计数 / 分频集成电路和供电电路等组成。IC1 内部电路与外围元件 R4、R5、RP1 及 C4 组成 RC 振荡电路。

当振荡信号在 IC1 内部经 14 级二分频后，在 IC1 的③脚输出经 8192（2^{13}）次分频信号，也就是说，若振荡周期为 T，利用 IC1 的③脚输出作延时，则延时时间可达 8192T，调节 RP1 可使 T 变化，从而起到了调节定时时间的目的。

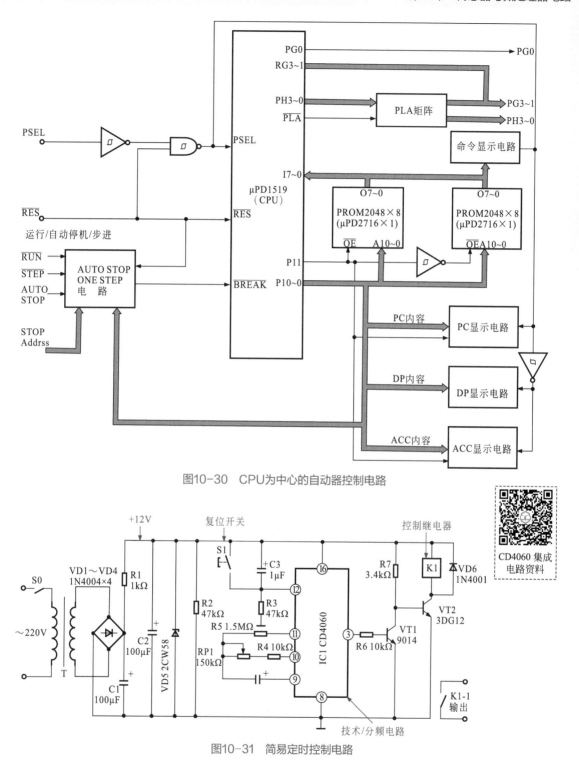

图10-30　CPU为中心的自动器控制电路

图10-31　简易定时控制电路

　　开机时，电容 C3 使 IC1 清零，随后 IC1 便开始计时，经过 8192T 时间后，IC1 ③脚输出高电平脉冲信号，使 VT1 导通，VT2 截止，此时继电器 K1 因失电而停止工作，其触点即起到了定时控制的作用。

电路中的 S1 为复位开关，若要中途停止定时，只要按动一下 S1，则 IC1 便会复位，计数器便又重新开始计时。电阻 R2 为 C3 提供放电回路。

（2）低功耗定时器控制电路（CD4541）

图 10-32 为一种低功耗定时器电路，它主要由高电压型 CMOS 程控定时器集成电路 CD4541 和供电电路等部分构成的。操作启动开关时，IC1 使 VT1 导通，继电器 K1 动作，K1-1 触点自锁，K1-2 闭合为负载供电。

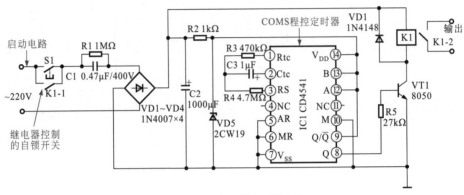

图10-32 低功耗定时器电路

（3）具有数码显示功能的定时控制电路（NE55+74LS193+CD4511）

图 10-33 是一种具有数码显示功能的定时控制电路，其采用数码显示可使人们能直观地了解时间进程和时间余量，并可随意设定时间。

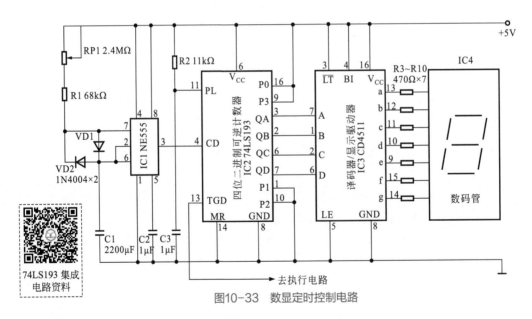

图10-33 数显定时控制电路

该电路中，IC1 为 555 时基电路，它与外围元件组成一个振荡电路。IC2 为可预置四位二进制可逆计数器 74LS193，它与 R2、C3 构成预置数为 9 的减法计数器。IC3 为 BCD-7 段锁存/译码/驱动器 CD4511，它与数码管 IC4 组成数字显示部分。C1 和 R1、

RP1用来决定振荡电路的翻转时间，为了使C1的充放电电路保持独立而互补影响，电路中加入了VD1、VD2。

电路中，在接通电源的瞬间，因电容C3两端的电压不能突变，故给IC2一个置数脉冲，IC2被置数为9。与此同时，C1两端的电压为零且也不能突变。故IC1的②、⑥脚为低电平，其③脚输出高电平，并为计数器提供驱动脉冲。IC2 ⑬脚输出脉冲信号的同时输出四位BCD信号，经译码器和驱动电路IC3去的、驱动数码管IC4。

（4）定时提示电路（CD4518）

图10-34是一种典型的定时提示电路，该电路的主体是IC1 COMS向上计数器电路，内设振荡电路。电源启动后，即为IC1复位，计数器开始工作，经一定的计数周期（64周期）后，Q7～Q10端陆续输出高电平，当Q7～Q10都为高电平时，定时时间到，VT1导通，蜂鸣器发声，提示到时。

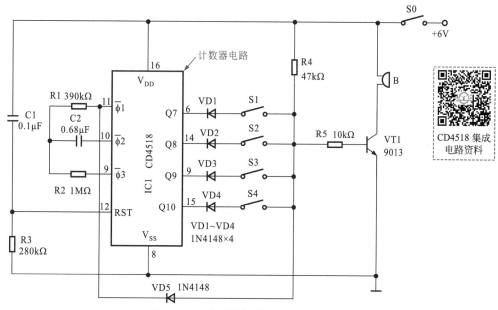

图10-34 典型的定时提示电路

（5）定时控制电路

图10-35为一种定时控制电路。该电路采用与非门CD4011和时基电路NE555等构成低功耗定时控制电路。该电路中，与非门CD4017组成R-S触发器作电子开关。当K1闭合接上电源瞬间，100kΩ电阻和0.01μF电容使YF2输入端处于低电平状态，即R-S触发器的S=0，R=1，则Q=0，YF1输出端被锁定在低电平"0"。晶体管9013截止，由NE555组成的单稳态定时器不工作。此时，整个电路仅有YF1、YF2和9013的静态电流1～2μA。当K2按下时，产生一个负脉冲，使YF1输出高电平并锁定。9013导通，NE555得电而开始进入暂稳态，NE555的③脚输出高电平，继电器J吸合。经延时一段时间后暂稳态结束，NE555又恢复稳态。这时③脚输出为低电平，继电器J释放。若要定时器重新工作，应切断一下电源开关K1，然后再合上，接着再按下K2即可。利用继电器的触点可对其他电器元件进行控制。

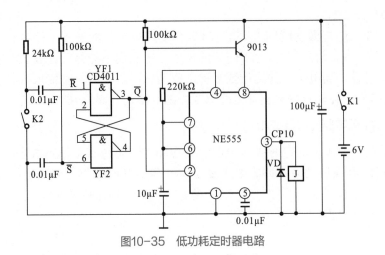

图10-35　低功耗定时器电路

10.2.4　延迟电路

（1）键控延迟启动电路

图 10-36 为一种延迟启动电路，该电路中 SN74123 为双单稳触发器，将终端设备的键控输出信号或其他的按键或继电器的输出信号进行延迟，延迟为 5ms 以上，它可以消除按键触点的振动。本电路可用于各种电子产品的键控输入电路。

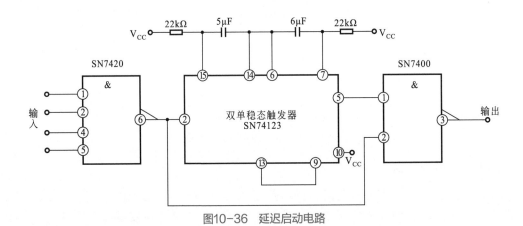

图10-36　延迟启动电路

（2）单脉冲展宽电路

图 10-37 为一种由单稳态触发器 CD4528 构成的单脉冲展宽电路。当单稳态触发器输入一个窄脉冲，在输出端会有一个宽脉冲。输出脉冲宽度 T_W 可由 C_X、R_X 调节。脉冲宽度可按 $T_W{\approx}0.69R_XC_X$ 计算。

（3）长时间脉冲延迟电路

图 10-38 为一种长时间脉冲延迟电路。该电路采用三个晶体管，能延长 D 触发器的延迟时间。在电容 C1 上的电压到达单结晶体管 VT1 的转移电平之前，VT1 仍处于截止状态。

延迟时间由 R1、C1 的时间常数决定。当 C1 上的电压到达触发电平时 VT1 导通，VT2 截止，CD4013B ①脚变为低电平，输出一个宽脉冲。

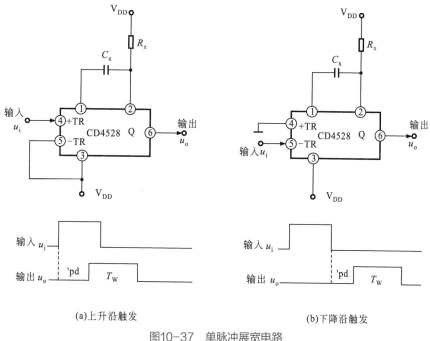

(a)上升沿触发　　　　　　　(b)下降沿触发

图10-37　单脉冲展宽电路

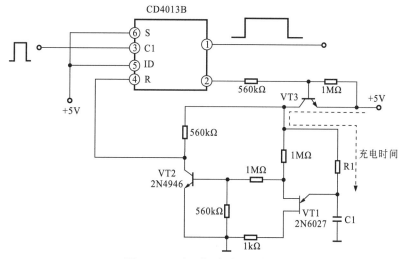

图10-38　长时间脉冲延迟电路

（4）延时熄灯电路

图 10-39 为一种延时熄灯电路。该电路中，接通按钮开关 S 瞬间，由于 CD4541 的 Q/$\overline{\text{QSEL}}$ 端接高电平，使 IC1 ⑧脚输出交电平，VT 晶体管饱和导通，继电器 KS1 吸合，照明供电电路处于自保持状态。经延时 5min 后，CD4541 ⑧脚输出变为低电平，继电器 KS1 释放，照明灯断电熄灭。

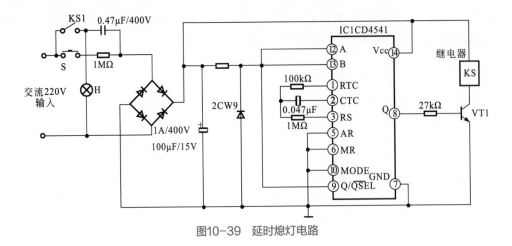

图10-39 延时熄灯电路

第 11 章

实用电路的
装配技能

11.1 印制电路板装配文件的识读

印制电路板是安装电子元器件的载体，一般来说，印制电路板是由基板和敷在其表面的线路组成的。通常将不装载元件的印制电路板叫做印制基板。印刷电路是基板上采用印刷法支撑的导电电路图形，它包括印制线路和印制元器件（如电容器、电感器等）。

11.1.1 印制电路板装配图的特点与识读

印制电路板装配图是表示电子元器件的安装图，它标识了各种元器件的焊装位置，在元器件的安装部位还标注了元器件的代号和极性。

典型的印制电路板装配图见图11-1。

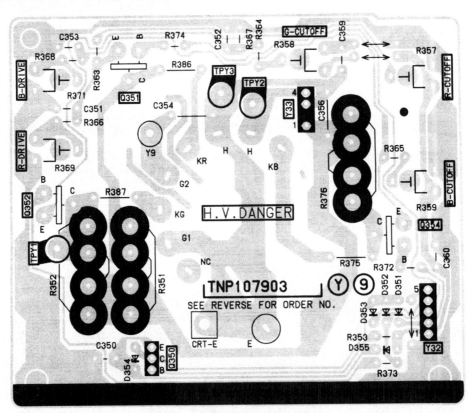

图11-1 典型的印制电路板装配图

图上示出了各种元器件的安装位置和连接关系。在每个元器件的安装位置标注有元器件的类型与序号标识。

一般情况下，印制电路板装配图一般包括以下几项内容：

① 表明产品装配结构的各种视图；

② 外形尺寸、安装尺寸、与其他产品连接的位置和尺寸以及所需检查的尺寸和极限偏差；

③ 装配时需采用的装配方法；

④ 在装配过程中或装配完毕后需要加工的说明；

⑤ 其他必要的技术要求和说明。

要想迅速地读懂各种印制电路板装配图，首先必须要掌握识读的基本方法和基本步骤，然后一步步从易到难，了解这些基本知识后才能对整机的印制电路板装配图进行识读。

11.1.2 安装图的特点与识读

安装图很好地指示了电子产品各组成部件之间的安装位置和安装关系。组装技术人员可根据安装图完成电子产品的组装和连接。

彩色电视机整机组合安装图见图 11-2。从图中可以知道彩色电视机整机外壳、显示部件、电路板、扬声器等各零部件之间的安装关系，从而指导完成安装操作。

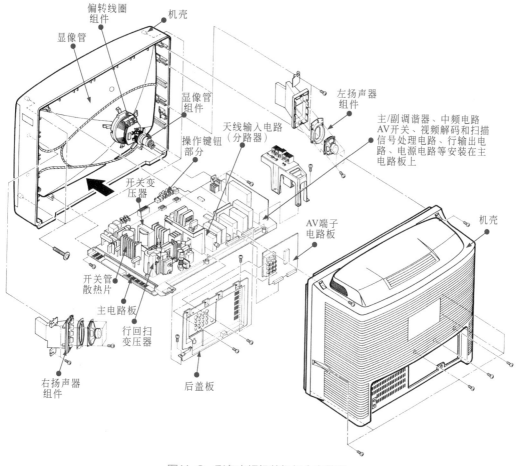

图11-2 彩色电视机整机组合安装图

11.2
整机布线图的识读

布线图主要用于表示电子产品内部元器件之间及其外部其他装置之间的连接关系，它是便于生产、安装、接线和检查的一种简图或表格，图中的装接元件和接线装置以简化轮廓绘制，焊接元器件以图形符号表示，导线和电缆用单线表示，与接线无关的固定件或元器件在布线图中不予画出。

11.2.1 整机布线图的特点

在布线图中，单线用来表示导线或线束，线扎可以适当加粗线束，用圆弧或45°表示单独导线汇成的线束，以及用虚线表示接线面背后的导线等。在布线图中每根导线都会按照接线的顺序、单元等编号（如第5个单元的第4根导线，线号为5-4）。具有多芯线的电缆会标出电缆型号、芯线数量、芯线截面积、实用芯线数和电缆编号，以及电缆中每根芯线的编号、名称以及芯线的来处和去向。

复杂产品的布线图可以经几个接线面分别绘出，或是分别采用剖视图、局部视图和顶视图以及按箭头的方向视图来说明。还有一种方法就是采用接线表的方式来说明多个导线的来处和去向，以及所用导线的牌号、截面积（或直径）、颜色和预定长度等。

11.2.2 整机布线图的识读案例

（1）录音机电路布线图

录音机电路布线图见图11-3。

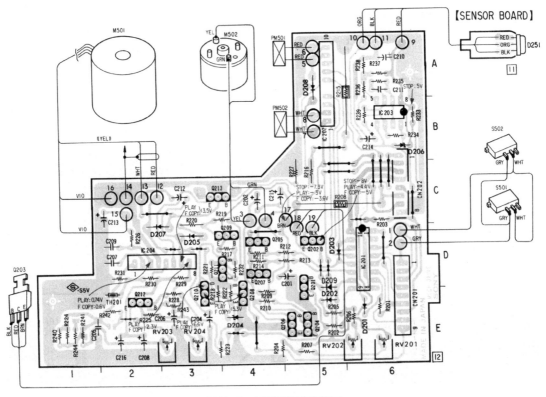

图11-3 录音机电路布线图

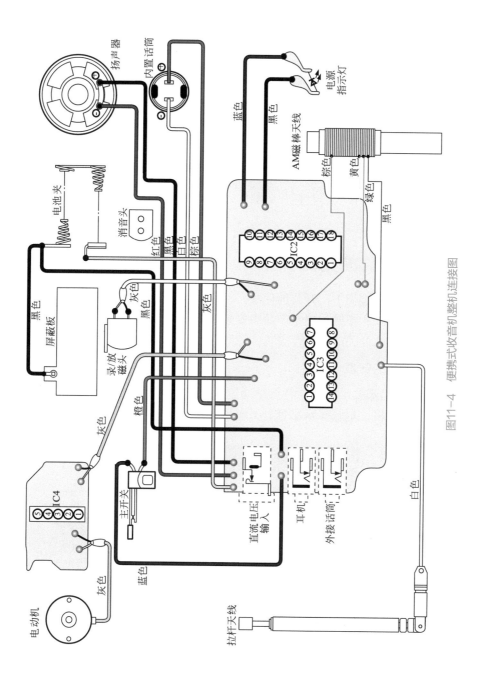

图11-4　便携式收音机整机连接图

在该布线图中，与印制电路板相连接的元器件、接线装置、焊接元器件的排列完全按照实际位置进行。可以很好地帮助产品组装技术人员将该产品的印制电路板与其他零部件进行连接。

（2）便携式收音机整机连接图

便携式收音机整机连接图见图 11-4。

该收音机有两块印制电路板和一些其他零部件，该图表示了电路板和各种零部件之间的连接关系。

11.3
电子产品零部件的安装

常见的电子产品零部件安装包括开关部件、操作按键、电声器件、传感器、显示器件等的安装。

11.3.1 开关部件的安装

在电子产品的组装过程中，开关部件是必不可少的元器件之一。开关部件通常安装在面板上以便于人工操控。不同的电子产品中安装的开关部件也有所不同。在组装电子产品时，要根据不同种类的开关部件进行安装。

（1）直键式开关的安装

图 11-5 为直键式开关。其功能特点是通过直接按动的摩擦接触形式对电子电路进行切换，常应用在电视机、电脑显示器等电子产品中。

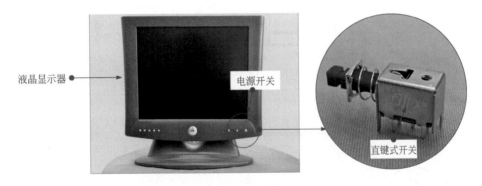

图11-5 直键式开关

直键式开关的安装见图 11-6。

对直键式开关进行安装时，根据电子产品的安装要求，选择规定型号的直键式开关，对应电路板上直键式开关的安装位置标识。

然后将直键的引脚插入相对应的焊盘孔中，加热电烙铁，借助焊锡对直键式开关的引脚与电路板进行焊接。直键式开关焊接完成后，检查开关的焊点是否符合焊接的质量要求。

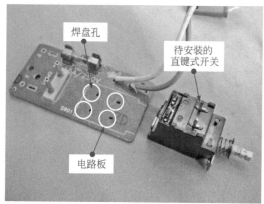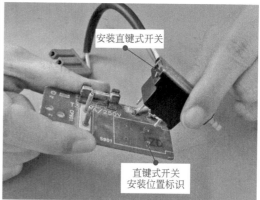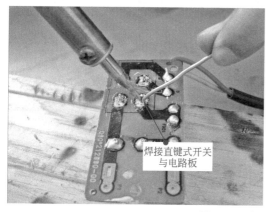

图11-6　直键式开关的安装

（2）拨动式开关的安装

图 11-7 为拨动式开关。其功能特点是拨动省力、定位可靠、使用方便，常应用在收录音机、MP3/MP4 等电子产品中。

拨动式开关的安装见图 11-8。

将拨动式开关的最上层螺母及其平垫圈拧下，为了保证拨动式开关安装后的美观，需要将拨动式开关的最下层螺母向上转动一段距离，以保证安装拨动式开关时，其滑动钮凸出外壳的距离不会太长，安装拨动式开关到带组装的电子产品外壳上。

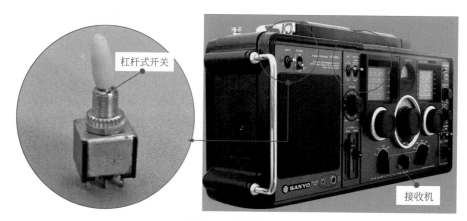

图11-7　拨动式开关

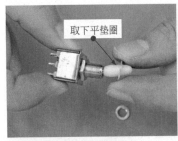

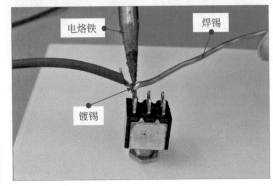

图11-8　拨动式开关的安装

　　将平垫圈装回开关上，并使用螺母固定拨动式开关，将处理后的线缆穿入到引脚的连接孔中，将预留的线缆进行绞紧，使用电烙铁对线缆进行镀锡操作。最后连接引脚。

（3）船形开关的安装

　　图 11-9 为船形开关，其特点是多为单刀数掷开关或多刀数掷开关，常应用在电池电路及工作状态电路的切换。

图11-9　船形开关

　　拨动式船形开关的安装见图 11-10。

　　将船形开关固定在待组装的电子产品外壳上，船形开关在连接时，使用剥线钳对连接的线缆进行剥线操作。

　　线缆完成剥线操作后，不可以直接与船形开关的引脚连接孔进行连接，需要将线缆绞紧，将绞紧后的线缆穿入船形开关的引脚连接孔中，穿入后，要预留 1cm 左右的线缆进行缠绕。

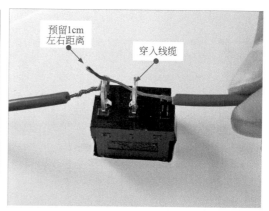
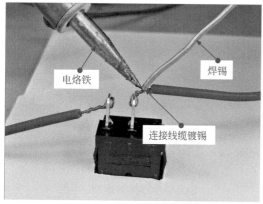

图11-10 拨动式船形开关的安装

将船形开关的另一端引脚与线缆进行连接。为了防止船形开关的连接线缆在使用的过程中出现脱落，需要使用电烙铁将连接后的线缆进行镀锡。

最后使用套管或绝缘胶带，对外露的部分进行绝缘操作。

（4）旋钮式开关的安装

旋钮式开关在电子产品中，主要以功能开关的形式进行电路的控制。安装时，要分别根据控制挡位进行线缆的连接。

图 11-11 为旋钮式多位开关。旋钮式开关常采用单刀多掷或多刀多掷开关，常应用在万用表、电风扇等电子产品中。

图11-11 旋钮式多位开关

旋钮式开关的安装见图 11-12。

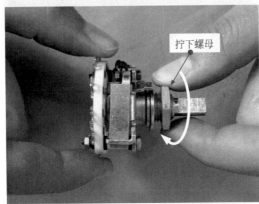
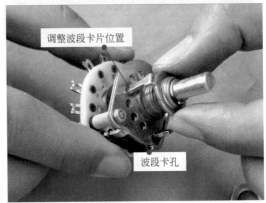
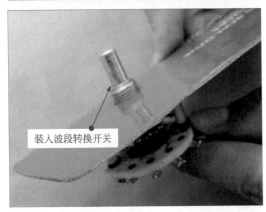
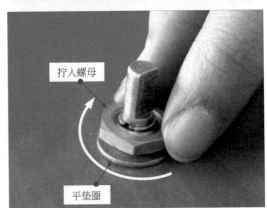

图11-12　旋钮式开关的安装

　　安装波段转换开关时，将波段转换开关的螺母及平垫圈拧下，取下波段转换开关的波段卡片。

　　根据电子产品的选段需要，将其放置在合适的波段卡孔中，将波段转换开关安装到待组装的外壳上。

　　将波段转换开关安装到待组装的外壳上后，重新装上波段转换开关的平垫圈，并拧入螺母，将螺母固定紧。

　　最后将所需要的触片与电路中的导线进行焊接。

（5）滑动式开关的安装

图 11-13 为滑动式开关，其功能特点是内部置有滑块，操作时通过不同方式的驱动来带动滑块动作，使开关接触或断开，从而起到开关作用，常应用在收录音机、MP3/MP4 等电子产品中。

图11-13　滑动式开关

滑动式开关的安装见图 11-14。

将滑动式开关的引脚插入到电路板的焊盘孔中，使用电烙铁将滑动式开关的引脚进行焊接。

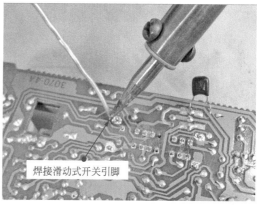

图11-14　滑动式开关的安装

提示说明

在焊接滑动式开关的引脚时，没有印制线的引脚可以不进行焊接。

不同形式的滑动式开关，其安装的方式也不相同，图 **11-15** 为引脚弯折的滑动式开关的安装。

将引脚弯折的滑动式开关安装到相对应的焊盘上，在电路板的下方放置一块木板进行隔热，并且对滑动式开关进行固定，以防止在焊接的过程中滑动式开关出现松动，影响焊接。使用电烙铁及焊锡对滑动式开关及电路板进行焊接。

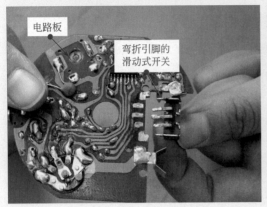

图11-15　引脚弯折的滑动式开关的安装

11.3.2　电声器件的安装

电声器件是指主要将音频电信号转换成声音信号，或者将声音信号转换成电信号的器件。电声器件在影音产品中应用十分广泛，例如在收音机、录音机、电视机、组合音响等设备中常见到的扬声器就是典型的电声器件。

图 11-16 为扬声器的实物外形。其功能特点是能够将电信号转换为声音，常应用在电视机、收音机、组合音响、家庭影院等视频、音频设备中。

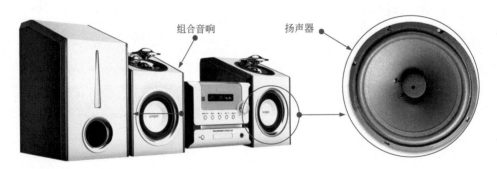

图11-16　扬声器的实物外形

扬声器的安装见图 11-17。

将扬声器放置到录音机的扬声处，由于扬声器本身没有固定点，因此，需要借助固定片将其固定在录音机所预留的固定处。

将固定片放置在扬声器的两侧，并使用固定螺栓对其进行固定。

放置扬声器

放置固定片

拧紧固定螺栓

焊接扬声器
音圈焊点

图11-17　扬声器的安装

提示说明

使用电烙铁对扬声器的音圈焊点与连接线缆进行焊接，并且可以根据音圈焊点处的正负极符号区分线缆正负极的连接。

11.3.3　传感器的安装

传感器件在电子产品主要是用来检测物理量或化学量，并将所测得物理量或化学量转换为便于处理与传输的电量的器件或装置，是一种将外界信号转换为电信号的器件。

电子产品中应用的传感器件的种类较多，分类方式也多种多样。通常根据其基本感知功能可分为光电传感器、温度传感器、湿度传感器、电磁（霍尔）传感器等。

（1）光敏晶体管的安装

图11-18为光敏晶体管，其功能特点是具有放大能力、灵敏度高，能够实现光电转换，常应用在光控电路板上。

光敏晶体管的安装见图11-19。

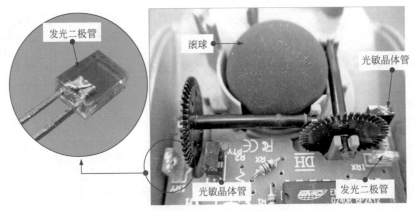

图11-18　光敏晶体管

图11-19　光敏晶体管的安装

　　将光敏晶体管的引脚放置到滚轮鼠标电路板的焊盘孔中。使用电烙铁将光敏晶体管的引脚与电路板进行焊接。

　　焊接完成后，将光敏晶体管引脚多余部分使用斜口钳进行剪掉。最后，检查焊点是否符合焊接质量的要求。

（2）光电感应器的安装

　　图11-20为光电感应器，其功能特点是捕捉光信号，并进行光电变换和识别处理，常应用在光电鼠标等电子产品中。

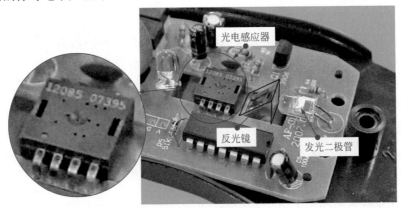

图11-20　光电感应器

光电感应器的安装见图11-21。

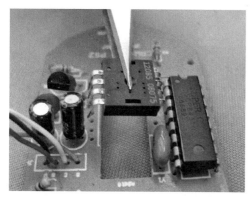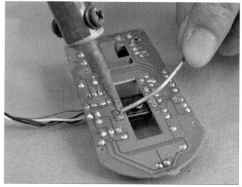

图11-21　光电感应器的安装

　　将光电感应器的引脚放置到光电鼠标电路板的焊盘孔中。使用电烙铁将光电感应器的引脚与电路板进行焊接。

　　焊接完成后，将光电感应器引脚多余部分使用斜口钳进行剪掉，最后检查焊点是否符合焊接质量的要求，即可将电子产品进行其他设备的组装。

11.3.4　显示器件的安装

　　显示器件主要是显示字符、图形或图像的器件，各种电子产品的工作状态也都由显示器件进行显示，显示器件在人机交互系统中是不可缺少的一个组成部分。

（1）液晶显示屏的安装

　　图11-22为液晶显示屏。其功能特点是用于显示字符、图形或图像，常应用在智能手机、电视机、计算机显示器、电子仪器仪表、遥控器等产品中以实现人机交互。

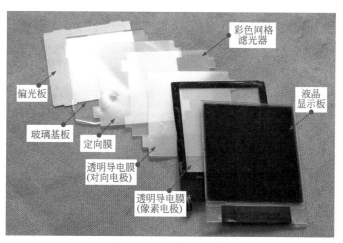

图11-22　液晶显示屏

　　图11-23为手机液晶显示屏的安装操作。

　　液晶显示屏的安装主要通过接口的接线处与手机连接。连接手机时，通过手机的连接端将液晶显示屏的接线处连接即可。

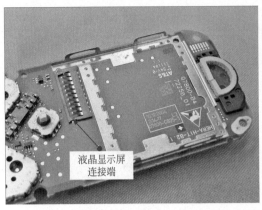

图11-23　手机液晶显示屏的安装

（2）数码管显示器件的安装

图11-24为数码管显示器件。其功能特点是采用发光二极管作为发光器件，常应用在电子显示屏、交通信息显示屏等电子产品中。

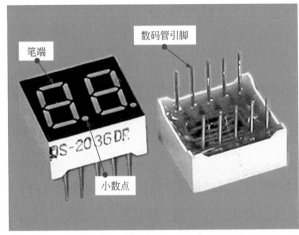
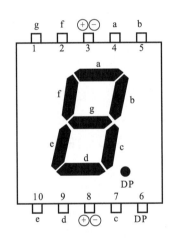

图11-24　数码管显示器件

数码管显示器件的安装见图11-25。

将数码管的引脚插入相对应的焊盘插孔中，使用电烙铁焊接数码管的引脚与焊盘即可。

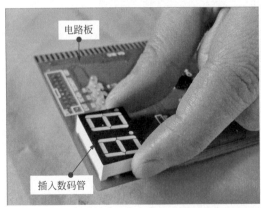
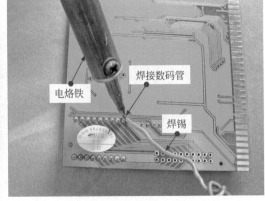

图11-25　数码管显示器件的安装

第 12 章

电子产品的检修
方法与焊接技能

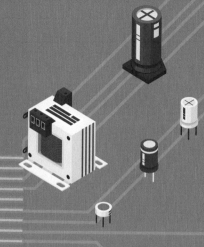

12.1
电子产品检修的基本方法

12.1.1 电子产品的常用检修方法

常见的电子产品电路检修方法主要有直观检查法，对比代换法，信号注入法和循迹法，电阻、电压检测法。

（1）直观检查法

直观检查法是维修判断过程的第一个步骤，也是最基本、最直接、最重要的一种方法，主要是通过看、听、嗅、摸来判断故障可能发生的原因和位置，记录其发生时的故障现象，从而有效地制定解决办法。

在使用观察法时应该重点注意以下几个方面：

① 观察电子产品是否有明显的故障现象，如是否存在元器件脱焊断线，电机是否转动，印制板有无翘起、裂纹等现象，并记录下来，以此缩小故障判断的范围。

采用观察法检查电子产品的明显故障实例见图 12-1。

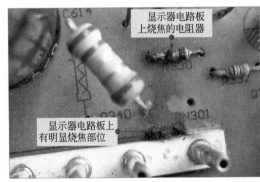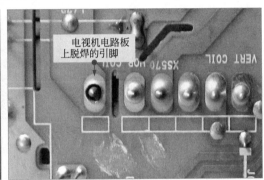

图 12-1　采用观察法检查电子产品的明显故障实例

② 听产品内部有无明显声音，如继电器吸合、电动机磨损噪声等。

③ 打开外壳后，依靠嗅觉来检查有无明显烧焦等异味。

④ 利用手触摸元器件如晶体管、芯片是否比正常情况下烫；各元器件是否松动；机器中的机械部有无明显卡紧、无法伸缩等。

采用触摸法检查电子产品的故障实例见图 12-2。

提示说明

在采用触摸法时，应特别注意安全，一般可将机器通电一段时间，切断电源后，再进行触摸检查。若必须在通电情况下进行时，触摸的必须是低电压电路。严禁用双手同时去接触交流电源附近的元器件，以免发生触电事故。在拨动有关元器件时，一定仔细观察故障现象有何变化，机器有无异常声音和异常气味，不要人为添加新故障。

图12-2　采用触摸法检查电子产品的故障实例

（2）对比代换法

对比代换法替换法是用好的元器件去代替可能有故障的元器件，以判断故障可能出现的位置和原因。

例如，对电磁炉等产品进行检修时，怀疑IGBT（电磁炉中关键的器件）故障，可用已知良好的晶体管进行替换。

使用对比代换法代换电磁炉中的IGBT见图12-3。

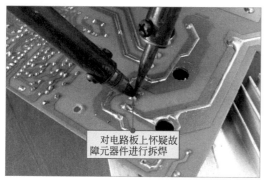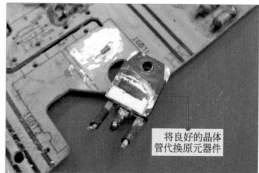

图12-3　使用对比代换法检修电磁炉故障实例

若代换后故障排除，则说明可疑元器件确实损坏；如果代换后，故障依旧，说明可能另有原因，需要进一步核实检查。

使用替换法时还应该注意以下几点：

① 依照故障现象判断故障。根据故障的现象类别来判断是不是某一个部件引起的故障，从而考虑需要进行替换的部件或设备。

② 按先简单再复杂的顺序进行替换。电子产品通常发生故障的原因是多方面的，而不是仅仅局限于某一点或某一个部件上。在使用替换法检测故障而又不明确具体的故障原因时，则要按照先简单后复杂的替换法来进行测试。

③ 优先检查供电故障。优先检查怀疑有故障的部件的电源、信号线，其次是替换怀疑有故障的部件，接着是替换供电部件，最后是与之相关的其他部件。

④ 重点检测故障率高的部件。经常出现故障的部件应最先考虑。若判断可能是由于某个部件所引起的故障，但又不敢肯定是否一定是此部件的故障时，便可以先用好的部件进行部件替换以便测试。

（3）信号注入和循迹法

信号注入和循迹法是应用最为广泛的一种检修方法。具体的方法是：为待测设备输入相关的信号，通过对该信号处理过程的分析和判断，检查各级处理电路的输出端有无该信号，从而判断故障所在。

图12-4为采用信号注入和循迹法检修彩色电视机的操作演示。

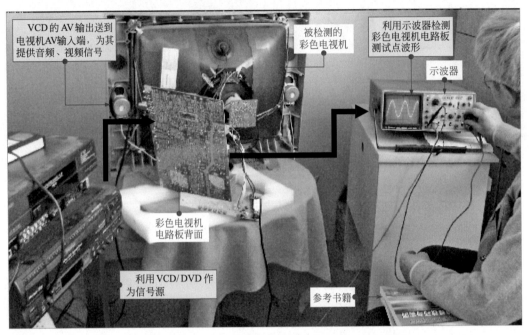

图12-4　采用信号注入和循迹法检修彩色电视机的操作演示

该方法遵循的基本判断原则即为若一个器件输入端信号正常，而无输出，则可怀疑为该器件损坏（注意有些器件需要为其提供基本工作条件，如工作电压。只有输入信号和工作电压均正常的前提下，无输出时，才可判断为该器件损坏）。

（4）电阻、电压检测法

电阻、电压检测法则主要是根据电子产品的电路原理图，按电路的信号流程，使用检测仪表对怀疑的故障元件或电路进行检测，从而确定故障部位。采用该方法检测时，万用表是使用最多的检测仪表，这种方法也是维修时的主要方法。通常，这种方法主要应用于电子产品电路方面的故障检修中。

① 电阻检测法是指使用万用表在断电状态下，检测怀疑元件的阻值，并根据对检测阻值结果的分析，来判断出待测设备中的故障范围或故障元件。

利用电阻检测法测量典型电子产品阻值的方法见图12-5。

② 电压检测法是指使用万用表在通电状态下，检测怀疑电路中某部位或某元件引脚端的电压值，并根据对检测电压值结果的分析，来判断出待测设备中的故障范围或故障元件。

利用电压检测法测量典型电子产品电压值的方法见图12-6。

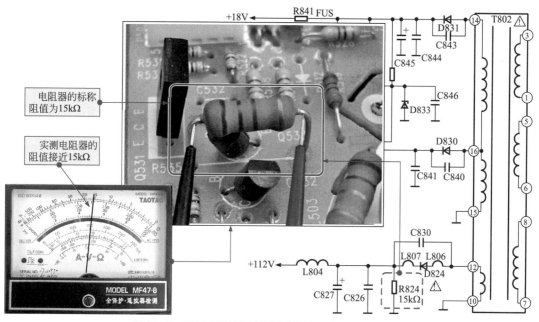

图 12-5 利用电阻检测法测量典型电子产品阻值的方法

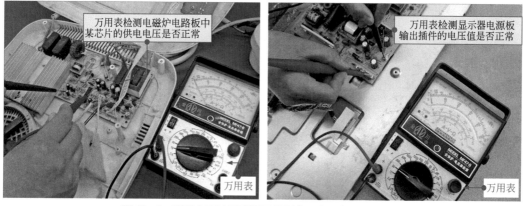

图 12-6 利用电压检测法测量典型电子产品电压值的方法

12.1.2 电子产品检修的安全注意事项

（1）电子产品拆装过程中的安全注意事项

① 注意操作环境的安全。在拆卸电子产品前，首先需要对现场环境进行清理，另外，对于一些电路板集成度比较高、内部元件多采用贴片式元件的电子产品，拆装时，应采取相应的防静电措施，如操作台采用防静电桌面，佩戴防静电手套、手环等。

防静电操作环境及防静电设备见图 12-7。

② 操作方面注意安全。目前，很多电子产品外壳采用卡扣卡紧，因此在拆卸产品外壳时，首先应注意先"感觉"一下卡扣的位置和卡紧方向，必要时应使用专业的撬片（如对液晶显示器、手机拆卸时），避免使用铁质工具强行撬开，否则会留下划痕，甚至会造成外壳开裂，影响美观。

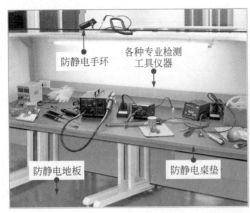
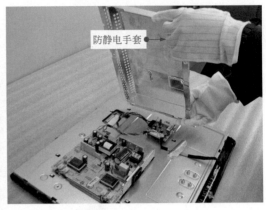

图 12-7　防静电操作环境及防静电设备

拆卸电子产品时，取下外壳操作时，应注意首先将外壳轻轻提起一定缝隙，然后通过缝隙观察产品外壳与电路板之间是否连接有数据线缆，然后再进行相应操作。

电子产品外壳拆卸注意事项见图 12-8。

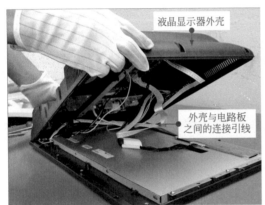
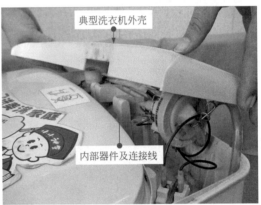

图 12-8　拆卸外壳时的注意事项

在进行接插件插拔操作时，一定要用手抓住插头后再将其插拔，且不可抓住引线直接拉拽，以免造成连接引线或接插件损坏。另外，插拔时还应注意找插件的插接方向。

拔插引线注意事项见图 12-9。

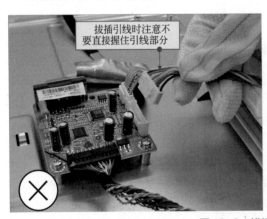
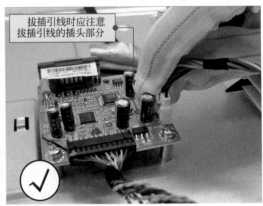

图 12-9　拔插引线注意事项

（2）电子产品检测中的安全注意事项

为了防止在检测过程中出现新的故障，除了遵循正确的操作规范和良好的习惯外，针对不同类型器件的检测应采取相应正确的安全操作方法，在此我们详细归纳和总结了几种产检器件在检测中的安全注意事项，供读者参考。

① 分立元件的检修注意事项。分立元件是指普通直插式的电阻、电容、晶体管、变压器等元件，在对这些元件进行检修前需要首先了解其基本的检修注意事项。

a. 静态环境下检测注意事项。静态环境下的检测是指在不通电的状态下进行的检测操作。通常在这种环境下的检测较为安全，但作为合格的检修人员，也必须严格按照工艺要求和安全规范进行操作。

另外值得一提的是，对于大容量的电容器等元件，即使在静态环境下检测，在检测之前也需要对其进行放电操作。因为大容量电容器存储有大量电荷，若不进行放电直接检测，极易造成设备损害。

例如，检测照相机闪光灯的电容器时，错误和正确的操作方法见图12-10。

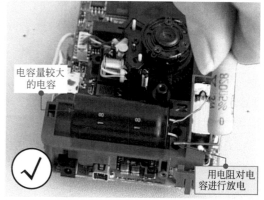

图 12-10　检测照相机闪光灯的电容器时，错误和正确的操作方法

从图12-10中可以看到，由于未经放电，电容器内大量电荷瞬间产生的火球差点对测量造成危害。正确的方法是在检测前可用一只小电阻与电容器两引脚相接，释放存储于电容器中的电量，防止在检测时烧坏检测仪表。

b. 通电环境下检测注意事项。在通电检测元件时，通常是对其电压及信号波形的检测，此时需要检测仪器的相关表笔或探头接地，因此要找到准确的接地点后，再进行测量。

首先要区分"冷地"和"热地"。通常，电子产品电路板与交流火线相连的部分被称之为"热地"，不与交流220V电源相连的部分被称之为"冷地"。

典型电子产品电路板（彩色电视机）上的"热地"区域标识及分立元件见图12-11。

除了要注意电路板上的"热地"和"冷地"外，还要注意在通电检修前要安装隔离变压器，严禁在无隔离变压器的情况下，用已接地的测试设备去接触带电的设备。严禁用外壳已接地的仪器设备直接测试无电源隔离变压器的电子产品，虽然一般的电子产品都具有电源变压器，当接触到较特殊的尤其是输出功率较大或对采用的电源性质不太了解的设备时，要弄清该电子产品是否带电，否则极易与带电的设备造成电源短路，甚至损坏元件，造成故障进一步扩大。

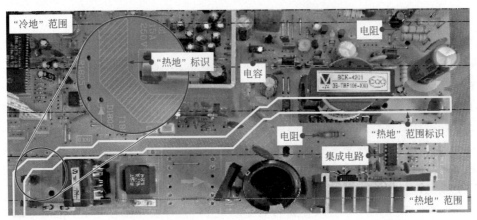

图 12-11 "热地"区域标识及分立元件

c. 接地安全注意。检测时需注意应首先将仪器仪表的接地端接地，避免测量时误操作引起短路的情况。若某一电压直接加到晶体管或集成电路的某些引脚上，可能会将元器件击穿损坏。

检测中，应根据电路图纸或电路板的特征确定接地端。检测设备和仪表接地操作见图12-12。

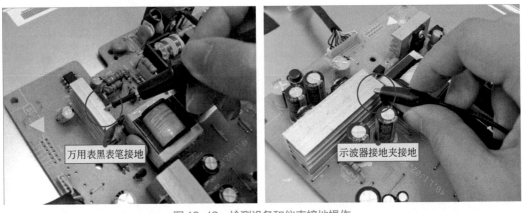

图 12-12 检测设备和仪表接地操作

另外，在维修过程中不要佩戴金属饰品，例如有人带着金属手链维修液晶显示器时，手链滑过电路板时会造成某些部位短路，损坏电路板上的晶体管和集成电路，使故障扩大。

② 贴片元件的检修注意事项。常见的贴片元件有很多种，如贴片电阻、贴片电容、贴片电感、贴片晶体管等。相对于分立元件来说，贴片元件的体积较小，集成度较高，引脚较为密集。检测表笔搭接不稳极易造成元件损坏。因此，检测时要特别注意测量表笔的准确。必要时可在测量表笔端进行改造，以适应引脚密集元件的测量。如图 12-13 所示为测量表笔的改造效果。

③ 集成电路的检测注意事项。集成电路的内部结构较复杂，引脚数量较多，在检修集成电路时，需注意以下几点。

a. 检修前要了解集成电路及其相关电路的工作原理。检查和维修集成电路前首先要熟悉所用集成块的功能、内部电路、主要电参数、各引出脚的作用以及各引脚的正常电压、波形、与外围元件组成电路的工作原理，为进行检修做好准备。

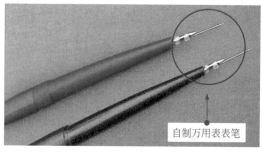
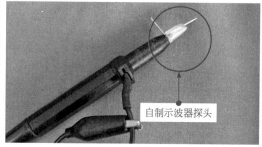

图 12-13　自制万用表表笔及示波器探头

b. 测试时不要使引脚间造成短路。由于集成电路的引脚密集，测量时，表笔或探头要握准，防止笔头滑动打火而造成集成电路引脚间短路，任何瞬间的短路都容易损坏集成电路，最好在与引脚直接连通的外围印刷电路上进行测量。

利用印制电路板检测点检测操作见图 12-14。

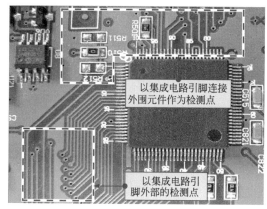
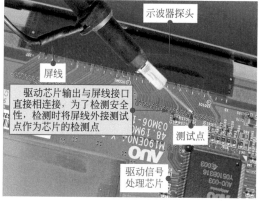

图 12-14　利用印制电路板检测点检测操作

（3）电子产品在焊装中的安全注意事项

在对电子产品的检修过程中，找到故障元件，对元件进行代换是检修中的关键步骤，该步骤中经常会使用到电烙铁、吸锡器等焊接工具，由于焊接工具是在通电的情况下使用，并且温度很高，因此，检修人员要正确使用焊接工具，以免烫伤。

焊接的实际操作见图 12-15。

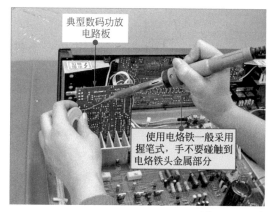
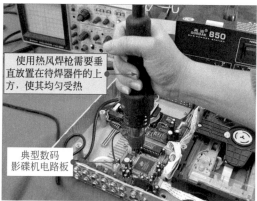

图 12-15　焊接的实际操作

焦接工具使用完毕后，要将电源切断，放到不易燃的容器或专用电烙铁架上，以免因焊接工具温度过高而引起易燃物燃烧，引起火灾。

另外，若焊接场效应管和集成块时，应先把电烙铁的电源切断后再进行，以防烙铁漏电造成元器件损坏。通电检查功放电路部分时，不要让功率输出端开路或短路，以免损坏厚膜块或晶体管。

（4）代换可靠性安全注意事项

对电子产品故障进行初步判断、测量后，代换损坏器件是检修中的重要步骤，在该环节需要特别注意的是，要保证代换的可靠性。例如，应使修复或代换的元器件或零部件彻底排除故障，不能仅仅满足临时使用。具体注意细节主要包含以下几个方面。

① 更换大功率晶体管及厚膜块时，要装上散热片。若管子对底板不是绝缘的，应注意安装云母绝缘片。

更换大功率晶体管时的注意事项见图 12-16。

图 12-16　更换大功率晶体管时的注意事项

② 对一般的电阻器、电容器等元器件进行代换时，应尽量选用与原器件参数、类型、规格相同的器件，另外，选用元件代换时应注意元件质量，切忌不可贪图便宜而使用劣质产品。

③ 对于一些没有替换件的集成块及厚膜块等，需要采用外贴元件修复或用分立元件来模拟替代时，也要反复试验，确认其工作正常，确保其可靠后才能替换或改动。

值得注意的是，检修过程中要注意维修仪表和电子产品的安全问题，除上述的归纳和总结一些共性的事项外，还有一些注意点也应引起我们的注意。

① 在拉出线路板进行电压等测量时，要注意线路板的放置位置，背面的焊点不要被金属部件短接，可用纸板加以隔离。

② 不可用大容量的熔断器去代替小容量的熔断器。

③ 更换损坏后的元件后，不要急于开机验证故障是否排除，应注意检测与故障元件相关的电路和器件，防止存在其他故障未排除，在试机时，再次烧坏所替换上的元件。例如，在检查电视机电路中发现电源开关管、行输出管损坏后，更换新管的同时要注意行输出变压器是否存在故障，可先对行输出变压器进行检测，不能直接发现问题时更换新管后开机一会儿后立即关机，用手摸一下开关管、行输出管是否烫手，若温度高则要进一步检查行输出变压器，否则会再次损坏开关管、行输出管。

12.2
电子元器件焊接预加工处理

12.2.1 电子元器件引线的镀锡

镀锡是指液态焊锡对被焊金属表面进行浸润，形成一层既不同于被焊金属又不同于焊锡的结合层。该结合层是将焊锡与待焊金属这两种性能、成分都不相同的材料牢固地连接起来。为了提高焊接的质量和速度，最好在电子元器件的待焊面镀上焊锡，这是焊接前一道十分重要的工序，尤其是对于一些可焊性较差的元器件，镀锡更是至关重要的。

通常情况下，对电子元器件进行批量镀锡时，可以使用锡锅进行镀锡。锡锅的作用是保持焊锡的液态，但是温度不能过高，否则锡的表面将很快被氧化。镀锡时将元器件适当长度的引线插入熔化的锡铅合金中，待润湿后取出即可。

（1）首先用小刀刮去普通电子元器件氧化膜的引线，如图 12-17 所示。然后将电子元器件的引线插入熔化的锡铅中，元器件外壳距离液面保持 3mm 以上，浸入时间为 2~3s 即可。

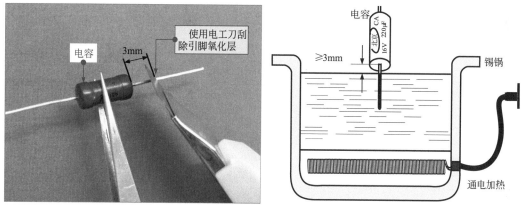

图 12-17 普通电子元器件镀锡的方法

（2）一些半导体元器件对热度比较敏感，所以在对其进行镀锡时，其外壳应距离液面保持 5mm 以上，浸入时间为 1~2s，如图 12-18 所示。若浸入时间过长，大量热量传到器件内部，易造成器件变质、损坏。

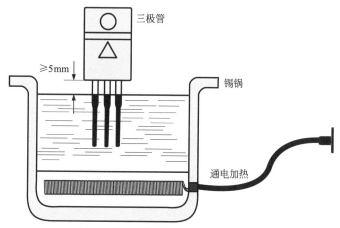

图 12-18 半导体器件的引线镀锡方法

除此之外，若是对于有孔的小型焊片进行镀锡处理时，浸入的深度应要没过孔2～5mm，保持小孔畅通无堵，便于芯线在焊片小孔上网绕，如图12-19所示。

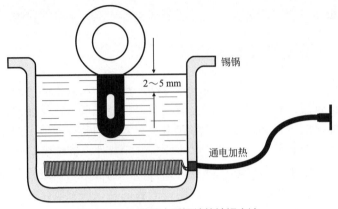

图 12-19　带孔小型焊片的镀锡方法

12.2.2　电子元器件的引线成型

不同元器件在插接到电路板之前，需要对引线进行必要的加工处理．对电子元器件引线进行成型时，要根据电路板插孔的设计需求做成需要的形状。引线折弯成型要符合后期的安插需求，使它能迅速而准确地插入印制板的插孔内。

在对电子元器件进行引线成型时，通常可以分为卧式跨接和立式跨接两种方法，如图12-20所示。使用尖嘴钳或镊子对轴向元器件的引脚进行弯折，用手捏住元器件的引脚，尖嘴钳或镊子夹住需要弯折的部位，进行调整。

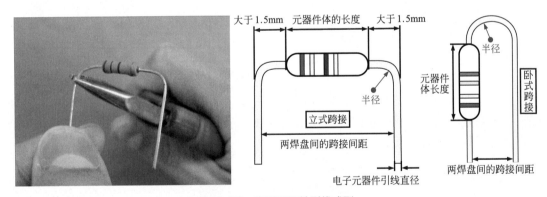

图 12-20　电子元器件引线成型

对于一些对温度十分敏感的电子元器件，可以适当增加一个绕环，从而可以防止壳体因引线根部受热膨胀而开裂，如图12-21所示。

12.2.3　电子元器件的插装

不同功能的元器件外形、引线设置、特性等都有很大的不同，安装方法也各有差异，下面介绍几种常见的安装方法。

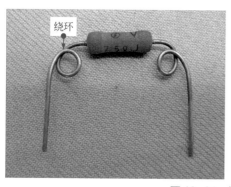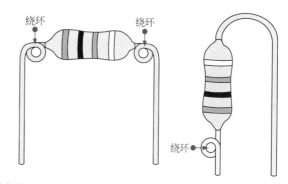

图12-21 带有绕环的引脚弯折形式

（1）常规插装方法

对于普通的直立式元器件，使用镊子夹住元器件外壳，将引脚对应插到电路板的插孔中即可，如图 12-22 所示。对于集成电路，其引脚都是加工好的，可以直接插入电路板的插孔中，在安装元器件时，引脚不要出现歪斜、扭曲的现象。

用镊子将元器件安装到电路板上

图12-22 插接元器件的安装

（2）贴板安装

贴板安装就是将元器件贴紧电路板面进行安装，元器件与电路板之间的间隙在 1mm 左右，如图 12-23 所示。贴板安装具有稳定性好、插装简单等特点，但不利于散热，不适合高发热元器件的安装。

值得注意的是，如果元器件为金属外壳，壳体下方又有印制线时，为了避免互相接触而造成短路，元器件外壳应加装管套或在下方加垫绝缘衬垫（或硅胶），如图 12-24 所示。

（3）悬空安装

悬空安装就是将元器件壳体远离电路板进行安装，安装间隙在 3～8mm，如图 12-25 所示，对于容易发热的元器件和怕热元器件一般都采用这种安装方式。

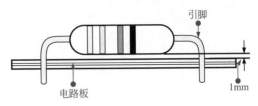

图 12-23　贴板安装

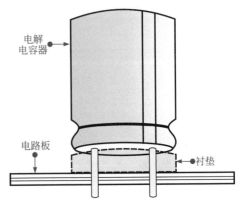

图 12-24　电子元器件外壳加装管套

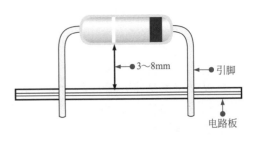

图 12-25　悬空安装

　　值得注意的是，某些怕热元器件为了防止引脚焊接时，大量的热量传递到元器件上，会在引脚上套上套管，阻隔热量的传导，如图 12-26 所示。

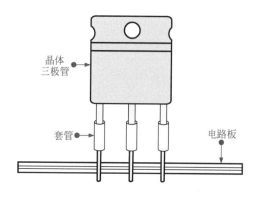

图 12-26　引脚加装管套

（4）弯折安装

弯折安装就是在安装高度有特殊限制时，将元器件引脚垂直插入电路板插孔后，壳体再朝水平方向弯曲的安装方式，如图 12-27 所示，这种安装方式可以有效缩短电路板的垂直空间，但不适合重量较大的元器件使用。

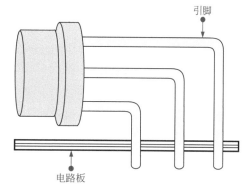

图 12-27　弯折安装

为了防止部分重量较大的元器件歪斜、引脚因受力过大而折断，因此弯折后应采用硅胶粘固的措施，将元器件壳体固定在水平位置上，如图 12-28 所示。

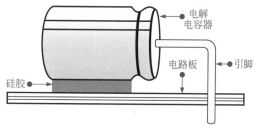

图 12-28　粘固安装

（5）其他安装方法

除了上述的几种电子元器件安装方法外，还有垂直安装、嵌入式安装、支架固定安装等方式。其中，垂直安装是指轴向双向引线的元器件壳体竖直安装，如图 12-29 所示，部分高密度安装区域采用该方法进行安装，但重量大且引线细的电子元器件不宜要用这种形式。

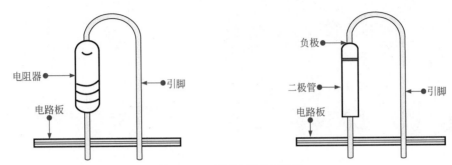

图 12-29　垂直安装的示意图

　　嵌入式安装俗称埋头安装，就是将元器件部分壳体埋入印制电路板嵌入孔内，如图 12-30 所示，一些需要防振保护的元器件可以采用该方式，可以增强元器件的抗振性，降低安装高度。

图 12-30　嵌入式安装示意图

　　支架固定安装，就是用支架将元器件固定在印制电路板上，如图 12-31 所示，一些小型继电器、变压器、扼流圈等重量较大的元器件采用该方式安装，可以增强元器件在电路板上的牢固性。

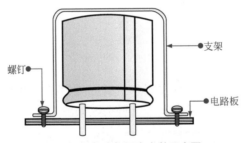

图 12-31　支架固定安装示意图

　　在对电子元器件进行插装时，除了使用正确的插装方法外，还需要对一些技术要求进行学习，通过学习相关的技术要求，使电子元器件在插装过程中更合理化、规范化。

　　① 安装高度应符合规定要求，同一规格的元器件应尽量安装在同一高度上。

　　② 安装顺序一般为先低后高，先轻后重，先易后难，先一般元器件后特殊元器件。

　　③ 元器件外壳与引线不得相碰，要保证 1mm 左右的安全间隙，无法避免时，应套绝缘套管。

　　④ 元器件的引线直径与印制板焊盘孔径应有 0.2～0.4mm 的合理间隙。

　　⑤ 元器件的极性不得装错，根据电路板标识或安装前应套上相应的套管。

⑥ 应注意元器件字符标记方向一致，易于辨认，并按从左到右、从下到上的顺序，符合阅读习惯。

⑦ 安装时不要用手直接碰元器件引线和印制板上的铜箔。

⑧ 一些特殊元器件的安装处理：MOS 集成电路的安装应在等电位工作台上进行，以免产生静电损坏器件。

12.3 电子元器件的焊接

12.3.1　手工焊接的基本方法

使用手工焊接元器件时，通常可以分为五个步骤，即准备工作、加热焊件、熔化焊料、移开焊锡丝以及移开电烙铁。

（1）准备工作

手工焊接之前，应先将可能需要用到的工具准备齐全，例如电烙铁、镊子、剪刀、斜口钳、尖嘴钳、焊料以及焊剂等工具，并将这些工具放置便于操作的地方。

焊接前，电烙铁需要加热到能够熔锡的温度，并将烙铁头放在松香或蘸水海绵上轻轻擦拭，方便除去氧化物的残渣；然后把少量的焊料和助焊剂加到清洁的烙铁头上，让烙铁随时处于可焊接状态。

（2）加热焊件

对需要加热的元器件进行加热处理，将电烙铁头放置在被焊件的焊接点上，使焊接部位均匀受热，如图 12-32 所示，烙铁头对焊点不要施加力量，也不要过长时间加热。

（3）熔化焊料

待电烙铁加热完成后，接下来，则需要对焊料进行熔化，如图 12-33 所示，将焊接点加热到一定温度后，用焊锡丝触到焊接处，熔化适量的焊料，焊锡丝应从烙铁头的对称侧加入，而不是直接加在烙铁头上。

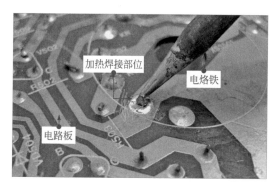

图 12-32　加热焊件

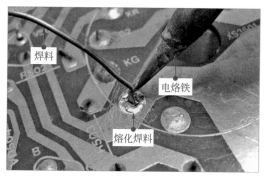

图 12-33　熔化焊料

（4）移开焊锡丝

当焊锡丝熔化，并将适量的焊料流动覆盖到焊接点上面，应迅速移开电烙铁，如图 12-34 所示，在焊接时，要有足够的热量和温度。如温度过低，焊锡流动性差，很容易凝固，形成虚焊；如温度过高，将使焊锡流淌，焊点不易存锡，焊剂分解速度加快，使金属表面加速氧化，并导致印制电路板上的焊盘脱落。

（5）移开电烙铁

当焊接点上的焊料流散接近饱满，助焊剂尚未完全挥发，也就是焊接点上的温度最适当、焊锡最光亮、流动性最强的时刻，应迅速拿开电烙铁，如图 12-35 所示。移开电烙铁的时间、方向和速度，决定着焊接点的焊接质量。正确的方法是先慢后快，电烙铁沿 45° 方向移动，并在将要离开焊接点时快速往回一带，然后迅速离开焊接点。

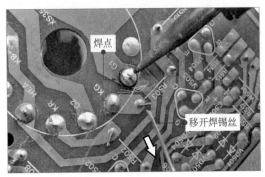

图 12-34　移开焊锡丝

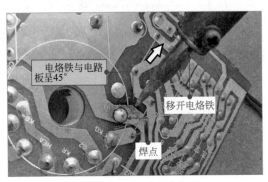

图 12-35　移开电烙铁

12.3.2　浸焊的基本方法

浸焊是指把插装好元器件的印制电路板放在熔化有焊锡的锡槽内，同时对印制板上所有的焊点进行焊接的一种方法，该方法可以一次性完成众多焊点的焊接。

在浸焊操作时，应先将安装好元器件的印制电路板背部及其引脚浸润松香等助焊剂，使焊盘上涂满助焊剂，如图 12-36 所示。为了节约大量的锡，并增加印制电路板的美观，还可以在不需要焊接的部分涂抹阻焊剂，适当的阻焊剂可以避免出现各种搭焊。

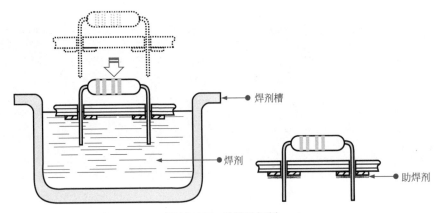

图 12-36　涂抹助焊剂

接下来，将涂抹有助焊剂的印制电路板进行浸焊操作，如图 12-37 所示，把印制电路板水平浸入锡温在 250～280℃间的锡炉中，浸入的深度以印制电路板厚度的 1/2～2/3 为宜，焊接表面与印制电路板的焊盘完全接触，浸焊的时间为 3～5s。

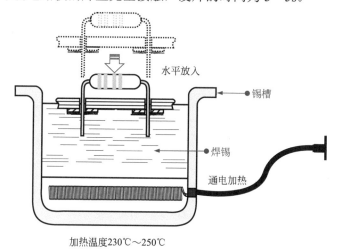

图 12-37　浸焊操作

当达到浸焊的时间后，则需要将印制电路板竖直撤离锡槽的液面，以免发生焊点变形的情况，如图 12-38 所示，浸焊可同时对多个元器件进行焊接，比手工焊效率高，设备也较简单，但是锡槽内的液态焊锡表面的氧化物容易粘在焊接点上，且工作时温度过高，容易烫坏电路板或元器件，影响焊接效果。

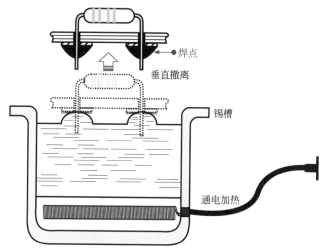

图 12-38　将印制电路板竖直撤离锡槽

12.3.3　贴片元件的安装与焊接

贴片元件的安装与焊接和分立元件有所不同，通常使用自动化贴片机进行贴片。手工焊接时使用热风焊机加热贴片。

（1）自动化贴片机贴装贴片元件的基本方法

自动化贴片机贴装贴片元件见图 12-39。

图 12-39　自动化贴片机贴装贴片元件

设备准备好以后，将涂抹好锡膏的印制电路板放入运输轨道，经传感器确认后，进入贴片机中，通过传感器贴片机可以识别印制电路板并控制传送带，控制印制电路板进入贴片机的时间。根据事先设定好的程序，先对送入的印制电路板进行坐标扫描，并对印制电路板进行扫描照相，然后根据实现照相留下的资料调整元器件的角度，调整好的贴片元件就可以贴装到印制电路板相应的位置上。

贴装完成以后，由传输轨道送出，再由检查人员对贴片后的印制电路板进行检查。

（2）手工焊接贴片元件的基本方法

对于贴片式的集成电路，则需使用热风焊枪、细铁丝或镊子等进行拆卸和焊装。贴片式集成电路的拆卸和安装方法见图 12-40。

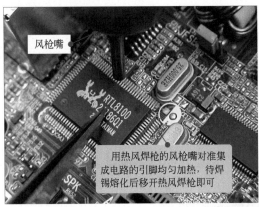

图 12-40　贴片式集成电路的拆卸和安装方法

在焊接贴片元件时，应将热风焊枪的温度调节旋钮调至 5～6 挡，将风速调节旋钮调至 4～5 挡，为热风焊枪通电，打开电源开关进行预热，然后再进行焊接的操作。

提示说明

印制电路板进行焊接之前，需要检查印制电路板上的元器件是否齐全。焊接完成后，由手工焊接操作人员对焊接质量进行检查，如出现虚焊、连焊等现象，则需要对其进行修复。

12.4
电子元器件焊接质量的检验

12.4.1 焊接质量的要求

（1）电气性能良好

高质量的焊点应该是焊料与工件金属界面形成牢固的合金层，这样，才能保证良好的导电性能。不能简单地将焊料堆附在工件金属表面而形成虚焊。

（2）具有一定的机械强度

焊点的作用是连接两个或两个以上的元器件，要使元器件接触良好，焊点必须具有一定的机械强度。

（3）焊点上的焊料要适量

焊点上的焊料过少，不仅降低机械强度，而且由于表面氧化层逐渐加深，会导致焊点早期失效。焊点上的焊料过多，既增加成本，又容易造成焊点桥连（短路），也会掩盖焊接缺陷。因此焊点上的焊料要适量。印制电路板焊接时，焊料布满焊盘，外形以焊接导线为中心，匀称、成裙形拉开，焊料的连接面呈半弓形凹面，焊料与焊件交界平滑，接触角尽可能小。

（4）焊点表面应光亮且均匀

良好的焊点表面应光亮且色泽均匀，无裂纹、无针孔、无夹渣。

（5）焊点不应有毛刺、空隙

若焊点表面存在毛刺、空隙，不仅不美观，还会给电子产品带来危害，尤其在高压电路部分，将会产生尖端放电而损坏电子设备。如图 12-41 所示为没有达到要求的焊点。

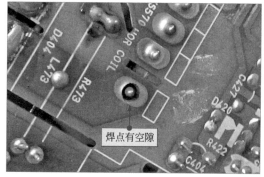

图 12-41　没有达到要求的焊点

（6）焊点表面必须清洁

焊点表面的污垢，尤其是焊剂的有害残留物质，如果不及时清除，酸性物质会腐蚀元器件引线、接点及印制电路，同时会造成漏电甚至短路燃烧等现象，从而带来严重隐患。

12.4.2　焊接质量的基本检验方法

对于良好的焊点，焊料与被焊接金属界面上应形成牢固的合金层，这样才能保证良好的导电性能，且焊点也具备一定的机械强度。在外观方面，焊点的表面应光亮、均匀且干净清洁，不应有毛刺、空隙等瑕疵，如图 12-42 所示。

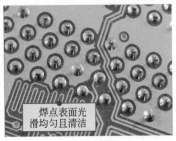
焊点表面光滑均匀且清洁

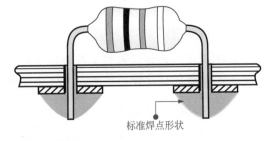
标准焊点形状

图 12-42　焊接良好的焊点

焊接质量的检查可根据具体电子元器件的安装方法，采取不同的方式进行检查。常见的方法主要有目测法、放大镜检查法等，如图 12-43 所示。对于一般采用直插式的较大体积的元器件可采用目测法进行检查，体积较小的元器件可借助放大镜等设备进行检查。

目测法

普通检测放大镜
放大镜检查法

图 12-43　焊接质量的检查方法

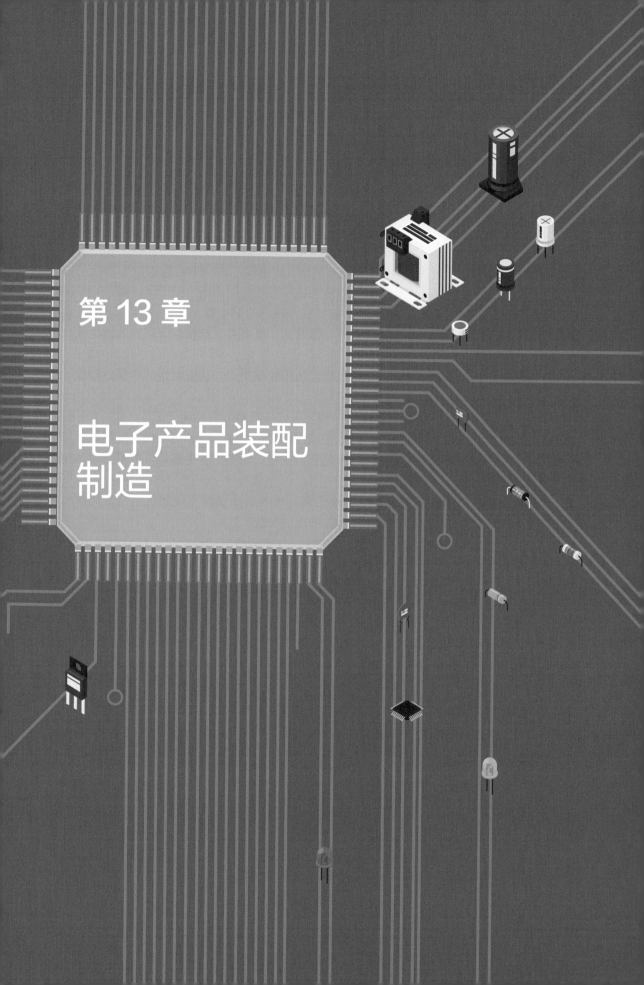

第 13 章

电子产品装配制造

13.1
电子产品整机布线

13.1.1　绝缘线缆的种类和用途

（1）绝缘电线、电缆种类

电子产品以及供电系统中常用的线材是电线和电缆。它们又可细分为裸线、电磁线、绝缘电线电缆、通信电缆和电力电缆五种。

① 裸线。裸线是指不包任何绝缘层或保护层的电线，除作为传输电能和信息的导线外，还可用于制造电动机、电器的构件和连接线，一般用铜、铝、铜合金、铝合金以及铜包钢、铝包钢等复合金属材料制作。裸电线除有良好的导电性能外，还有一定的力学性能，如抗拉强度、伸长率、弯曲扭转特性、耐蠕变、耐磨等。按结构分可分为圆单线、绞线、软接线和型线。

a. 圆单线：横断面为圆形的单根裸电线，可用作架空线、载波避雷线的铜包钢线、铝包钢线等。

b. 绞线：由多根裸电线按一定规则以螺旋形绞合而成，包括用于配电线路的铜绞线、铝绞线，具有较高机械强度。有用作输电干线的合金铝绞线、钢芯铝绞线，适用于重冰区或大跨度场合的输电线用的铜包钢绞线、铝包钢绞线、钢芯铝合金绞线，为避免电晕用的扩径铝钢绞线。

c. 软接线：多根小断面导线按一定规则螺旋形绞合或编织而成的软电线，如铜电刷线、铜天线以及电动机、电器内部件间连接的铜编织线。

d. 型线：横截面为梯形、矩形等的裸电线，包括制造电动机、电器绕组用的扁铜线、扁铝线、空心铜铝导线、铜母线、铝母线、梯形铜线（电机换向器用）以及电力机车用的电车线等。此外，还有用光纤和裸电线组成的光纤复合架空线。

② 电磁线。电磁线是一种绝缘线，它的绝缘层是由涂漆或包绕纤维构成的。例如绕制变压器的漆包线和收音机天线线圈所用的多股纱包线都属于电磁线。电磁线主要用于各种电动机、仪器仪表等。

③ 绝缘电线电缆。绝缘电线电缆是通常所说的安装线和安装电缆，由芯线、绝缘层和保护层组成。绝缘层的作用是为了防止漏电，一般由橡胶或塑料包绕在芯线外构成。保护层在绝缘层的外部，起到进一步保护并延长使用寿命的作用，它有金属护层和非金属护层两种。金属护层有铝套、铅套、皱纹金属套和金属编织等。非金属护层大多采用橡胶、塑料等。

④ 通信电缆。通信电缆包括电信电缆、射频电缆、电话线和广播线，结构尺寸通常较小而均匀，制造精度要求高。

⑤ 电力电缆。电力电缆主要特征是：在导体外挤（绕）包绝缘层，如架空绝缘电缆，或几芯绞合（对应电力系统的相线、零线和地线），如二芯以上架空绝缘电缆，或再增加护套层，如塑料/橡套电线电缆。主要的工艺技术有拉制、绞合、绝缘挤出（绕包）、成缆、铠装、护层挤出等，各种产品的不同工序组合有一定区别。

（2）电线电缆的应用

① 电力系统。电力系统采用的电线电缆产品主要有架空裸电线、汇流排线（母线）、电力电缆（塑料线缆）、油纸力缆（基本被塑料电力电缆代替）、橡胶套线缆、架空绝缘电缆、分支电缆（取代部分母线）、电磁线以及电力设备用电气装备电线电缆等。

② 信息传输系统。用于信息传输系统的电线电缆主要有市话电缆、电视电缆、电子线缆、射频电缆、光纤电缆、数据电缆、电磁线、电力通信或其他复合电缆等。

③ 机械设备、仪器仪表系统。此部分除架空裸电线外几乎其他所有产品均有应用，但主要是电力电缆、电磁线、数据电缆、仪器仪表线缆等。

13.1.2 绝缘导线的加工

绝缘导线的处理包括导线的截断以及线端头处理，对于裸导线，只要按设计要求的长度截断就可以。对于绝缘层导线，其加工可分剪裁剥头、捻头（多股导线）、浸锡、清洁、打印标记等多种工序。

（1）剪裁剥头

导线在剪裁前，应将导线尽量拉平直，然后剪裁成所需尺寸，剪裁长度允许多出所需尺寸的 5%～10% 的正误差，不允许出现负误差，其剪切口要整齐，不损伤导线。剪裁完毕用刃截法或热截法将导线端头的绝缘层剥离，如图 13-1 所示。

| 单股导线 | 多股导线 |

图13-1 剪裁剥头

刃截法是使用剥线钳或自动剥线机进行剥头，利用剥线钳的方法是将规定剪裁剥头长度的导线插入刃口内。用力压紧剥线钳，使刀刃切入绝缘层内，随后抓紧导线，拉出剥下的绝缘层部分即可。若是没有剥线钳可用电工刀或剪刀等代替，在规定长度内的剥头处切割一个圆形线口，然后切深（注意不要割透绝缘层而损伤导线），接着在切口处多次弯曲导线，利用弯曲时的张力来撕破残余的绝缘层，拉下绝缘层即可。刃截法操作简单，但容易损伤导线的芯线，单股导线最好不要使用这种方法。

热截法是使用热控剥皮器来去除导线的绝缘层。通电预热后，将需剥头的导线所需长度放在两个电极之间。边加热边转动导线，待四周绝缘层切断后，用手边转动边向外拉，即可剥出无损伤的端头。热截法的优点是操作简单，不易损伤芯线，但该方法工作时需加电源，加热的绝缘材料会产生有毒气体，使用该方法时注意做好保护措施。

（2）捻头（多股导线）

剥掉多股导线的绝缘层后，要进行捻头以防止芯线松散或折断。捻头时要顺着原来的合股方向旋捻，捻线角度一般为 30°～45°，如图 13-2 所示，捻线时用力不宜过猛且要均匀，以防止将细线捻断。

图13-2 导线的捻头

（3）浸锡（上锡）

绝缘导线经过剥头与捻头之后，为了防止其氧化，以提高焊接质量，应在较短的时间内进行浸锡处理。其方法是：将捻好头的导线蘸上助焊剂等焊料，然后将导线垂直插入锡锅中，如图 13-3 所示。浸锡 1～3s 后将导线垂直撤离。注意：焊锡不应触到绝缘层端头，浸渍层与绝缘层之间留有大于 3mm 的间隙，以防止导线的绝缘层因过热而收缩或破裂。还可以用电烙铁进行手工上锡处理，其方法是：将已加热的烙铁头熔化焊锡，在导线端头上顺着捻头的方向来回移动，完成该工序。

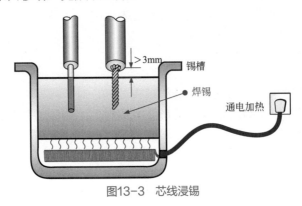

图13-3　芯线浸锡

（4）清洁

浸锡的导线端头可能会留有焊料或焊剂的残渣，应及时清除，可用酒精等清洗液进行清洁，但不允许用机械方法刮擦，以免损伤芯线。

（5）打印标记

打印端子标记是为了安装、焊接、检修和维修方便。标记通常打印在导线端子、元器件、组件板、各种接线板、机箱分箱的面板上以及机箱分箱插座、接线柱附近。复杂的电子装置使用的绝缘导线通常有很多根，需要在导线两端印上印字标记或色环标记等。

导线端印字标记是指在导线的两端印上相同数字作为导线的标记方法，一般在离绝缘导线端头 8～15mm 处，如图 13-4 所示。印字要清楚，深色导线用白色油墨，而浅色导线用黑色油墨。印字方向要一致，字号与导线粗细相适应。

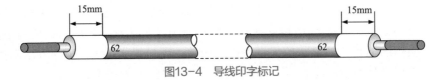

图13-4　导线印字标记

导线色环标记是指在导线的两端印上色环数目相等、色环颜色相同的色环作为标记，一般色环标在导线绝缘端头的 10～20mm 处，如图 13-5 所示。色环宽度为 2mm，色环间距为 2mm，各色环的宽度、距离、色度要均匀一致。色环读法是从线端开始向后顺序读出的。用少数颜色排列组合可构成多种色标。例如，用红、黑、黄三种颜色可以组成 29 种色环。

除了以上两种标记导线的方法之外，还可以使用标记套管来标识导线，成品标记套管上印有各种字符和不同种类的内径，使用时剪断标记套管，套在导线端头即可。

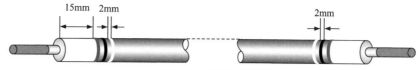

图13-5　导线色环标记

13.1.3　屏蔽导线的加工

屏蔽导线的结构比较复杂，它是由内外两层绝缘层中间加上了一层铜编织套的特殊导线构成的。屏蔽导线端头的加工分为不接地线端的加工和直接接地线端的加工两种方式。

（1）不接地线端的加工

① 将屏蔽导线尽量拉平直，根据使用需求裁剪成所需的尺寸，剪裁长度允许有5%～10%的正误差，不允许出现负误差，使用刃截法或热截法去掉一部分屏蔽导线的绝缘层，在屏蔽导线中屏蔽层的去除最好使用热截法，利用热控剥皮器在需要的部位烫一圈，深度直达铜线编制层，再顺着断裂圈到端口，撕下外绝缘护套，去掉一段外绝缘层，屏蔽层的剥削不宜太多，否则会影响屏蔽效果，如图13-6所示。

图13-6　去掉一段外绝缘层

② 将绝缘层去掉一段后，可以看到较细、较软的铜编织线。左手拿住屏蔽线的外绝缘层，用右手指向左推编织线，如图13-7所示，使编织网线推挤隆起。然后，使用剪刀将隆起的编织网线剪掉一部分。并将松散的网线后将屏蔽层的编织线向外翻套在外绝缘层上面。

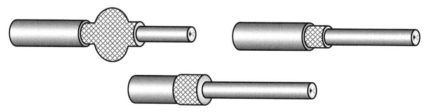

图13-7　屏蔽导线的加工处理

③ 再使用热截法去掉一段内绝缘层，将裸露的芯线做浸锡处理。内绝缘层（$L2$）的长度取决于工作电压的大小，一般工作电压大于500V时，$L2$的长度应为10～20mm；工作电压在500～3000V之间时，$L2$的长度应在20～30mm之间；工作电压大于3000V时，$L2$的长度应大于30mm。最后将裸露的编织网线套上热收缩套管，使套管将外翻的屏蔽层体与外绝缘护套套牢。具体操作如图13-8所示。

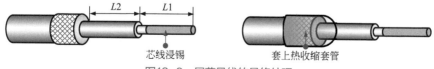

芯线浸锡　　套上热收缩套管
图13-8　屏蔽导线的最终处理

（2）直接接地线端的加工

① 将屏蔽导线尽量拉平直，根据使用需求裁剪成所需的尺寸，剪裁长度允许有

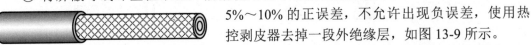

5%～10%的正误差，不允许出现负误差，使用热控剥皮器去掉一段外绝缘层，如图13-9所示。

图13-9 去掉一段外绝缘层

② 使用电工刀等工具将铜编织网划破，使芯线与屏蔽层分离。也可以使用开口抽出法，在靠近外绝缘层的位置，用镊子划开屏蔽编织网，抽出芯线并拉直，使绝缘芯线从外屏蔽层内分离出来。由于屏蔽层是多股导线编织而成，剥开后，可以剪去一些，以便与地线或其他导线的屏蔽层相连，将留下的编织线拧紧，如图13-10所示。

③ 再使用热控剥皮器去掉一段内绝缘层。在拧紧的编织网线上焊接一小段引线，用于接地，如图13-11所示。内绝缘层（L2）的长度取决于工作电压，工作电压大于500V时，$L2$的长度位于10～20mm之间；工作电压在500～3000V之间时，$L2$的长度应在20～30mm之间；工作电压大于3000V，$L2$的长度应大于30mm。最后，将裸露的芯线浸锡处理。

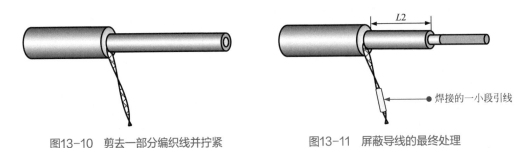

图13-10 剪去一部分编织线并拧紧   图13-11 屏蔽导线的最终处理

13.1.4 电缆的加工

绝缘同轴射频电缆因流经芯线的电流频率很高，加工时要特别注意芯线与金属屏蔽层的距离。如果芯线不在屏蔽层中心位置，则会造成特性阻抗不准确、信号传输受到反射损耗等故障。

电缆与屏蔽导线的加工方式基本相同，只是在铜编织网的加工上有所不同，电缆铜编织网线与绝缘层之间应垫2层黄蜡绸，把0.5～0.8mm的镀银铜丝在其周围密绕6～10圈。用电烙铁将环绕的部分进行焊接，$L2$的长度取决于工作电压，工作电压大于500V，$L2$为10～20mm；工作电压在500～3000V之间时，$L2$为20～30mm；工作电压大于3000V，$L2$大于30mm，如图13-12所示，最后将裸露的芯线浸锡处理。

13.1.5 导线的连接

（1）两条粗细相同的导线的连接

在实际生产和制造过程中，可能会遇到导线长度不够等情况，需要将粗细相同的同类导线进行连接，具体步骤如下。

① 去掉两条导线接线端一定长度的绝缘层，如图13-13所示。

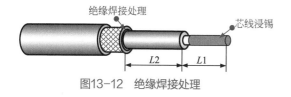

图13-12 绝缘焊接处理

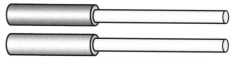

图13-13 去掉一定长度的绝缘层

② 把去掉绝缘层部分的芯线进行浸锡处理，浸锡时间为1～3s，待芯线冷却清洁后，把两条导线平行放置，使接线端的位置朝同一方向，用手或钳子等工具将两根导线浸锡的芯线部分拧在一起，捻线角度在30°～45°之间，将多余部分的芯线剪掉，如图13-14所示。

③ 将两根导线拉直，用电烙铁将两线的连接处焊接好，连接处用一段热缩套管套上，如图13-15所示。加热后，套管会自动收缩封住接头部位，以防止焊接部位氧化。

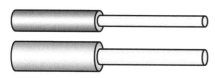

图13-14 芯线拧在一起

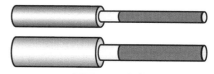

图13-15 焊接接线处并套管密封

（2）两条粗细不同的导线的连接

若对两条粗细不同的导线进行连接，具体步骤如下。

① 选择两条粗细不同的导线，利用剥线钳去掉两条导线接线端一定长度的绝缘层，使其露出芯线部分，如图13-16所示。

② 把去掉绝缘层部分的芯线进行浸锡处理，浸锡时间为1～3s，待导线冷却后对其进行清洁，如图13-17所示。

图13-16 去掉一定长度的绝缘层

图13-17 浸锡

③ 导线的连接端要朝同一方向放置，将细导线的芯线拧在粗导线的芯线上，一般缠绕5～8圈即可，如图13-18所示。

④ 将两根导线拉直，使其处于同一条直线上，然后再用电烙铁和焊锡等将接头处焊接好，增强导线连接的稳固性。连接处可用电胶布捆扎，也可用热缩管套上，以防止焊接部位的氧化，影响传导性，如图13-19所示。

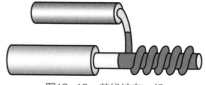

图13-18 芯线拧在一起

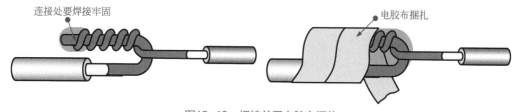

图13-19 焊接并用电胶布捆扎

13.1.6 导线端子的焊接

导线端子的焊接是指利用电烙铁等工具把导线的芯线焊接到指定的电路板或元器件上，以实现电路板与外部设备、电路板与电路板之间的连接。导线端子的正常焊接如图 13-20 所示。芯线应埋入焊锡内，绝缘外皮距离焊锡 1～2mm 为宜。焊点要均匀，不应出现不良焊点。

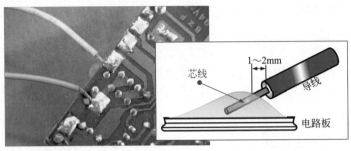

图13-20 导线端子的正常焊接

13.1.7 整机布线与扎线成型

在线路复杂的电子装置整机中，连接用的导线也很多，若不处理就会显得十分杂乱，不利于查找也不美观。为了简化装配结构，减小占用空间，便于以后的拆装，常常用线绳或线扎搭扣等把导线扎束成型，制成各种不同形状的线扎。

通常，要根据机壳内部各部件、整件所处的位置、导线的走向，按 1:1 的比例绘制线扎图，按线扎图制作好后，再将线扎安装到机器上。

常用的线扎方法有线绳绑扎、黏合剂结扎、线扎搭扣绑扎、塑料线槽布线、塑料胶带绑扎、活动线扎等。

（1）线绳绑扎

线绳绑扎是比较稳固的一种扎线方式，比较经济，但是工作量大。常用棉线、尼龙线和亚麻线等作为扎线材料。为了增加绑扎线的涩性，以防止打滑，可以将这些材料在石蜡中浸一下，使线扣不易松脱。这种扎线方式在普通电子产品装置中已不常使用，只是在导线较多、较长的场合使用，如机房的机柜中。

（2）黏合剂结扎

几根至十几根塑料绝缘导线一般都采用黏合剂黏合成线束。黏合时，把待黏导线拉伸并列（紧靠）在玻璃上，然后用毛笔蘸黏合剂涂敷在这些塑料导线上，待黏合剂凝固以后便可获得一束平行塑料导线，如图 13-21 所示。

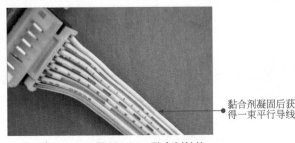

黏合剂凝固后获得一束平行导线

图13-21 黏合剂结扎

（3）线扎搭扣绑扎

用线扎搭扣绑扎十分方便，线把也很美观，更换导线也方便，常被大中型电子装置采用，但搭扣只能使用一次。用线扎搭扣绑扎导线时，可用专用工具拉紧，但不可拉得太紧，以防破坏搭扣。图 13-22 为电视机电路板中导线的绑扎。

线扎搭扣绑扎

图13-22　电视机电路板中导线的绑扎

（4）塑料线槽布线

对机柜、机箱、控制台等大型电子装置，一般可采用塑料线槽布线的方法，成本较高，但排线比较省事，更换导线也十分容易。线槽固定在机壳内部，线槽的两侧有很多出线孔，将准备好的导线一一排在槽内，可不必绑扎。导线排完后盖上线槽盖板即可，图13-23 为常见的塑料线槽。

（5）塑料胶带绑扎

胶带绑扎简便可行，制作效率比线绳绑扎高，效果比线扎搭扣好，成本比塑料线槽低，在洗衣机等家电中已较普遍采用，如图 13-24 所示。

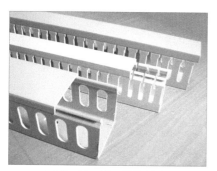

图13-23　常见的塑料线槽

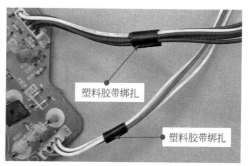

塑料胶带绑扎

塑料胶带绑扎

图13-24　塑料胶带绑扎

13.2
电子产品总装

13.2.1　整机总装工艺流程

整机总装就是根据设计要求，将组成整机的各个基本部件按一定工艺流程进行装配、连接，最终组合成完整的电子设备。

整机总装的工艺流程是否合理直接影响产品的质量和制造成本，如果总装工艺和工序不正确，就达不到产品的预定技术指标。因此，整机总装在整个电子产品生产过程中起着非常重要的作用。

电子产品的总装工艺过程会因产品的复杂程度、产量大小以及生产设备和工艺的不同而有所区别。但总的来说都可以简化为装配准备、连接线的加工与制作、印制电路板装配、单元组件装配、箱体装联、整机调试和最终验收等几个重要阶段，工艺流程简图如图13-25所示。

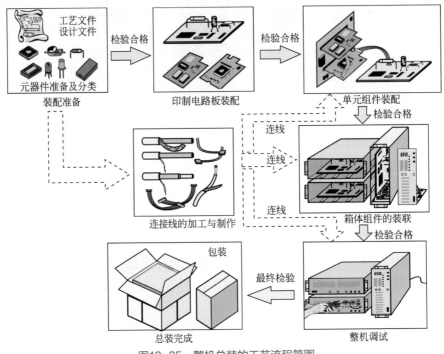

图13-25 整机总装的工艺流程简图

（1）装配准备

装配准备主要就是根据电子产品的生产特点、生产设备以及生产规模，根据安装工艺文件和设计文件，对所有装配过程中所要使用的装配件、紧固件以及线缆等基础零部件从数量和质量两方面进行准备。

数量上的准备就是要保证装配过程中零部件的配套。质量上的准备就是要对所有参与装配的零部件进行质量检验，保证在生产总装之前，所有零部件都是符合装配要求的合格产品。

（2）连接线的加工与制作

连接线的加工与制作主要就是按照设计文件，对整个装配过程中所用到的各类数据线、导线、连接线等进行加工处理，使其符合当前电子设备的工艺要求。由于无论是在电子元器件的安装、电路板的装接还是在箱体级装联阶段都需要进行数据线的连接、布设等工作，因此，连接线质量直接关系生产过程的顺利进行。除了要严格确保连接线的质量外，连接线的规格、尺寸、数量等都有着严格的要求。

（3）印制电路板装配

印制电路板装配在整个电子产品总装过程中是非常重要的一个环节。它主要是将电容、电阻、晶体管、集成电路以及其他各类插件或贴片元件等电子元器件按照设计文件的要求安装在印制电路板上。这一过程是电子产品组装中最基础的一级组装过程，它是所有电子组装的基础。在这一环节中无论是元器件的种类数量还是所使用的生产设备和生产工艺都是最多最复杂的。

（4）单元组件装配

单元组件装配就是在印制电路板装配的基础上，将组装好的基础功能电路板通过接口或数据连线等方法组合成具有综合功能特性的单元组件。例如，电视机中的电源电路单元组件、操作电路单元组件等都是在这一环节装配完成的。

（5）箱体装联

箱体装联就是在单元组件装配的基础上，将组成电子产品的各种单元组件组装在统一的箱体、柜体或其他承载体中，最终形成一件完整的电子产品。

在这一过程中，除了要完成单元组件间的装配外，还需要对整个箱体进行布线、连线，以方便各组件之间的线路连接。箱体的布线要严格按照设计要求，否则会给安装以及以后的检测、保养和维护带来不便。

（6）整机调试

整台电子产品组装完成后，就需要对整机进行调试。整机调试主要包括调整和测试两部分工作。

调整工作包括功能调整和电气性能调整两部分内容。功能调整就是对电子产品中的可调整部分（如可调元器件、机械传动器件等）进行调整，使其能够完成正常的工作过程。电气性能调整则是对整机的电性能进行调整，使整台电子产品能够达到预定的工作状态。

测试则是对组装好的整机进行功能和性能的综合检测，整体测试产品是否能够达到预定技术指标，是否能够完成预定工作。

通常，对整台电子产品的调整和测试是综合进行的，即在调整的过程中不断测试，看能否达到预期目标，如果不行则继续调整，直至最终符合设计之初的要求。

（7）最终验收

最终验收是整个电子产品总装的收尾环节，它主要是对调整好的整机进行各方面的综合检测，以确定该产品是否为合格产品。

13.2.2 整机组装中的静电保护

随着科技进步，集成电路的集成度不断提高，集成电路中的内绝缘层越来越薄，相互连线间距越来越小，相互击穿的电压随之也越来越低，进而使其防静电能力变弱。例如CMOS 器件绝缘层的典型厚度约为 $0.1\mu m$，其相应耐击穿电压为 80～100V；VMOS 器件的绝缘层更薄，击穿电压在 30V 左右。

然而在电子产品制造中，从元器件到成品需要贴装、焊接、清洗、包装、检测等烦琐的步骤。在这个过程中静电放电往往会影响电子产品的质量和性能，严重时会造成无法估计的损失。因此，在 SMT 生产中的静电防护显得十分重要。

（1）静电的产生

我们都知道物质是由分子构成的，分子由原子构成，原子由带负电荷的电子和带正电荷的质子构成。在正常状况下，一个原子的质子与电子数量相同，正负平衡，所以对外表现出不带电的现象。由于正负电荷在局部范围内失去平衡，造成电子受外力脱轨，电子或离子转换形成静电现象。

我们对静电最初的认识是从摩擦起电开始的，在日常生活中，两种不同性质的绝缘物体通过接触、摩擦、高速运动 / 冲流、剥离、压电、温差、电解等方式在接触又分离之后在一种物体上积聚正电荷，另一种物体上积聚等量的负电荷，就会产生静电。固体、液体甚至气体都会因接触分离而带上静电。这是因为气体也是由分子、原子组成的，当空气流动时分子、原子也会发生"接触分离"而起电，可以说静电的产生是不可避免的。

常见产生静电的方式有以下几种：

① 接触摩擦产生静电。当两物体相互接触时就会使一个物体失去一些电荷，而另一个物体得到一些电荷。若在分离的过程中电荷难以中和，电荷就会积累而产生静电。

② 高速运动中的物体产生静电。高速运动中的物体会与空气发生摩擦产生静电。

③ 冲流起电。液体类物质与固体类物质接触时，在接触界面形成整体为电中性的偶电层。当此两物质做相对运动时，由于偶电层被分离，电中性受到破坏而出现带电过程。

④ 剥离起电。剥离两个紧密结合的物体时，引起电荷分离而使两物体分别带电的过程称为剥离起电。

（2）静电的危害

在电子产品生产过程中，制造、切割、接线、检验和交货这些工作以及人体的活动势必会由于摩擦而产生静电，这些静电积聚在一起形成较高的静电电压对电子元器件形成威胁。受损的元器件绝大多数是由于静电引起的浮尘吸附及由静电放电引起击穿造成的。所以说静电已经成为电子产品的隐形杀手。

① 静电吸附。半导体元器件由于大量使用了石英及高分子物质制成的器具和材料，其绝缘度很高，在使用过程中一些不可避免的摩擦可造成其表面电荷的不断积聚，且电位越来越高。由于静电的力学效应，在这种情况下，很容易使工作场所的浮尘吸附于芯片表面，而很小的浮尘吸附都有可能影响半导体器件的良好性能。所以电子装配的生产必须在清洁的环境中进行，且操作人员以及器具和环境必须采用一系列的防静电措施，以降低和防止静电危害的形成。

② 静电击穿。在电子产品生产过程中，由静电击穿引起的元器件损坏是电子产品生产中最普遍也是最严重的危害。静电放电可能会造成器件的硬击穿或软击穿：硬击穿会一次性造成整个器件的永久性失效，造成元器件内部的瘫痪，如器件的输出与输入开路或短路；软击穿则可使器件的局部受损，但不影响其工作，只是降低其性能或使用寿命变短，使电路时好时坏且不易被发现，从而成为故障隐患。

一般说来，硬击穿在产品未出厂前就会被检测出来，影响较小。但软击穿很难被发现，这种软击穿造成的故障会使受损器件随时失效。若电子产品多次出现软击穿后也会变成永久性损坏，使其无法正常运行，这既给生产带来损失，又会影响厂家声誉和产品的销售，损失难以预测。

③ 静电产生热。静电放电的电场或电流可产生热量，使元器件受损（潜在损伤），造成整个元器件永久性失效。

④ 静电产生磁。静电放电产生的电磁场幅度很大（达每米几百伏）、频谱极宽（从几十兆到几千兆），对电子产品造成干扰甚至损坏（电磁干扰）。

（3）静电敏感元器件

① 静电敏感元器件的类型。对静电反应敏感的器件称为静电敏感元器件（SSD）。静电敏感元器件主要用于超大规模集成电路。静电敏感元器件的静电承受能力与器件本身的尺寸、结构以及所使用的材料有着密切的关系。

根据国家军用标准《电子产品防静电放电控制大纲》的分级方法我们可将静电敏感器件分为三级。

1 级：静电敏感度在 0～1999V 的元器件，其类型有：微波器件（肖特基垫垒二极管、点接触、二极管等）、离散型 MOSFET 器件、声表面波器件（SAW）、结型场效应晶体管（JFET）、电荷耦合器件（CCD）、精密稳压二极管（加载电压稳定度 <0.5%）、运算放大器（OPAMP）、薄膜电阻器、MOS 集成电路（IC）、使用 1 级元器件的混合电路、超高速集成电路（UHSIC）、晶闸管整流器等。

2 级：静电敏感度在 2000～3999V 的元器件，其类型有：由试验数据确定为 2 级的元器件和微电路离散型 MOSFET 器件、结型场效应晶体管（JFET）、运算放大器（OPAMP）、集成电路（IC）、超高速集成电路（UHSIC）、精密电阻网络（RZ）、使用 2 级元器件的混合电路、低功率双极型晶体管等。

3 级：静电敏感度在 4000～15999V 的元器件，其类型有：由试验数据确定为 3 级的元器件和微电路离散型 MOSFET 器件、运算放大器（OPAMP）、集成电路（IC）、超高速集成电路（UHSIC）、不包括 1 级或 2 级中的其他微电路、小信号二极管、硅整流器、低功率双基极晶体管、光电器件、片状电阻器、使用 3 级元器件的混合电路、压电晶体等。

而静电敏感度超过 3 级的元器件、组件和设备被认为是非静电敏感产品。我们可根据 SSD 分级表，针对不同的 SSD 器件，采取不同的静电防护措施。

② 静电敏感元器件在运输、储存、生产时的防静电要求：

a. 存放元器件的最佳相对湿度：30%～40%。

b. 敏感元器件存放过程中保持原包装，若必须更换包装时，要使用具有防静电性能的容器。

c. 库房里，在放置敏感元器件的位置上应贴有防静电专用标签。

d. 发放敏感元器件时应在静电安全环境或器件的原包装内清点数量。

e. 生产区域铺设防静电地板，工作台（含操作台）铺设防静电橡胶垫，并有效接地。

f. 直接接触电子元器件的人员必须戴合格的防静电腕带。

g. 元器件储存及生产区域内所有设备和工具必须有效接地。

h. 所有防静电器材购买后，由专职管理员检测其防静电的有效性，经检测合格的，方可下发使用。

i. 以上所有防护设备必须保持表面清洁，以确保有效性。

（4）静电的防护方法

在电子产品生产组装过程中，静电的产生虽然是不能避免的，但产生的静电对电子产品的危害我们可以通过静电的防护措施来降低。

① 减少摩擦起电。在传动装置中，应减少皮带与其他传动件的打滑现象，如皮带要松紧适当，保持一定的拉力，并避免过载运行等。选用的皮带应尽可能采用导电胶带或传动效率较高的导电的三角胶带。在输送可燃气体、易燃液体和易燃易爆物体的设备上，应采用直接轴（或联轴节）传动，一般不宜采用皮带传动；如需要皮带传动，则必须采取有效的防静电措施。

限制易燃和可燃液体的流速，可以大大减少静电的产生和积聚。当液体平流时，产生的静电量与流速成正比，且与管道的内径大小无关。

② 防静电材料。防静电材料一般采用表面电阻 $1 \times 10^5 \Omega$ 以下的静电导体或表面电阻 $1 \times 10^5 \sim 1 \times 10^8 \Omega$ 的静电亚导体。由于金属是导体，而导体的漏放电流大，会损坏器件，绝缘材料又非常容易产生摩擦起电，因此，金属和绝缘材料不能作为防静电材料。常用的静电防护材料多为在橡胶中混入导电炭黑，其表面电阻控制在 $1 \times 10^6 \Omega$ 以下。

③ 泄漏与接地。对可能产生或已经产生静电的部位进行接地，其目的是为可能产生或已经产生静电的部位提供静电释放通道。它采用埋大地线的方法建立"独立"的地线。注意地线与大地之间的电阻需小于 10Ω。串接 $1M\Omega$ 电阻是为了确保对地泄放小于 5mA 的电流，称为软接地。设备外壳和静电屏蔽罩通常是直接接地，称为硬接地。

④ 导体带静电的消除。导体上的静电可以用接地的方法使静电泄漏到大地。在防静电工程中，静电泄漏的时间一般要求在 1s 内，电压降至 100V 以下的安全区。这样，可以防止因泄漏时间过短，泄漏电流过大对静电敏感元器件造成损坏。放电体上的电压与释放时间可用下面的公式来表示：

$$U_{\mathrm{T}} = U_0 \frac{R}{LC}$$

式中　U_{T}——T 时刻的电压，V；

　　　　U_0——起始电压，V；

　　　　R——等效电阻，Ω；

　　　　C——导体等效电容，pF；

　　　　L——导体等效电感器，H。

若 U_0=500V，C=200pF，想在 1s 内使 U_{T} 达到 100V，则要求 R=1.28$\times 10^9 \Omega$。因此静电防护系统中通常用 $1M\Omega$ 的限流电阻，将泄放电流限制在 5mA 以下。这是为操作安全设计的。如果操作人员在静电防护系统中，不小心触碰到 220V 工业电压，也不会带来危险。

（5）消除非导体上的静电

对于绝缘体上的静电，由于电荷不能在绝缘体上流动，因此不能用接地的方法消除静电。消除非导体上的静电可采用以下措施。

① 使用离子风机（枪）。离子风机（枪）可以产生正、负离子来中和静电源的静电。它可以消除像高速贴片机贴片过程中因元器件的快速运动而产生的静电。一般这种情况无法通过接地的方式来实现，使用离子风机（枪）可以达到一定的防静电效果。

② 使用静电消除剂。静电消除剂属于表面活性剂。我们可以通过擦拭的方法，将静电消除剂涂抹在仪器和物体表面上，静电消除剂就会形成极薄的透明膜，可以提供持久高效的静电耗散功能，能有效消除摩擦产生的静电积聚，防止静电干扰及浮尘吸附现象。

③ 控制环境湿度。前面提到过环境的相对湿度对人体活动带电的关系。控制环境湿度，以及增加湿度可提高非导体材料的表面电导率，使物体表面不易积聚静电。这种增加环境湿度的方法在降低静电产生的同时，还可以为生产节约不少的成本。例如北方干燥环境可采取加湿通风的措施。

④ 采用静电屏蔽。静电屏蔽是利用屏蔽罩或屏蔽笼对易产生静电的设备、仪器等进行有效的接地。

（6）工艺控制法

工艺控制法是从对工艺流程中材料的选择、装备安装和操作管理等过程应采取预防措施，控制电荷的聚集和静电的产生，尽量减少在生产过程中产生的静电荷以达到降低危害的目的。

在电子产品生产过程中，静电电荷积聚是不可避免的，可以通过综合上面所介绍的静电防护方法采取合适的措施将静电危害控制在允许的范围内，以达到有效防静电的目的。

除了上述的静电防护方法外，在生产车间内张贴防静电标志以及定期对生产车间的接地系统、温湿度进行检查也是非常必要的。还有工作人员进入生产车间前必须穿好静电防护器材（如防静电工作服/鞋、防静电腕带等）以及检测防护器材的性能等等，这些都是静电防护工作中必不可少的措施。

（7）常用的静电防护器材

在电子产品生产过程中，静电防护器材及静电测量仪器是静电防护工程中必不可少的。它直接关系到整个防护工程对静电防护的质量。

① 人体静电防护设备。人体静电防护设备主要包括防静电手腕带、脚腕带、工作服、鞋、帽、手套或指套等。这些人体静电防护设备具有静电泄漏和屏蔽功能，可以有效地将人身上的因摩擦产生的静电进行释放。

② 防静电地面。防静电地面可以有效地将工作车间中的工作人员、泄放静电设备等携带的静电通过地面泄放到大地，它包括防静电水磨石地面、防静电橡胶地面、PVC防静电塑料地板、防静电地毯、防静电活动地板等。

③ 防静电操作系统。防静电操作系统指的是在电子产品生产工艺流程中经常与元器件接触摩擦的防护设备，这些设备包括工作台垫、防静电包装袋、防静电料盒、防静电周转箱、防静电物流小车、防静电烙铁及工具等设备。

④ 静电场测试仪。静电场测试仪是用于测量台面、地面等表面电阻值的仪器。平面结构场合和非平面场合要选择不同规格的测量仪。图13-26为一款非接触式手持静电场测试仪的外观示意图。

⑤ 人体静电测试仪。图13-27为腕带测试仪和全身静电测试仪的实物外形。腕带测试仪可以准确、迅速、方便地检测接地系统是否符合标准。腕带测试仪可在任何地点迅速检查各种接地系统，确保员工安全。

由于腕带的抗静电材料受人为原因而失效的可能性较大，员工每天上班前都应进行检测腕带是否有效。

图13-26　非接触式手持静电测试仪的外观

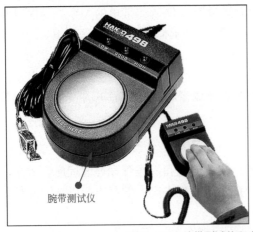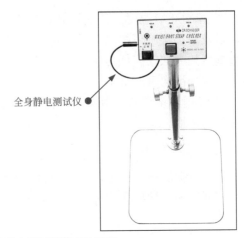

全身静电测试仪

腕带测试仪

图13-27　腕带测试仪和全身静电测试仪的实物外形

全身静电测试仪是用于测量人体携带的静电量、人体双脚之间的阻抗的仪器，它还可以测量人体之间的静电差和腕带、接地插头、工作服等的阻抗是否有效的。它还可以作为入门前的放电设备，直接将人体静电隔在车间之外。

提示说明

电子产品制造中防静电技术指标要求如下。

① 防静电地极接地电阻小于 10Ω。

② 地面或地垫：表面电阻值为 $1\times10^{5}\sim1\times10^{10}\Omega$，摩擦电压小于 $100V$。

③ 墙壁的电阻值为 $5\times10^{4}\sim1\times10^{9}\Omega$。

④ 工作台面（垫）：表面电阻值为 $1\times10^{6}\sim1\times10^{9}\Omega$，摩擦电压小于 $100V$；对地系统电阻为 $1\times10^{6}\sim1\times10^{8}\Omega$。

⑤ 工作椅面对脚轮电阻为 $1\times10^{6}\sim1\times10^{8}\Omega$。

⑥ 工作服、帽、手套摩擦电压小于 $300V$；鞋底摩擦电压小于 $100V$。

⑦ 腕带连接电缆电阻为 $1M\Omega$；佩戴腕带时系统电阻为 $1\sim10M\Omega$。脚跟带（鞋束）系统电阻为 $0.5\times10^{5}\sim1\times10^{8}\Omega$。

⑧ 物流车台面对车轮系统电阻为 $1\times10^{6}\sim1\times10^{9}\Omega$。

⑨ 料盒、周转箱、**PCB** 架等物流传递器具的表面电阻值为 $1\times10^{3}\sim1\times10^{8}\Omega$，摩擦电压为 $100V$。

⑩ 包装袋（盒）的摩擦电压小于 $100V$。

⑪ 人体综合电阻为 $1\times10^{6}\sim1\times10^{8}\Omega$。

13.2.3　整机总装中的屏蔽措施

随着电子技术的飞速发展和人类实践活动的需要，电子产品的使用已扩展到各个领域。但是由于这些电子设备的散布密度越来越大，空间磁场越来越强，相互之间的干扰也越来越强烈，怎样才能消除干扰成了人们关注的焦点。为了保证电子设备能够准确、稳定、可靠地工作，必须消除干扰或把它们控制在允许的范围之内。通过实验证明，能抑制这些干扰最有效的方法就是采用屏蔽措施和正确的接地方法。

屏蔽就是对两个空间区域之间进行金属的隔离，以控制电场、磁场和电磁波由一个区域对另一个区域的感应和辐射。具体来讲，就是用屏蔽体将元器件、电路、组合件、电缆或整个系统的干扰源包围起来，防止干扰电磁场向外扩散以及防止它们受到外界电磁场的影响。

（1）静电屏蔽

静电屏蔽主要是用于防止静电场的影响，其作用是消除两个电路之间由于分布电容的耦合而产生的干扰。静电屏蔽的方法是使用导体将要屏蔽的空间闭合包围，达到屏蔽的目的。

其原理是：导体的结构中有可自由移动的电子，当导体处于外电场中时，自由移动的电子会在电场场强产生的静电力作用下定向移动，使导体上的正负电荷分离，这种分离直到导体产生的场强与外电场场强在闭合导体内产生的场强等大反向为止，这时候就达到了一个不再变化的平衡态，称为静电平衡态。这时候，导体上电荷产生的电场在导体围成的闭合空间内的场强与外电场的场强抵消，从而使导体产生另一个电场与导体闭合内部合场强为0，不受外电场干扰。静电感应对于在强电厂中的高输入阻抗电路是一种主要干扰。

（2）磁场屏蔽

磁场屏蔽主要用于抑制寄生电感耦合，依靠高导磁材料所具有的低磁阻，对磁通起着分路的作用，使得屏蔽体内部的磁场大为减弱。

利用磁性屏蔽材料可以给磁场提供一个低磁阻的磁通路，磁场越强，磁通路的磁阻越低，磁导率越高。由于磁性材料与被屏蔽出的磁场有着密切的联系，因此在进行磁性屏蔽设计之前，首先需要进行现场的磁场强度测试，根据绘制的测试结果图进行磁性屏蔽材料、厚度、尺寸等选择与设计。

（3）电磁屏蔽

电磁屏蔽是利用屏蔽体阻止电磁场在空间传播的一种措施。在元器件之间，可能会存在着电场和磁场的耦合，如线圈与线圈之间、导线与导线之间。工作在高频的元器件将会辐射出高频磁场，因此，必须对电场和磁场同时进行屏蔽。

电磁屏蔽常采用低电阻、高导电率的金属材料（铜、铝等）作为屏蔽体。利用电磁场在屏蔽金属内部产生的感应电流，而感应电流又产生磁场与原磁场相互抵消的原理，来获得屏蔽功能。图13-28为电磁屏蔽箱的外形。

图13-28　电磁屏蔽箱的外形

13.2.4　整机装配

图13-29为数字收音机电路板安装焊接示意图。根据该示意图即可完成对数字收音机电路板的装配焊接。

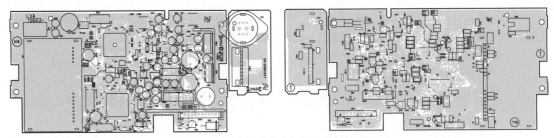

图13-29　数字收音机电路板安装焊接示意图

图 13-30 为数字收音机的整机装配图和配件清单。根据该图可完成对电路板及各组成部件的组装和连接。

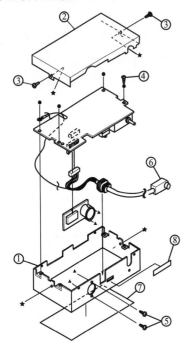

配件清单

序号	编码	名称	数量
1	LV21339-002A	BOTTOM CASE	1
2	LV33795-002A	TOP CASE	1
3	QYSDST2606N	SCREW	2
4	QYSDST2606Z	SCREW	4
5	LV41152-001B	SPECIAL SCREW	2
6	QAM0421-001	CAR CABLE	1
7	LV33864-001A	NAME PLATE	1
8	LV43298-001A	LABEL	1

图13-30　数字收音机的整机装配图和配件清单

图 13-31 为最终装配好的数字收音机效果图。最后，根据图 13-32 所示，可指导装配人员完成数字收音机的总装操作。

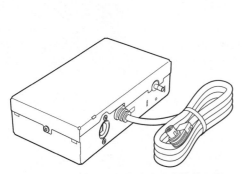

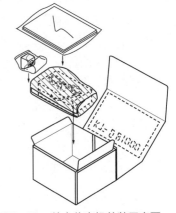

图13-31　最终装配好的数字收音机效果图　　　图13-32　数字收音机总装示意图

13.3
电子产品整机检验

13.3.1 电子产品整机检验的工艺流程

由于电子产品电路设计的近似性、元器件的离散性和装配工艺的局限性，装配完的整机一般都要进行不同程度的调试和检验，所以在电子产品的生产过程中，调试和检验工序是一个非常重要的环节。调试和检验工艺水平在很大程度上决定了整机的质量。如从整机总装工艺流程详图、简图中我们也可以看到，整机总装中的每一道工序环节都必须进行调试检测，以保证每一道工序的制作（生产）过程符合技术（生产）要求。

在整机生产过程中，一个或一系列性质相同的工作完成后，所进行的操作或所制作的"产品"（相对于该工序而言）要送到下一道工序中，继续生产之前，都需要进行调试检测。这样既不会影响工作流程间的衔接，而且还能够确保在进行下一道工序之前，所有的生产都能够达到技术标准，从而有效地降低生产过程中的损耗，保证生产的顺利进行，确保最终生产的产品质量。

根据整机总装的工序流程，调试检验一般可以分为装配准备前的检测、印制电路板装配前的来料检验、印制电路板装配后的电路调试检测、箱体组件装联前的检测和整机总装后的调试检测这五个主要环节，如图13-33所示。

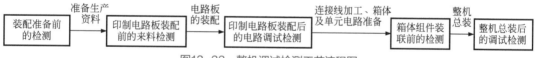

图13-33　整机调试检测工艺流程图

（1）装配准备前的检测

装配准备前的检测主要是对电子产品总装过程中所要用到的主要电子元器件进行检测，以确保电子元器件的基本功能和属性是正常的。由于其涉及的范围较为广泛，因此在电路板装配完成后以及整机总装完毕后都会涉及对电子元器件的检测。

除此之外，这一阶段的检测还包括对整个工作环境及生产所用的仪器设备的检测，例如工作场所的环境是否整洁，温度、湿度是否符合所生产产品的生产要求，生产过程中的设备是否齐备、生产线是否装配合理，生产设备是否正常等。

（2）印制电路板装配前的来料检测

印制电路板来料前的检测主要包括对生产中所需要的来料情况进行检测、对生产中需要用到的工艺文件和技术文件进行检查等。

其中对来料情况的检测是该检测环节的重点内容。它主要包括对元器件来料的检测、对印制电路板来料的检测以及对焊锡膏来料的检测等。

① 对元器件来料的检测与第一个环节中对电子元器件检测的内容有所不同，这一环节的检测主要是检测生产所需的电子元器件的属性和规格是否符合电路板的装配要求。

② 对印制电路板来料的检测主要包括印制电路板尺寸、规格的检测、印制电路板可焊性以及印制电路板内部缺陷的检测等。

③ 对焊锡膏的检测主要包括焊锡膏金属百分含量的测试、焊料球的测试、焊锡膏黏度的测试以及焊锡膏金属粉末氧化物含量的测试等。

（3）印制电路板装配后的电路调试检测

印制电路板装配后的电路调试检测主要是指印制电路板装配完成后，对装配好的电路板进行电路连通，对电路装配质量、电路功能实现情况和元器件安装可靠性等方面进行检测。通常，这一部分的检测是整机调试检测中最主要也是最重要的一个检测环节。其检测工艺、检测方法和检测所使用的设备也是多种多样，根据不同的要求和生产设备情况，具体的调试检测过程也会有所区别。

（4）箱体组件装联前的检测

箱体组件装联前的检测主要包括两部分内容，一部分是对装联所需的各单元部件进行检测，另一部分是对箱体装联的布线工艺以及箱体连接线进行检测。例如，检测箱体装联中所用到的单元电路板的性能、尺寸是否符合技术要求，箱体的外形、尺寸是否符合设计规格，箱体连接线的布线设计是否达到标准，箱体连接线的尺寸、数量是否与设计文件要求一致等。

（5）整机总装后的调试检测

整机总装后的调试检测主要是对总装好的电子产品进行全面的调整和测试，这也是整个总装过程中最后一道检测环节。因此，整机总装后的检测非常重要。其检测内容包括对整机性能的调试和对整机质量的检测两部分。

对整机性能的调试是通过相关的仪器设备，对电子产品中需要调整的元器件或电路属性进行调试，使其能够满足设计要求，达到出厂标准。

对整机质量的检测包括对整机外观的检测，整机性能的检测，整机稳定性的检测，整机寿命的检测以及整机的总装工艺是否符合要求，整机的外观是否平整、光洁，整机的布线是否合理，整机的操作使用是否满意等。

13.3.2 电子产品整机功能的检验工艺

在线测试仪能够有效地查找组装过程中发生的各种缺陷和故障，但是它不能够评估整个线路板所组成的系统在时钟速度时的性能。功能测试（Functional Circuit Test，FCT）则可以测试整个系统是否能够实现设计目标。FCT 指的是对测试目标板（Unit Under Test，UUT）提供模拟的运行环境，使目标板工作于设计状态，从而获取输出，进而验证目标板功能状态的测试方法。简单地说，就是对目标板加载合适的激励，测量输出端响应是否符合要求。

图 13-34 为一种通用功能测试系统，这个系统使用特定的测试夹具和专用的测试电路，在被测电路板通电的前提下，由计算机控制，自动测试预先指定的测试点的电压、电流、频率、波形、占空比等电特性参数，根据需要，可通过特定的电路，产生被测电路需要的激励信号，根据被测电路板对特定激励信号的响应情况，测试被测电路板的逻辑功能，所有测试结果可在计算机显示器输出，并且根据测试结果和预先输入的误差范围，从而自动判别被测电路板是否存在功能性故障的测试设备。根据被测电路板的不同，此系统可广泛适用于多种不同产品类型的电子制造企业。

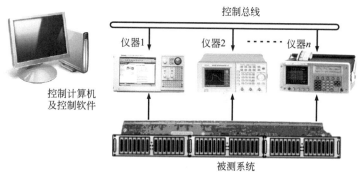

图13-34 通用功能测试系统

功能测试有多种形式，它们分别为模型测试系统、专用测试设备（STE）和自动测试设备（ATE）。

（1）模型测试系统

模型测试系统就是模拟线路板或模块工作的真实环境。具体的测试方法是：首先，将要测试的线路板或模块放到模型测试系统中，然后看该线路板或模块是否能够正常进行工作，如果能够正常工作，我们可以判断它是合格的；若不能正常工作，则说明其有缺陷，接下来就可以对其进行检测维修。

实际上，模拟测试系统有很多缺点而且效果不佳。与传统测试平台相比，这种模型测试系统得成本也比较高。此外，模型环境下的子系统维护非常复杂、耗时且成本高。集中式维修中心很快就会被不断出现的模型子系统填满，而且每个都需要特定的文件和培训、操作指导与维护。同时，仅仅将被测设备插在系统中还不够，还必须执行一系列正确的操作步骤以保证其工作正常，或检查它为什么不能正常工作。这些专门的测试步骤成本和复杂性都非常高，而且很耗时，在操作中还需要熟练的技术人员来执行。最后，即使进行了专门的改造，在系统上进行单元调试也很麻烦且不实际，操作流程控制上的局限性以及缺乏诊断工具很快使这种方法在经济上变得不可接受。

（2）专用测试设备（STE）

专用测试设备是对测试台的一种改进，它在理论上实现了测试台的操作自动化，通常用于生产或维修中心。专用测试设备包括一台电脑和一些可编程仪器，它们通过专用总线（采用 IEEE、VXI、PXI 或 PCI 标准）对设备进行控制。各种仪器和通用设备叠加在一个或多个垂直机箱里，与被测设备相连。其中，连线和接通可自动进行并有软件控制，不过这会使接收器的内部连线变得更加复杂，数字信道通常在一个机架上，然后由另一个单独机架包含开关阵列对模拟仪器进行连接及分配。如果需要模拟／数字信道，夹具可以提供跳线，为使成本、空间和灵活性达到最优，通常还要专门针对具体的项目或程序进行设置，因此新的项目要设计新的 STE。幸好有了自动化处理，设置时间、测试时间以及整体操作都比手工测试台更加快速而容易。尽管生产测试程序较为复杂，但是所需的文件将大大减少，并且专用测试设备可扩充以满足多种性能需要。

（3）自动测试设备（ATE）

通用自动测试设备（ATE）是一种非常先进灵活的方案，可以满足多种产品与程序测试要求，从最初出现迄今已有三十多年历史。当微型计算机控制的仪器出现以后，ATE 的结构设计为直接针对测试需要，系统集成、信号连通灵活性、增值软硬件、面向测试的语言、图形用户界面等是 ATE。

功能测试 ATE 是一种商用系统，有很多公司都提供这类设备。用于并行测试的数字通道是 ATE 主要部分之一，它通常使用专用结构。这是由于它专门设计用于满足各种测试要求，了解速度、控制性能、数据深度、整个时序范围灵活性、宽电压幅值等特性，可使我们知道它如何方便地使系统满足每个人的测试需求。串行数字测试带有大量协议，通常由集成到系统内部的专门仪器提供，IEEE1194.2 或 JTAG ／边界扫描测试技术也是同样情况，可以完整集成到综合测试环境中。

与专用测试设备的结构类似，自动测试设备系统结构中集成了很多可提供模拟测试功能的商用仪器。其中，计算机与仪器之间建立了一个双向通信以实现驱动仪器，使用户可以与其进行交流。这种方式下通过交换字符串或调用 C 程序对仪器编程，使得任务冗长而复杂，同时程序文件编制、程序改变或调试操作都需要技巧与耐心。此外，如果仪器已经陈旧需要更换，那么所有程序都需要纠正，通常 STE 上用户使用仪器就是采用这种方式。

值得一提的是，我们上面所说的"集成"需要澄清，它并非真正的集成，而只是一个简单的接口。

除了仪器全面集成带来的优点之外，ATE 还能为信号路由和连接提供更好方案。ATE 专用背板大多数情况下包括一个模拟总线，可以让仪器直接连到任何引脚，而不会使内外引线变得复杂。这种灵活性通常可扩展到将模拟和数字通道合在一起（混合通道），使用户在任何时候连接数字或模拟激励，并测量接收器任意引脚。其结果是不仅使成本大大简化降低，同时测试程序也更易于实现。

ATE 的模块化设计可使其通用特性在不同项目间完全得到表现，即相同的系统、相同的软件、相同的培训与文件系统，以及相同的操作。

不管是开发、生产还是运送测试，ATE 都可以作为整个流程的一部分，其本身也有一个结构化流程以便达到最佳使用效果。测试程序编制还包括链接到 CAE 数据库，程序编制不管是人工还是用模拟驱动，通常都有很好的结构可连接到外部程序资源、并行测试生成部分、图形编程、无缝修正、文件自生成以及和调试等的全面链接。调试与运行功能包括失效停止、循环、条件分支、实时改变、模拟与数字内部探测，及所有可以简化程序员与操作员工作的功能。

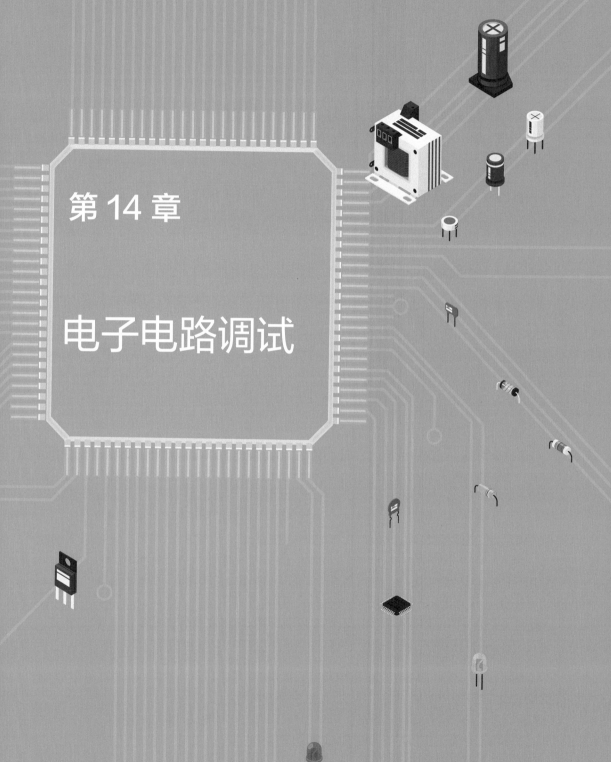

第 14 章

电子电路调试

14.1
调幅（AM）收音电路的调试

14.1.1 调幅（AM）收音电路

图 14-1 为中波段七管超外差式收音机电路的原理图。该电路可分为输入及变频电路、中频放大电路、检波及自动增益控制电路、音频放大电路。

提示说明

性能指标：频率范围为 525～1605kHz；灵敏度不劣于 2mV/m；选择性偏调 ±10kHz 时，衰减不低于 14dB；不失真功率大于 100mW。

（1）输入及变频电路

输入电路由 C1、C2 和 L1 组成。外来调幅信号经输入电路调谐选台后，将所需信号通过 L1 的次级耦合到变频电路。

V1（3DG200）为变频管，R1、R2 为偏置电阻，L2（SZZ1）、C5、C7、C8 组成本机振荡回路，电路为自激式变频电路。调节 R1 的阻值可使 I_{C1} 在 0.4～0.6mA 的范围内。

经变频后产生的 465kHz 中频调幅信号，通过变压器 T1（SZP1）和 C6 谐振回路的选择，耦合输送到中放电路。R3 为 Q 值调整电阻。

（2）中频放大电路

中频放大电路由两级中放组成，V2（3DG200）、V3（3DG200）为中放管，R5、R8 分别为 V2、V3 的偏置电阻。C10、C14 分别为两级的中和电容（不自激时可不接），T2、T3 为中频变压器，型号为 SZP2 和 SZP3，C11、C15 为谐振电容，C12、C13 为高频旁路电容。

电源电压降低时，对硅管的静态工作点影响较大，为了保证变频电路和中放电路工作稳定，偏置电路采用两只硅二极管 VD3、VD4 进行稳压，稳定电压约为 1.4V，可用 3DG 的 eb 结代替。为了获得较好的自动增益控制效果，V2 的静态工作电流选在 0.35～0.6mA，调节 R5 可使 I_{C2} 达到要求。调节 R8 可使 V3 的工作电流 I_{C3} 在 0.6～0.9mA 范围内。V2 和 V3 工作点的调试方法与 V1 相同。

经过两级中放的中频调幅信号，通过中频变压器 T3 耦合到检波电路。

（3）检波及自动增益控制电路

检波器由 T3 次级、检波二极管 VD2、C16、R9、C17 组成。检波后的音频信号电压通过音量电位器 R10 和耦合电容 C18 送至音频放大电路。

由检波电路和 R7、C9 组成简单 AGC 电路。为提高电路对强信号的承受能力，本机加有二次 AGC 电路，由 VD1、R4、R6、C12 构成。

当强信号输入时简单 AGC 电路已起作用，V2 的集电极电流受控减小，R6 上的压降随之减小，VD1 上的反向偏压降低，VD1、R4 电路的分流作用增强，第一中频变压器 T1 的谐

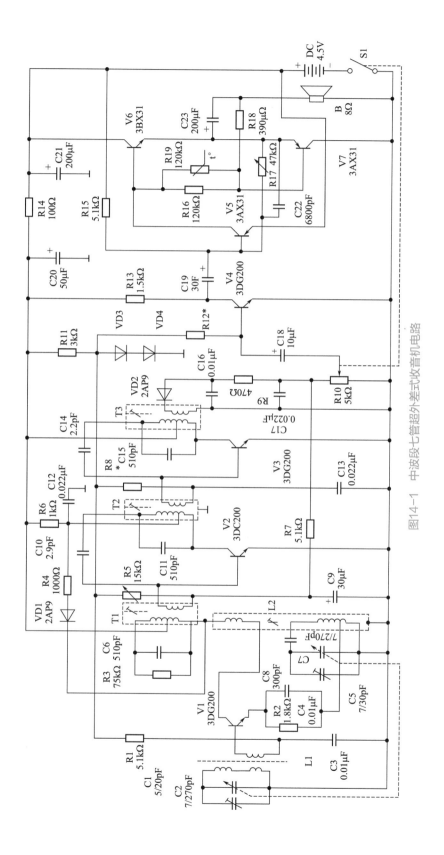

图14-1 中波段七管超外差式收音机电路

振阻抗降低，增益下降，实现二次 AGC 控制作用，这里 VD1、R4 起了变阻二极管的作用。

（4）音频放大电路

音频放大电路由电压放大、激励放大和互补对称功率放大三部分组成。V4 是电压放大管，采用简单的偏置电路，调节 R12 使 V4 的工作电流 I_{C4} 在 0.7～0.9mA。由检波器输出的音频信号电压经 V4 放大后，通过阻容耦合，送到激励放大管 V5 的基极。V5、V6、V7 组成直接耦合 OTL 功放电路，是音频放大电路的主要部分。信号经 V5 放大，输出的信号加至 V6、V7 的基极，由两管交替导通放大后去推动扬声器发声。

R15、R17 为 V5 的偏置电阻，C22 为反馈电容，R16、R19 并联构成偏置，使互补推挽管处于甲乙类工作状态，功放机工作电流为 4～7mA。互补推挽电路中没有专门设置自举电阻和电容，而是将 V5 的负载 R18 接到放大电路的输出端，通过扬声器接电源，这样借用扬声器为自举电阻，借用输出电容 C23 为自举电容，来实现"自举"。C20、R14、C21 组成电源退耦电路。

14.1.2　调幅（AM）收音电路的调试方法

收音机的结构简单，可直接对其进行整机的调试，图 14-2 为整机调试的流程图。

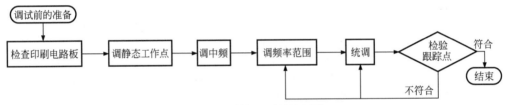

图14-2　整机调试的流程图

（1）调试前的准备

根据相应的调试项目，准备好所需的工具、仪器及设备，如无感改锥、电烙铁、助焊剂、焊锡、示波器、毫伏表、信号发生器、万用表、电源及相应的引线电缆等。

（2）检查印刷电路板

装配焊接过程中，在焊点接近的地方，很容易出现连焊或残留焊锡而造成短路的情况，调试以前一定要仔细检查。另外，还要检查有无漏焊和虚焊的地方。

（3）调静态工作点

首先进行通电检查，通电检查是将万用表电流挡串联在电源和收音机之间，观察整机总静态电流的大小。一般来说，分立电路超外差式收音机总静态电流在 10mA 左右，集成电路超外差式收音机总静态电流在 3mA 左右。若发现电流过大，说明电路可能存在短路；电流过小或无电流，表示电路存在断路。遇到上述情况，必须先排除故障，才能进行调试。

各级电路的晶体三极管的静态工作点的调整是否合适，直接影响到整机的性能。调整晶体管的工作点就是调整它的偏置电阻（通常是上偏置电阻），使它的集电极电流处于电路设计所要求的数值。调整一般从最后一级开始，逐级往前进行。

该机的功放电路是 V5～V7，采用直接耦合组成的 OTL 电路，这部分电路需要整体调整。

① 首先将 R14 断开，即断开电源供给前级的通路，将万用表直流电流挡（或直流电

流表）串接到电源开关 S1（此时 S1 应在断开位置）两端（应注意电流表的极性），如图 14-3 所示，此时电流表只表示 V5-V7 的总电流，正常值为 4～7mA。

图14-3　使用直流电流表测量V5-V7总电流

② 再使用一块万用表，将其功能切换开关拨至直流电压挡，测量 V6-V7 的发射极对地电压，如图 14-4 所示。将万用表的黑表笔接地（屏蔽线屏蔽层的接点即为地），红表笔接 V6 的发射极，测其对地电压。

图14-4　使用万用表测量V6-V7的发射极对地电压

③ 使用改锥调节 R17，如图 14-5 所示。使 V6 发射极的电压为电源电压的一半（$E_C/2$），也就是调整中点电压，正常值为 2.25V。

④ 此时测量 V5-V7 总电流万用表所指示的电流值应为 4～7mA，若不在此范围，可调整 R16 的阻值。由于 R16 是一固定电阻，因此在调整偏流时可用一个固定电阻和一个可变电阻串联后来代替，固定电阻和可变电阻串联后的总值可约等于 R16 的 1.5 倍，调整好后再换上固定电阻。

图14-5　调节R17

该机的变频、中放、音频电压放大电路，晶体三极管的基极偏置取自简单稳压电路，应选用万用表直流电压挡检测稳压电路，一般 VD3、VD4 串联压降为 1.3～1.4V，则认为稳压电路正常。图 14-6 为使用万用表检测 VD3、VD4 串联压降。

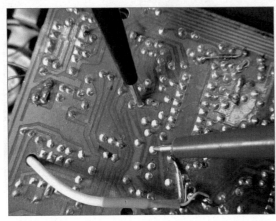

图14-6　使用万用表检测VD3、VD4串联压降

断开 V4 集电极或电阻 R13，串联电流表于断点，调整 R12 的阻值，使 V4 的集电极电流在 0.7～0.9mA 范围内。也可以用测量集电极电阻（有时测发射极电阻）上的压降的方法，这样就不必断开 V4 集电极或 R13。方法是使用内阻较高（20kΩ 以上）的万用表直流电压挡测量 R13 两端的电压，调整 R12 的阻值，使 R13 两端电压在 $U_c=I_c \times R_c=（0.7～0.9）\times 1.5=1.05～1.35V$ 范围内，如图 14-7 所示。

图14-7　测R13两端的电压

依次断开 V3、V2、V1 的集电极通路，分别调整 R8、R5、R1 的阻值，使各级的集电极电流达到相应要求。一般情况下，厂家在生产收音机前，都对元器件严格地进行筛选，晶体三极管的参数都在设计范围内，因此各级集电极电流也基本符合要求，尤其是采用简单稳压措施的电路调整工作更为简单。

值得注意的是：静态工作电流的调整，应在无信号输入时进行，特别是变频级。为避免产生误差，可采取临时短路振荡电路的措施（例如将双联中的振荡联短路），或调到无台的位置。

上述各级静态工作点调整完毕后，接通所有各级的集电极电流检测点，即可用电流表检查整机静态电流。此时可以开大音量电位器，调节双联可变电容器，试听接收电台广播是否基本正常。

（4）调整中频

调整中频，对于采用 LC 谐振回路作为选频网络的收音机来说，主要内容是调整中频变压器（中周）的磁芯，应采用塑料、有机玻璃或不锈钢制成的无感改锥缓慢进行。

当整机静态工作点调整完毕，并基本能正常收到信号后，便可调整中频变压器，使中频放大电路处于最佳工作状态。

维修时，新的中频变压器装入电路后，也需要进行调整。这是因为即使是同型号的中频变压器也会存在参数误差（允许误差），与它并联的电容器未同时更换（内装谐振电容的中周除外）；另外，机内存在着一定的分布电容，这些都会引起中频变压器失谐。但应注意，此时中频变压器磁帽的调整范围不应太大。

调整中频的方法较多，可选用高频信号发生器来调整中频，这是一种精确的调整方法，它是用由高频信号发生器发出的 465kHz 调幅信号为标准信号来调整的，因此，可以把中频频率准确地调整在规定的 465kHz 上。调整方法如图 14-8 所示，将调整所需的仪器按图所示接好即可进行。

调整时，把收音机本振电路短路，使电路停振，避去干扰。也可把双联可变电容器调置于无电台广播又无其他干扰的位置上。

接着从天线输入频率为 465kHz、调制度为 30% 的调幅信号，由小到大缓慢调节信号发生器的输出，当扬声器里能听到信号的声音时，即可调整中频变压器。从后向前逐级反复调整 T3、T2、T1，直到示波器波形失真最小，毫伏表指示最大为止。

若中频变压器谐振频率偏离较大，则在 465kHz 的调幅信号输入后，扬声器可能没有音频声输出，这时应微调信号发生器的频率，使扬声器出现音频声，找出谐振点后，再把高频信号发生器的频率逐步向 465kHz 位置靠近，同时调整中频变压器，直到其频率调准在 465kHz 位置上。这样调整后，还要减小输入信号，再细调一遍。

对于已调乱的中频变压器，采用偏调信号发生器频率的方法仍找不到谐振点时，可将信号发生器输出的 465kHz 调幅信号分别由第二中放管基极、第一中放管基极、变频管基极输入，从后向前逐级调整 T3、T2、T1。单一中放电路的调试方法如图 14-9 所示。

（5）调频率范围

收音机中波段频率范围一般规定在 526.5～1606.5kHZ，短波段也有相应范围（1.5～30MHz）。调整频率范围是指使接收频率范围能覆盖广播的频率范围，并保持一定的余量。如调整中波频率范围在 520～1620kHZ。

① 用高频信号发生器调整频率范围

使用高频信号发生器调整频率范围的方法如下：

a. 按图 14-10 所示连接仪器和待调收音机，把高频信号发生器输出的调幅信号接入具有开缝屏蔽管的环形天线，天线与待调收音机距离为 0.6m 左右，接通电源。

b. 调谐收音机的调谐旋钮使指针指向低端。把双联电容器全部旋入（此时应是刻度盘起始点）调整频率低端，将高频信号发生器的输出频率调到 520kHz，用无感螺钉旋具调整本机振荡线圈（本振）的磁芯，如图 14-11 所示，使外接毫伏表的读数为最大。

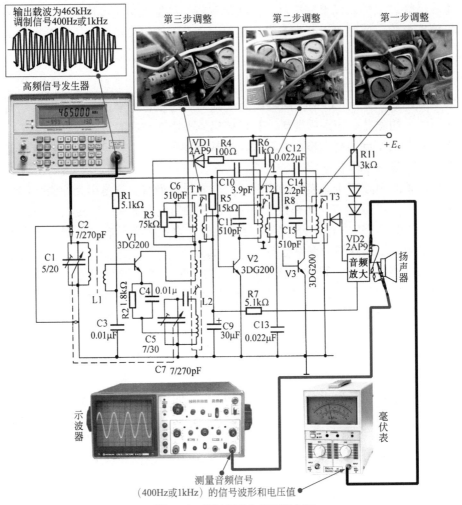

图14-8　用信号发生器调整中频

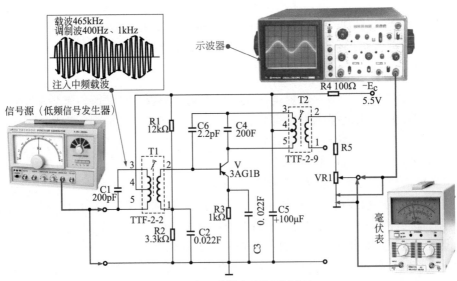

图14-9　单一中放电路的调试方法

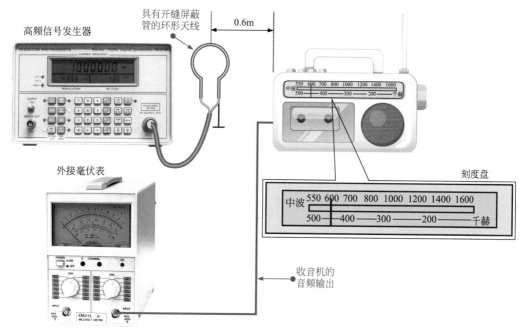

图14-10　高频信号发生器与收音机接线图

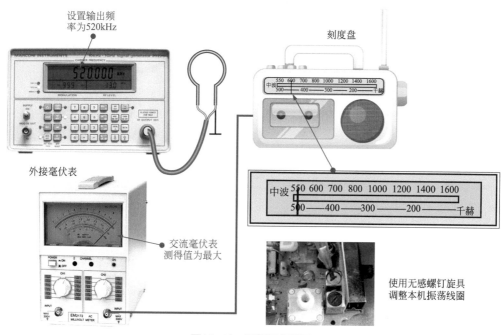

图14-11　调整频率范围

　　c. 再将高频信号发生器输出频率调到1620kHz，调谐旋钮至高频端，即把双联可变电容器全部旋出（此时应是刻度盘终止点），用无感螺钉旋具调并联在双联振荡联上的补偿电容，如图14-12所示，使毫伏表读数最大。有些收音机的补偿电容采用拉线电容器，需要用镊子缓慢拉线进行调整，如图14-13所示。若收音机高端频率高于1620kHz，可增大补偿电容的容量；若高端频率低于1620kHz，则应减小补偿电容器的容量。

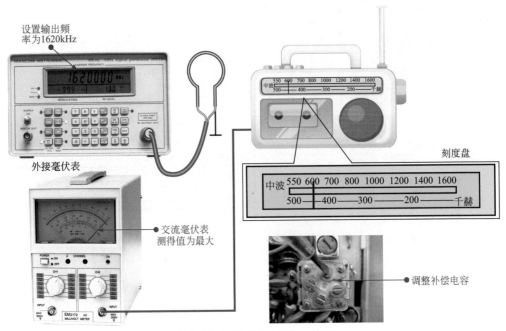

设置输出频率为1620kHz

外接毫伏表

交流毫伏表测得值为最大

刻度盘

调整补偿电容

图14-12　调整补偿电容的示意图

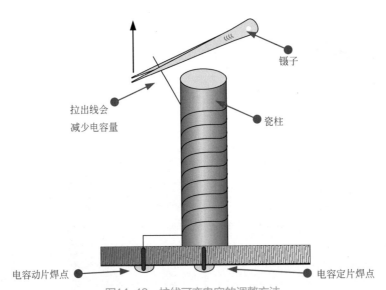

镊子

拉出线会减少电容量

瓷柱

电容动片焊点

电容定片焊点

图14-13　拉线可变电容的调整方法

用上述方法由低端到高端反复调整几次，直到频率范围调准为止。

有短波的收音机，其短波频率范围的调整方法与中波段的调整方法相同，只不过是低端调短波振荡线圈磁芯，高端调短波振荡回路上的补偿电容器。

② 利用电台广播调整频率范围

在业余条件下，如果没有高频信号发生器，可以直接在波段的低端和高端个找一广播节目代替高频信号，来调整频率范围。方法如下：

a. 先在波段的低端找一广播电台信号，如中波段666kHz。为了准确起见，可同时找一台已调好的标准收音机参照。调整本机振荡线圈的磁芯，使刻度对准时收听的广播节目声音最大（注意随时减小收音机的音量）。

b. 在波段的高端找一广播电台信号，如选1476kHz。调整并联在双联振荡联上的补偿电容器的容量，使收听到的广播节目声音最大。

如此反复调整几次，基本上能保证收音机接收的频率范围。

（6）统调

我们知道，使用超外差式收音机时，只要调节双联可变电容器，就可以使输入电路和本机振荡电路的频率同时发生连续的变化，从而使这两个电路的频率差值保持在465kHz上，这就是所谓的同步或跟踪（只有如此才有最佳的灵敏度）。实际上，要使整个波段内每一点都达到同步是不易的。为了使整个波段内能取得基本同步，在设计上输入电路和振荡电路时，要求收音机在中间频率（中波1000kHz）处达到同步，并且在低端（中波600kHz）通过调整天线线圈在磁棒上的位置（改变电感量），在高端（中波1500kHz）通过调整输入电路的微调补偿电容的容量，使低端和高端也达到同步。这样一来，其他各点的频率跟踪也就差不多了，所以在超外差式收音机整个波段范围内有三点是跟踪的。以调整频率补偿的方法实现三点跟踪，也称为三点同步或三点统调。

① 用高频信号发生器统调

a. 调节高频信号发生器的频率调节旋钮，使环形天线送出600kHz的标准高频信号，将收音机的刻度定在600kHz的位置上，改变磁棒上天线线圈的位置，使毫伏表读数最大，如图14-14所示。

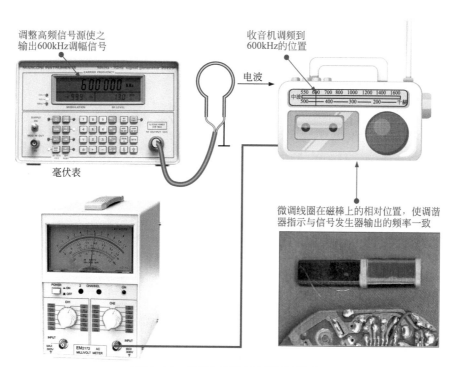

图14-14　调整收音机中波低频的跟踪

　　b. 再将高频信号发生器输出频率调到 1500kHz、将收音机刻度定在 1500kHz 位置上，调整输入电路的补偿电容（C1）的电容，使毫伏表指示最大，如图 14-15 所示。

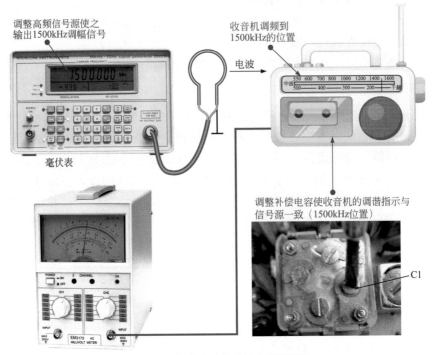

图14-15　调整收音机中波高频的跟踪

　　如此反复多次，直到两个统调点 600kHz、1500kHz 调准为止。

　　有短波的收音机，其短波的统调方法与中波的调整方法一样。只是在统调时由于短波天线线圈在磁棒上移动不大，通常需要将线圈增减一、二圈（或改变天线线圈中磁芯的位置）。

　　② 利用电台广播统调

　　对于条幅中波收音机的统调，可以在低端 600kHz、高端 1500kHz 附近，分别选择两个广播电台节目作为信号直接调整，调整方法与使用高频信号发生器时相同。例如在北京地区可选择 639kHz 和 1476kHz 的广播节目进行统调，分别反复调整 L1 的位置和 C1 的容量，使收到的广播节目声音品质最佳。

14.2
调频（FM）收音电路的调试

14.2.1　调频（FM）收音电路

　　调频接收机与调幅接收机的部分电路是可以共用的，只需增加一些元器件就能很方便

地组成调频 / 调幅（FM/AM）接收机。调频（FM）收音电路的调试方法与调幅（AM）收音电路的调试方法有很多相似的地方。

目前，国内市场上很多的调频收音机都是集成电路单片调频 / 调幅收音机及单片收音电路，尽管所使用的大规模集成电路在功能、性能上略有差异，但外接电路基本上是类似的。

图 14-16 为调频收音机 ULN2204 的电路方框图及外引线。ULN2204 为 SPRAGUE 公司的产品，国内常见的同类产品型号有 SL2204、CS2204、D2204 等，该电路采用 16 引线双列直插塑料封装，适用于组装袖珍式、便携式或台式收音机。

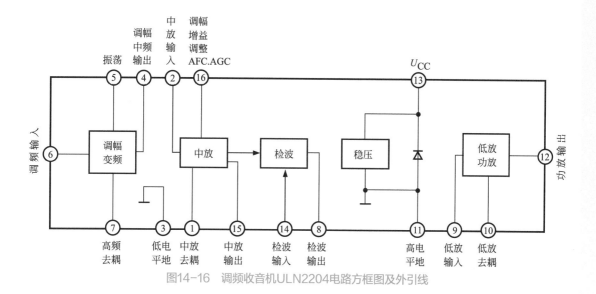

图14-16　调频收音机ULN2204电路方框图及外引线

图 14-17 是用 ULN2204 集成电路组成的调频 / 调幅二波段收音机的实用电路图。

该机是 FM/AM 二波段袖珍式收音机除共用部分外，调频部分还有专用的天线、输入电路、高放、变频、鉴频等电路。

由图 14-17 可知，从调频天线（通常是拉杆天线）将天空中的无线电波感应下来，成为调频信号电流，经过 C1 耦合到 L1、C2 组成的谐振电路。由 L1、C2 组成的谐振电路谐振频率选择在 87~108MHz 的调频频段内，当有调频信号电流经 C1 进入电路时，在 L1、C2 两端有较大的电压，这一电压经 C3 耦合至高放级 V1 的发射极，经高频放大后的调频信号由 C5 耦合至变频级 V2 的发射极；再经变频而得到中频（10.7MHz）信号，由负责选频的中频变压器 T3、T4 与谐振电容 C15、C20 谐振输出进入集成电路 ULN2204 的第②脚；另外五级中频放大后的中频信号，从第 ⑮ 脚输出，经第 ⑭、⑮ 脚间电路进行鉴频而取出音频信号；该信号从第⑧脚输出，经去加重网络等进入⑨脚；音频信号经低频放大后，从 ⑫ 脚输出送至扬声器 B。

14.2.2　调频（FM）收音电路的调试方法

图 14-18 为调频收音电路的调试流程图。

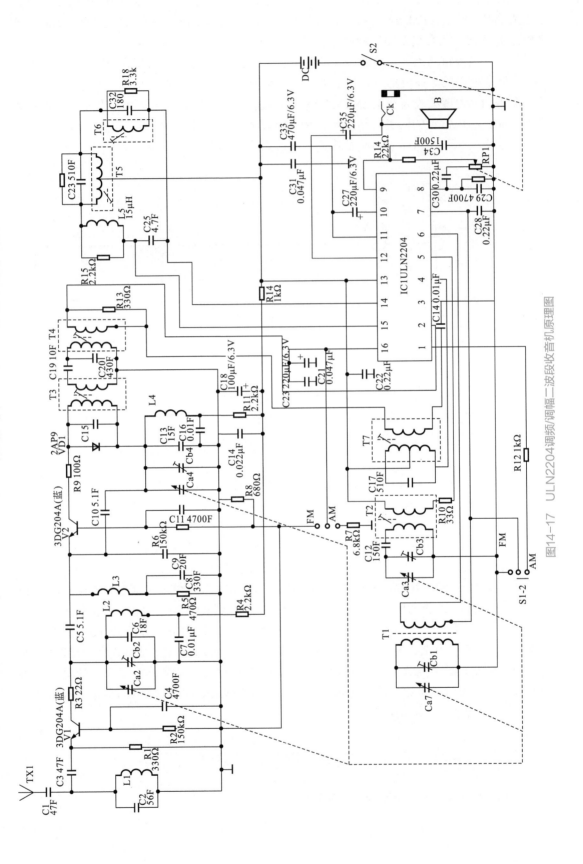

图14-17 ULN2204调频/调幅二波段收音机原理图

图14-18　调频（FM）收音电路的调试流程图

（1）中频电路调试

中放的输出是与鉴频器相连，由于现代的调频收音部分大量采用了无需调整的谐振元件，如三端陶瓷滤波器，因此，给调试工作带来了极大的便利，这种机器不用调整中频电路，有的机器也只需将鉴频输出的 S 曲线调整好，中放就算调整完毕了。

① 中频扫频仪调试法。这种调试法比较精确，图 14-19 为中频扫频仪与待调收音机接连示意图。

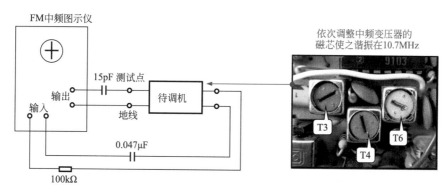

图14-19　中频扫频仪调试中频示意

从 FM 中频电路的输出端经 R（100kΩ）、C（0.047μF）网络接至扫频仪的输入端，扫频仪的输出端经一只 15pF 的电容器接在 FM 中频电路的输入端，调试时使用无感改锥微调中频变压器磁芯使中频特性对称，S 形鉴频曲线如图 14-20 所示。调试应反复进行，直至效果最佳为止。

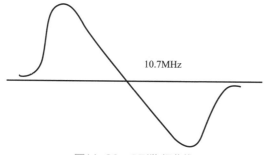

图14-20　S形鉴频曲线

② 不用仪器调试中频法。在业余条件下，不具备专业调试条件，可根据声音输出大小为依据进行粗调，方法如下：转动调谐旋钮收听调频广播，使收到的电台声音最大；然后用无感螺钉旋具调节中频变压器 T4 的磁芯使输出声音最大；再调 T3 的磁芯，仍以输出音量最大为准，如此反复调节几次。调试时要注意缩短或转动拉杆开线以减弱信号，并同时将音量关小，以便于辨别声音的大小。鉴频的调整以 T6 为主，调整 T6 时要使声音失真为最小。这种调试方法，虽不精确，但在调频广播电台不多的情况下仍可得到比较满意的效果。

（2）高频电路调试

高频电路的调试，一般指高放、本振，因混频输出为中频选频电路，调整工作已在中频完成，故不再列入。

① 信号发生器。图 14-21 为高频电路调试示意图。图中假负载的结构见图 14-22，信号发生器最好采用调频信号发生器。

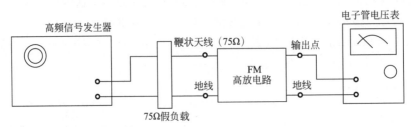

图14-21　高频电路调试示意图

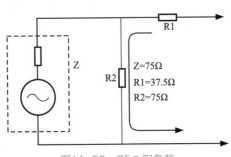

图14-22　75Ω假负载

② FM 中放的调整实例。FM 中放的电路结构和调试仪表的连接方法如图 14-23 所示。先调静态工作点，使中放管 VT1 集电极电流为 2mA。再用扫频仪调试电路，调整中频变压器磁芯，使中放电路的频带中心为 107MHz。

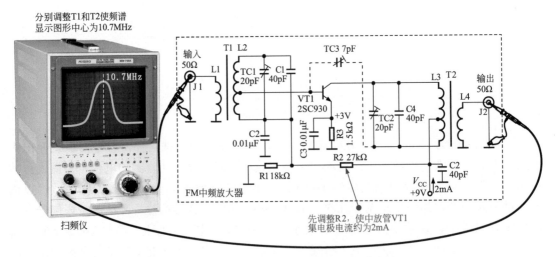

图14-23　FM中放的电路结构和调试仪表的连接

③ 不用仪器调试高频法。不用仪器调试高频电路的方法与前面介绍的调试中频的方法相似，也是利用接收当地电台广播信号进行。

（3）立体声解码器的调试

目前使用的立体声解码器，因集成电路本身制造工艺就能保证双声道之间的分离度达 45dB 以上，只要中放增益足够高，实现信号通道分离度大于 20dB 是容易的，因此分离度一般未设调整电路。但目前普遍使用的 TA7343 解码器应调整 VCO 的自由振荡频率，确保立体声分离度达最佳效果。测试和应用电路如图 14-24 所示。

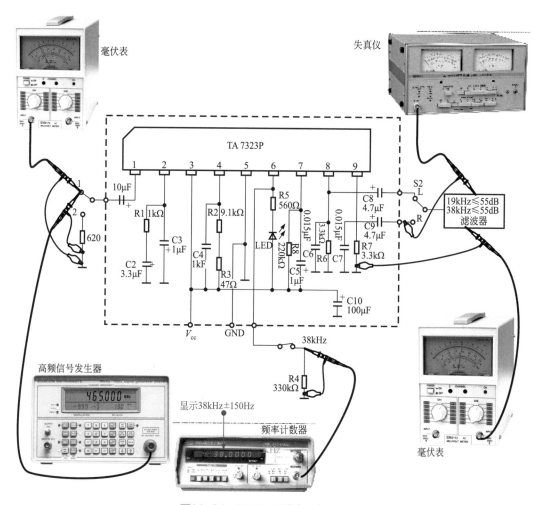

图14-24　TA7343测试和应用电路

调整步骤为：

① 将 TA7343P 的⑥脚对地焊上一个 330kΩ 电阻；

② 将收音机置于立体声调频收音位置；

③ 调整④脚的电阻 R3，使频率计数器读数为 38kHz±0.15kHz；

④ 调整高频信号发生器使之输出立体声信号，分别检测 L 声道和 R 声道的输出电平和失真度。

14.3
数字电路单元的调试

14.3.1 时钟振荡器的调试

图 14-25 为时钟振荡器的调试点，主要是通过调整电路中的电阻阻值的方法，来满足时钟振荡器的振荡波形和振荡频率。

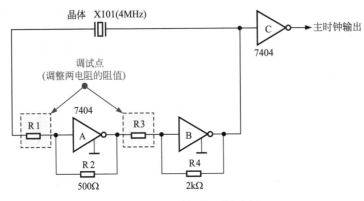

图14-25 时钟振荡器的调试点

由图 14-25 可知，晶体 X101 的频率为 4MHz，电路中的 R1 和 R3 为所要调试的电阻，这两个电阻的阻值调整范围应在 160～240Ω 之间。

图 14-26 为时钟振荡器的调试方法，将示波器表笔连接在主时钟输出的位置上，接地夹接地，同时将频率计数器也接在主时钟输出的位置。当电阻 R1 和 R3 的阻值为 200Ω 时，示波器显示的波形和频率计数器显示的频率才处于最佳状态。

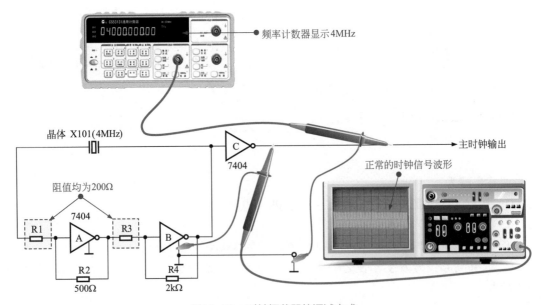

图14-26 时钟振荡器的调试方式

14.3.2 方波信号产生电路的调试

图 14-27 为方波信号产生电路的调试点，为了让该电路的信号波形处于理想的状态，需要通过调整电阻 R_C 的阻值和电容 C 的容值。

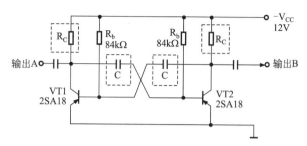

图14-27 方波信号产生电路的调试点

当电阻 R_C 的阻值为 1.2kΩ，电容 C 的容值为 850pF 时，输出信号的波形才能达到最佳，如图 14-28 所示。

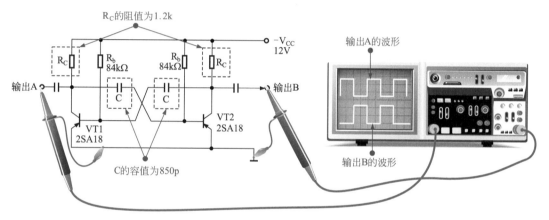

图14-28 方波信号产生电路的调试方式

14.3.3 脉冲延迟电路的调试

图 14-29 为脉冲延迟电路的调试点，同时调整可变电阻 R 的阻值和电容 C 的容值，即可得到正常的脉冲信号。

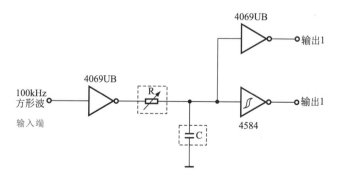

图14-29 脉冲延迟电路的调试点

当可变电阻 R 的阻值调到 470Ω，电容 C 的容值调到 1000pF 时，该脉冲延迟电路的信号才处于最佳状态。首先在输入端接入脉冲信号发生器，然后利用示波器测试 A、B、C、D 的波形，如图 14-30 所示。

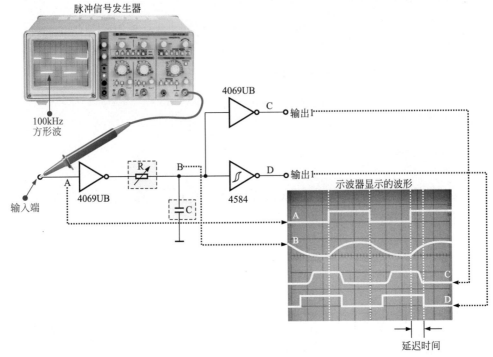

图14-30 脉冲延迟电路的调试方式

14.3.4 脉冲整形电路的调试

对于脉冲整形电路的调试，主要是通过调整加速电容的容量来得到电路所需信号。加速极电容的作用是为了减少波形的延迟，这样会使脉冲沿变尖，可以减少输入电容对波形的影响，其波形如图 14-31 所示。

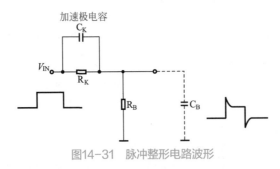

图14-31 脉冲整形电路波形

图 14-32 为电路中无加速电容和有加速电容的对比图，由图可知，图 14-32（b）明显比图 14-32（a）的延迟时间少。

当电路中带有加速极电容时，为了满足不同电路的需求，应对加速电容进行选择。在电路工作时，可用示波器同时检测输入和输出信号的波形，改变 C_K 电容的值，比较信号

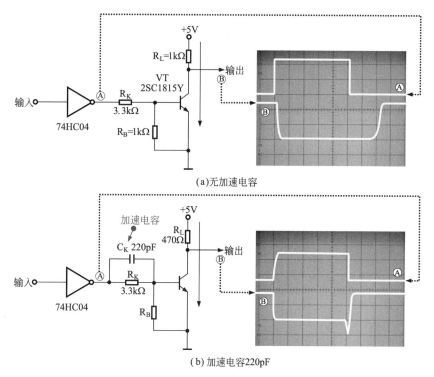

(a)无加速电容

(b) 加速电容220pF

图14-32　无加速电容和有加速电容的脉冲整形电路的对比

波形的变化情况确认最佳电容参数，如图 14-33 所示。在该电路中分别选择加速电容的容值为 50pF［图 14-33(a)］和 500pF 图［14-33（b）］，不同的容值，测出的波形也有所不同。

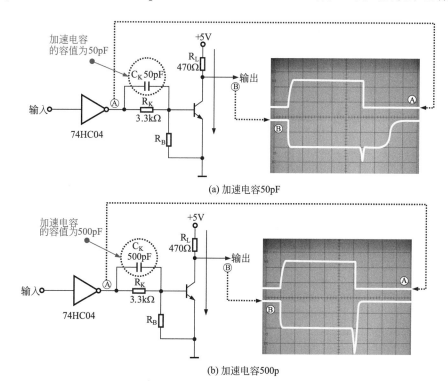

(a) 加速电容50pF

(b) 加速电容500p

图14-33　脉冲整形电路的调试方式

14.3.5　转换电路的调试

图14-34为电流/电压转换电路的调试。该电路主要是通过调节电位器RP的阻值来调整电路的输出电压。在无输入信号时，使输出电压为0V，当有电流输入时，使输出电压与输入电流成正比。

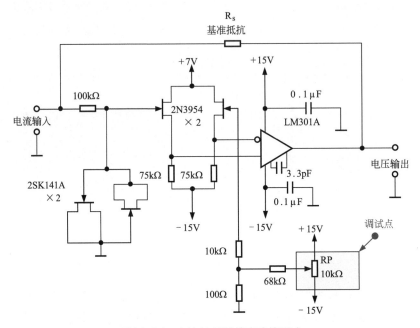

图14-34　电流/电压转换电路的调试

利用万用表检测输出端，使电路处于无信号输入状态，当调整到阻值为10kΩ时，万用表显示0V，如图14-35所示，当输入电流信号时，输出电压上升。

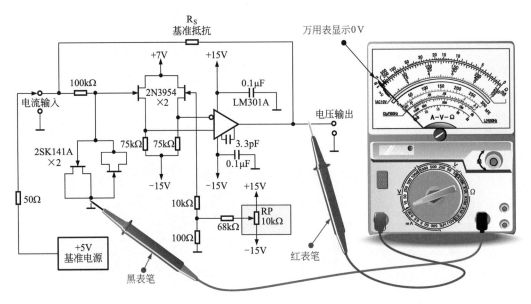

图14-35　用万用表检测输出电压

14.4
驱动电路单元的调试

14.4.1　直流电动机驱动电路的调试

图14-36分别为利用集成电路BA6284N和集成电路BA6955N的直流电动机驱动电路，这两个电路都可以用9V的直流电源供电，通过内部输出电平的不同，就可以控制电动机的正转、反转、制动和待机状态。

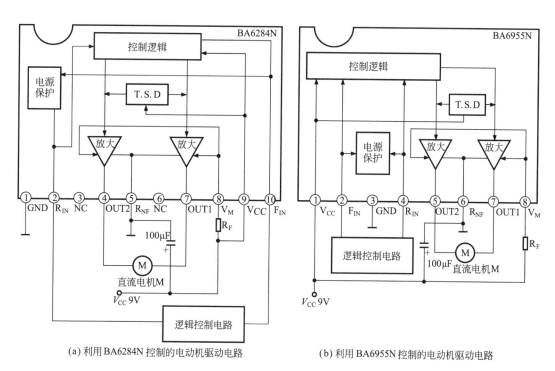

(a) 利用BA6284N控制的电动机驱动电路　　　　(b) 利用BA6955N控制的电动机驱动电路

图14-36　直流电动机驱动电路

集成电路BA6284N的⑩脚为电动机正转控制端，②脚为电动机反转控制端，当⑩脚输出高电平，②脚输出低电平时，控制电路使⑦脚输出高电平，④脚输出低电平，电流由⑦脚经电机绕组流入④脚，实现电动机的正向转动控制；当⑩脚为低电平，②脚输出高电平时，控制电路使⑦脚输出低电平，④脚输出高电平，电流由④脚经电机绕组流入⑦脚，实现电动机的反向转动控制；当⑩脚和②脚均输出高电平时，BA6284N的⑦脚和④脚均输出低电平，实现电动机的制动控制；当⑩脚和②脚均输出低电平时，电动机处于待机状态。

对于该电路的调试，主要是调整电阻器R_F来观测电动机的转动状态，以电动机正向转动控制为例，用万用表接BA6284N的⑦脚时可以测得高电平，接④脚时可以测得低电平，调整电阻器R_F的大小，一般调至100Ω为宜，如图14-37所示。电动机可以以正常的速度旋转。

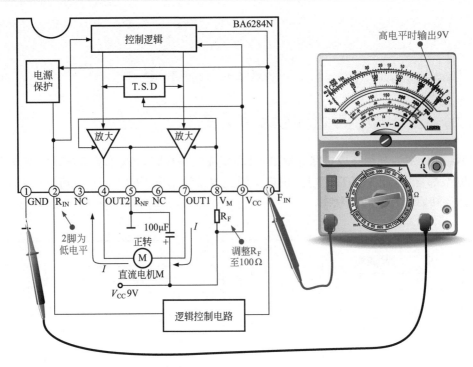

图14-37　采用BA6284N的直流电动机驱动电路调试方法

　　BA6955N 的调试方法同 BA6284N 基本相同，该集成电路的②脚为正转控制端，④脚为反转控制端，对应的输出端分别为⑦脚和⑤脚。以电动机正向转动控制为例，用万用表接 BA6955N 的⑦脚时可以测得高电平，接④脚时可以测得低电平，此时，调整电阻器 R_F 的阻值为 100Ω 左右时，电动机可以正常地旋转，如图 14-38 所示。

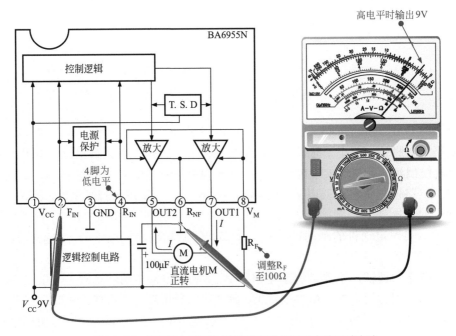

图14-38　采用BA6955N的直流电动机驱动电路调试方法

14.4.2 发光二极管驱动电路的调试

图 14-39 为发光二极管驱动电路图。图中的核心元件为集成电路 PIC12F683，三种电路在相同电源供电的情况下，流过 LED 的电流各不相同。

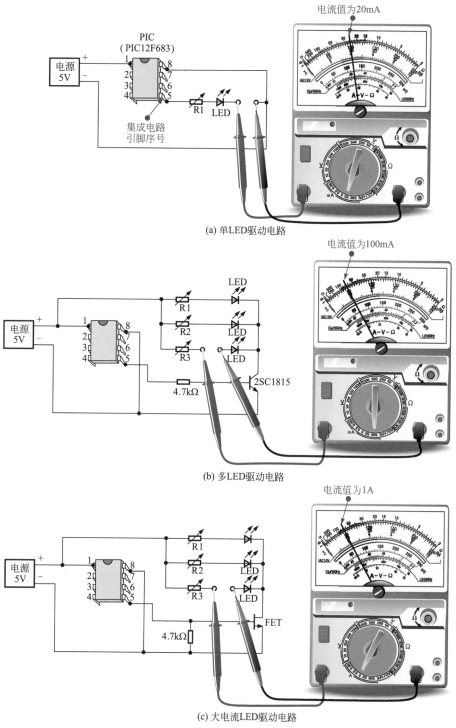

图14-39 发光二极管驱动电路图

对于该电路的调试，主要是使用万用表检测流过发光二极管的电流，图 14-39（a）中流过发光二极管 LED 的电流约为 20mA，图 14-39（b）中流过发光二极管的电流约为 100mA，图 14-39（c）中流过发光二极管的电流约为 1A。调整限流电阻的大小，则可以使发光二极管工作在正常的状态。

14.4.3　继电器驱动电路的调试

图 14-40 为采用 74LS04 和 TD62003P 构成的继电器驱动电路。由于线圈断电时会产生反电动势，必须设有反向电压吸收二极管，如果二极管失效，则会引起反峰电压的产生，会击穿 TD62003P。

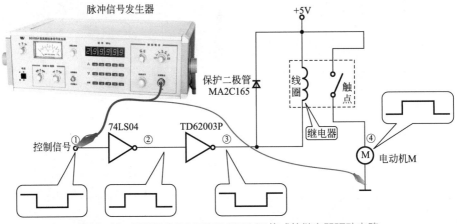

图14-40　采用74LS04和TD62003P构成的继电器驱动电路

检测和调试时，由脉冲信号发生器输出低电平的方波信号，并加到电路的输入端，然后用示波器检测各点的波形即可。

第 15 章

电子产品电路
设计

15.1
计算机产品的电路设计

15.1.1　个人计算机（台式电脑）电路

个人计算机的主要功能是接收数据信息和处理数据，经处理后可以形成新的数据，同时可以将生成的数据输出或存储。个人计算机的性能通常是指运算（处理）速度、存储数据的容量以及稳定性。计算机拥有各种配置以满足不同客户的需要，例如对于图像的编辑、处理和存储需要大容量存储系统，对游戏爱好者则需要高性能图形卡系统。

图 15-1 是个人电脑的整机电路，其中主要的电路器件是安装在主板上。从图可见，计算机主要是由 CPU（微处理器芯片）、芯片组（南桥芯片和北桥芯片）、内存电路、电源供电电路等部分构成的。

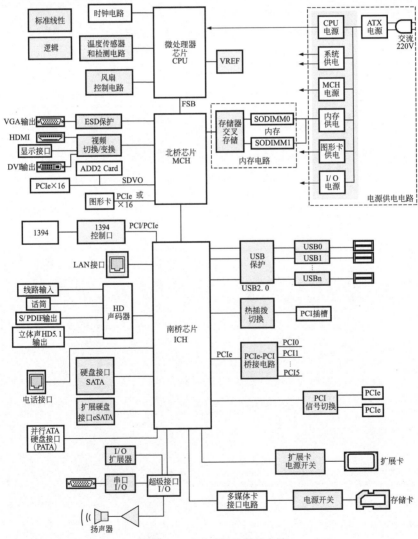

图 15-1　个人电脑的整机电路

图 15-2 是典型计算机主板的整机电路。

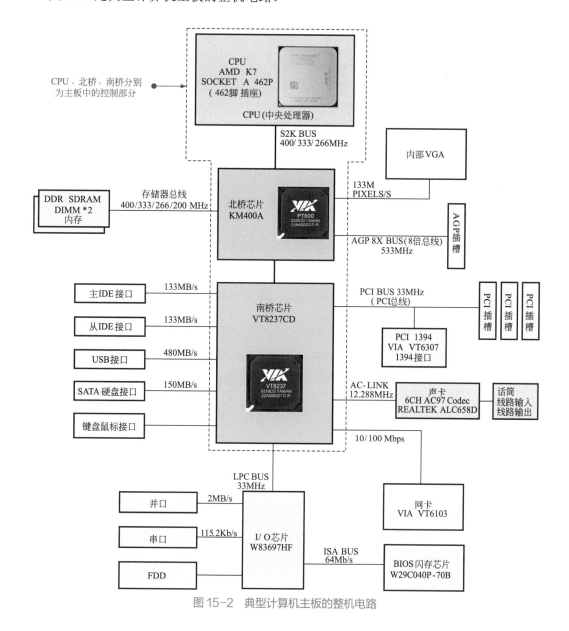

图 15-2　典型计算机主板的整机电路

由图 15-2 可知，CPU 作为总控制核心，经北桥芯片实现对内存、AGP 插槽等进行控制和数据传输；CPU 的指令和数据经北桥芯片后，再经南桥芯片实现对 IDE 接口、USB接口、鼠标键盘接口、SATA 接口、PCI 插槽、声卡、网卡等电路的控制和数据传输；南桥芯片又经 I/O 芯片后实现对并口、串口、BIOS 闪存芯片的控制和数据传输。

CPU 作为主板上的重要核心部件，是通过总线与芯片组、内存、存储控制器、接口电路和一些扩展插槽进行连接的。如果把 CPU 比作人的大脑，那么总线就相当于人的筋脉。

计算机主板上的总线分为控制总线、地址总线和数据总线三种，主板上所有的插槽芯片、输入/输出接口电路都是靠这些总线与 CPU 之间进行连接。

图 15-3 为计算机主板中各单元电路的关系图（华硕 PTGD2-LA 主板）。

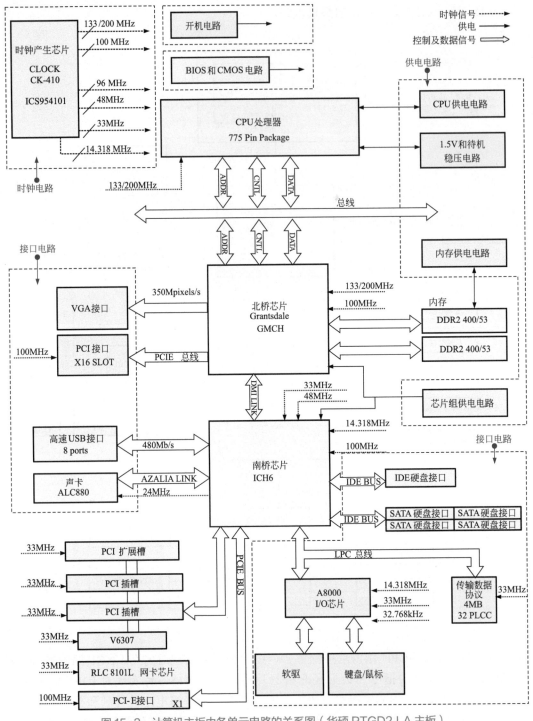

图 15-3 计算机主板中各单元电路的关系图（华硕 PTGD2-LA 主板）

开机电路是人工启动电脑时的电路，主要是通过开机键来实现电脑的开机启动和关机控制，也就是控制 ATX 电源启动的过程（输出各种工作电压），满足电脑中各部件及元件的供电条件。整个计算机是以 CPU 和芯片组为核心的自动控制和运行的系统。

电脑主板上的很多电路单元都需要时钟信号，而且其频率各不相同，时钟电路是为电脑各个部分提供时钟信号的电路。

供电电路则是将 ATX 电源输出的电压直接或间接处理后输出更多组直流电压，它是为主板上其他所有电路部分提供工作电压的电路，在主板上有一个精细的供电分配系统。

主板上有很多互相关联而又独立的电路单元，它们的工作有着严格的逻辑关系和同步关系。主板的复位系统则是开机时复位信号的整机分配关系。

接口电路则完成计算机与其他外部设备进行数据传输的电路部分。

主板中的各个部件之间都不能够独立存在，它们是通过信号进行关联的，从整机信号关系来说，我们可以将整机信号分为三个系统：整机供电系统、整机时钟系统和整机复位系统。

15.1.2　笔记本电脑电路

笔记本电脑是一种便携式电脑，它可以使用电池为其供电，其基本结构和功能与台式电脑相同。为了便于携带，很多电路单元都必须实现小型化和低功耗。图 15-4 是笔记本电脑的整机电路。从图可见，它主要是由 CPU（微处理器芯片）、芯片组（北桥芯片和南桥芯片）、液晶显示器和显示驱动电路、内存电路、电源供电及充电电路等部分构成的。

图 15-5 是典型笔记本电脑各单元电路关系图。

15.1.3　掌上电脑（PDA）电路

掌上电脑即 PDA（Personal Digital Assistant），实际上是一种便携式计算机，它可以运行各种应用程序，方便实用，可以用来读书、学习、记事、娱乐等，快捷方便。图 15-6 是掌上电脑的整机电路。从图可见，它的结构同笔记本电脑相比，电路简化了很多。它的核心是一个媒体处理器，通过各种接口与其他设备进行信息互联。

（1）媒体处理器

掌上电脑（PDA）的媒体处理器是一种嵌入式处理器，它是整个 PDA 的信息处理和控制核心。媒体处理器的工作是按照应用程序进行的，该程序存储在芯片的外挂存储器中。操作系统存储在非易失性存储器之中，即图 15-6 中的 NOR/NAND 闪存。应用程序代码和数据可以加载到 SDRAM 或 SRAM 中，处理器芯片具有多种接口以便于各种外接设备相连接。

（2）用户接口

PDA 设有用户接口，包括触摸屏和键盘接口电路，用户可通过任一接口为 PDA 输入人工指令。

（3）音频 / 视频输出接口

PDA 处理器芯片处理后的数字音频和视频信号分别经音频 / 视频解码和 D/A 变换器，还原成模拟音频信号，再经音频放大器去驱动扬声器发声，或通过耳机接口输出。同时外部音频设备或话筒的音频信号也可以送入 PDA，经 A/D 变换和数字编码电路，送入处理器芯片进行处理或存储。

（4）网络和外设接口

PDA 通常都具有 USB、存储器接口和无线网络接口（DAN），通过这些接口可与其他电脑等设备连接。在本机上还设有摄像头和图像传感器，可以直接获取图像信息。

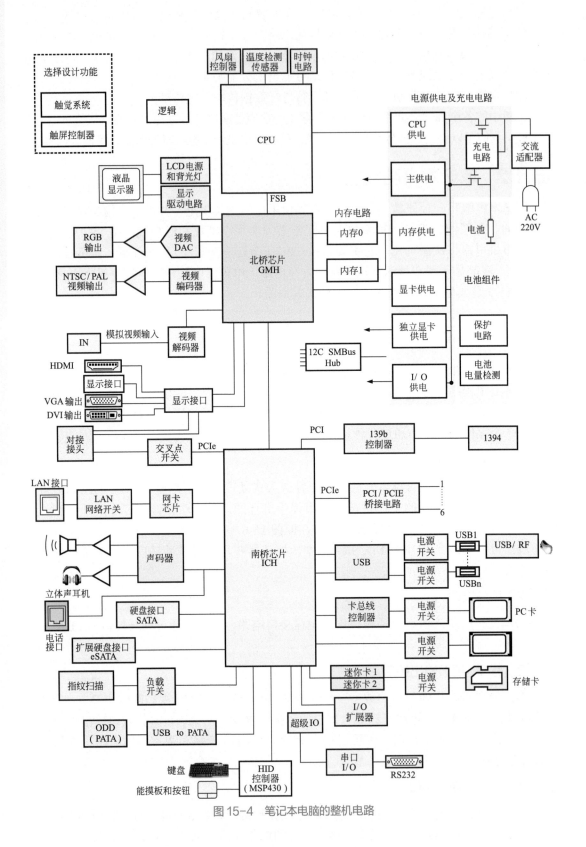

图 15-4　笔记本电脑的整机电路

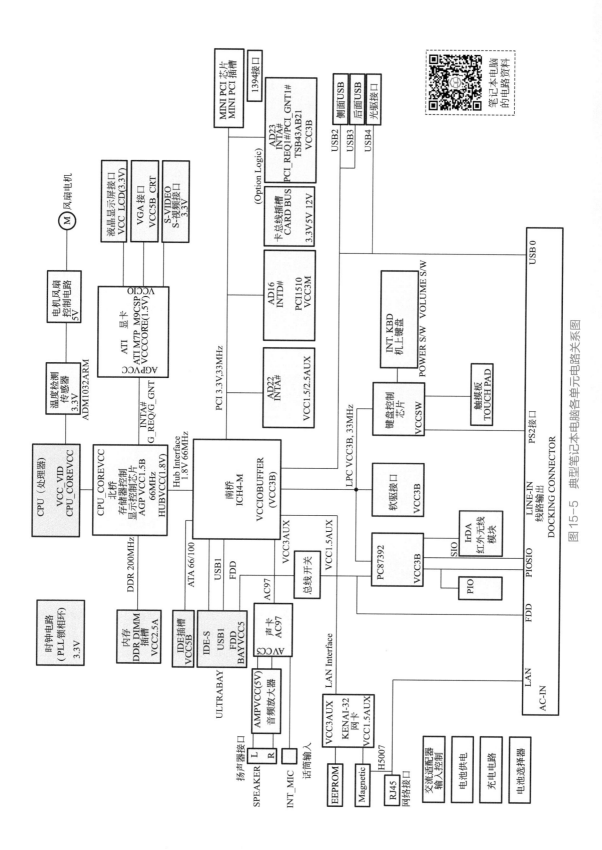

图15-5 典型笔记本电脑各单元电路关系图

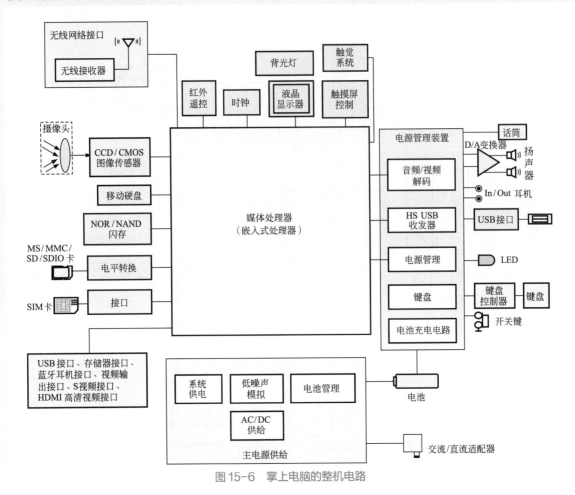

图 15-6　掌上电脑的整机电路

此外它还有蓝牙耳机接口、视频输出接口、S 视频接口、HDMI 高清视频接口，MMC/SD 存储卡接口等，使用非常方便。

15.2
办公设备的电路设计

15.2.1　打印机电路

图 15-7 为典型激光打印机的整机电路。该激光打印机的电路部分主要有微处理器控制电路板、开关电源电路板、高压电路板以及外部相关的电路及器件等。

图 15-8 为典型激光打印机的内部电路关系图。从图中可知，打印机内部的电路单元相互进行信号传输，相关部分相互作用。这些相关的部分有：走纸电动机（主电动机）、激光组件、定影加热器、微处理器控制电路板等，各电路板之间通过多组引线和插件相互连接，用以传递控制信号、数据信号和电源供电信号。

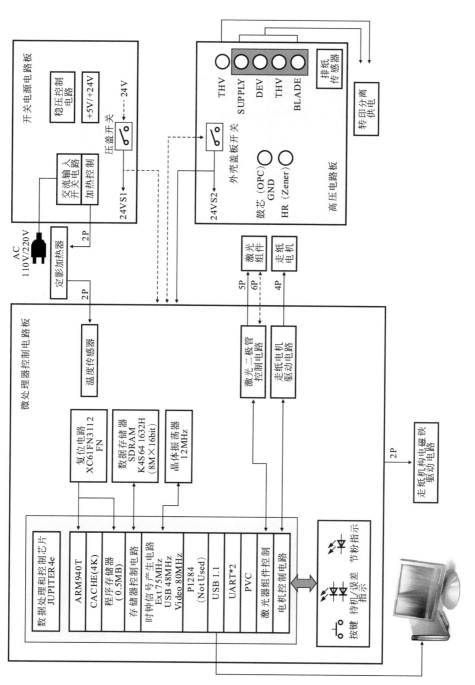

图15-7 典型激光打印机的整机电路

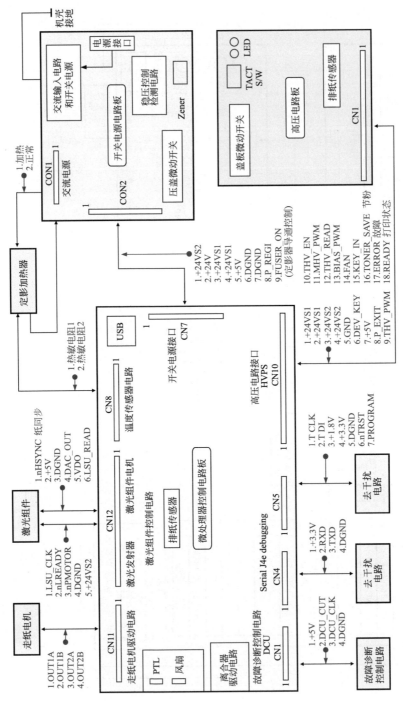

图15-8 典型激光打印机的内部电路关系图

典型激光打印机有两个与外部设备连接的接口，一个是交流220V接口，用于与市电220V电源连接，为打印机提供电能；二是USB接口，用于与电脑主机相连，打印机受电脑控制，接收电脑输出数据。

由电脑主机USB接口送来的数据信号和指令控制信号送到打印机的USB接口，经接口送到控制电路板上的微处理器芯片。经数据处理和控制将打印数据送到激光器组件去调制激光发射器，同时控制相关的机构和电路完成打印工作：

① 驱动走纸电动机（主电动机）旋转，进行输纸驱动；

② 控制高压电路，为充电辊、显影辊、转印辊、感光鼓提供所需要的电压；

③ 控制定影加热器到所需要的温度。

开关电源电路板为各种电路和器件提供所需要的电压，主要是直流＋5V和＋24V电压。

15.2.2　传真机电路

图15-9是典型传真机（F0-90CN）的整机电路。

从图15-9中可见，该传真机主要是由如下几部分组成的。

① 文稿图像扫描部分　将文稿的光图像信号变成电信号。

② 传真文稿的打印部分　用接收到的电信号控制热敏打印头，完成文稿的打印工作。

③ 控制电路　主要包括传真机主控芯片FC200、调制解调器FM209V、闪速存储器、传输缓存、程序存储器、复位集成电路、时钟等。它是传真机的核心电路，用于接收和发送通过电话线传送的传真信号，控制打印机构，接收文稿图像扫描部分中图像传感器的文稿数据信号以及文件传感器的传感信号，并对各部分进行协调控制。

④ 电话/传真线路接口电路　它与电话线路相连，可以收发信号，同时也与电话（听筒/扬声器）相连，收发话音信号。

⑤ 电源电路　它为整个传真机提供+5V和+24V直流电压。实际上是一个开关稳压电源。

在待机状态下，将文稿面朝下插入传真机中，在文稿输入通道入口处设有文稿传感器。传感器将检测到的文稿插入信号经接口电路传送到传真机主控芯片中。主控芯片收到传感器的信号后便输出电动机驱动信号，使输纸电动机转动，驱动文稿进入待机位置。在待机状态下按启动键，则输纸电动机再次启动，使文稿缓缓经过传真机的图像扫描器。该传真机采用接触式图像传感器（CIS），将图像信号变成电信号后，先送到图像输入I/F中，然后将模拟信号变成二进制数字信号。此信号经编码处理后被送到传输缓存内，再经缓冲器送到调制解调器，将数据的并行方式变成串行方式并送入电话线路，传输到接收端的传真机中。

15.2.3　数码复印机电路

数码复印机是指带有数字信号处理电路的复印机，数码复印机中由主控电路、定影组件、低压电源电路、打印控制电路、自动输稿器电路、CCD图像传感器、传真控制电路和操作显示电路等构成。图15-10为数码复印机的整机电路（松下DP-1810）。

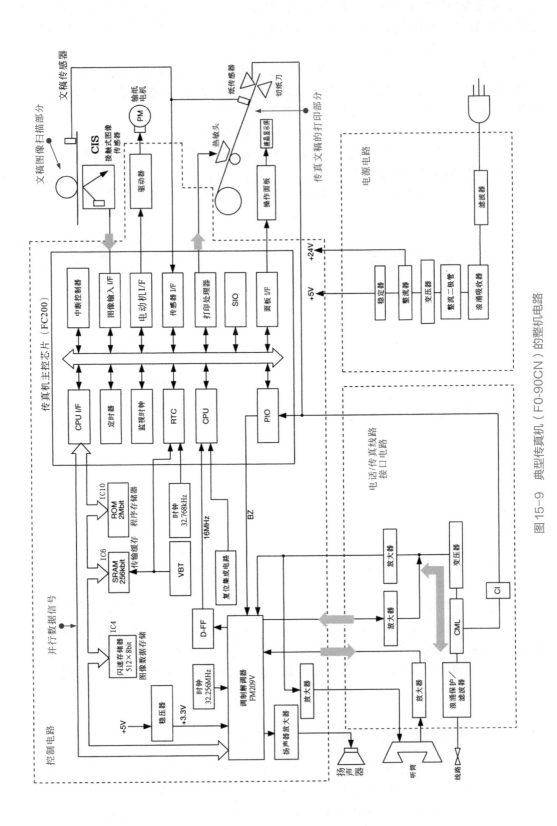

图15-9 典型传真机（F0-90CN）的整机电路

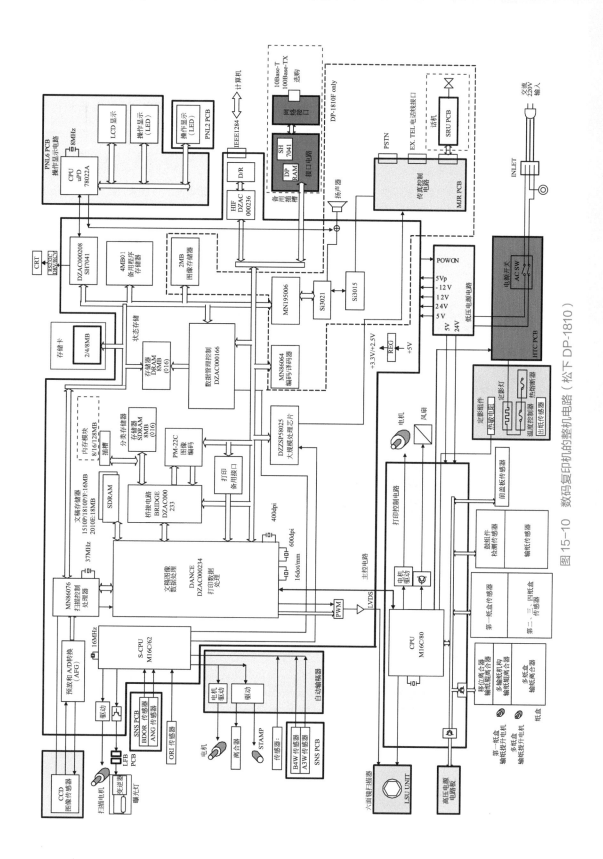

图15-10 数码复印机的整机电路（松下 DP-1810）

① 数码复印机系统控制电路。数码复印机的系统控制电路是数码复印机的控制中心，它可以根据人工操作指令和整机的功能设置通由微处理器（IC1）和主控系统（IC5）对各个电路进行控制。

② 数码复印机图像数据电路。数码复印机中的图像数据电路是由图像传感器、激光组件、扫描图像预放和 A/D 转换处理电路、扫描控制和图像处理电路、扫描文稿数据处理、打印机数据处理电路、连接器、图像编码器和页面存储器等部分构成。

③ 数码复印机扫描控制电路。数码复印机的扫描系统通常是由 CCD 图像传感器、自动输稿器、主控电路等部分构成。

主控电路板中的微处理器（IC1）向芯片 IC65（M30620）提供控制信号，由芯片 IC65 控制驱动电机、电磁铁等工作对原稿进行扫描，扫描的图像经过光学系统投射到 CCD 图像传感器上。CCD 图像传感器向芯片 IC51（MN86076）传输图像信号，经过芯片 IC51 处理后，输出复印、扫描等图像数据。

15.3
数码产品的电路设计

15.3.1 数码相机电路

图 15-11 是数码相机的整机电路。从图可见，它主要是由镜头、图像传感器、摄像信号处理电路、数据处理芯片（相机驱动程序）、微处理器、音频编 / 解码电路、电源供电电路以及外围电路等部分构成的。

镜头是捕捉景物目标的光学系统，景物图像通过镜头后照射到图像传感器（CCD/CMOS）上，图像传感器是由几万至几千万像素单元构成的光电转换器件，它将光图像变成电信号送到摄像信号处理电路中，经 AFE 处理，将模拟图像信号变成数字图像信号，然后送到数据处理芯片中进行数据处理和压缩编码，接着将数字图像信号送到外部存储卡（SD/MMC、XD）中存储，同时可在 TFT 液晶显示板上显示景物图像。

由于数码相机是一种高度精巧的机电一体化设备，镜头中设自动聚焦驱动结构、电子变焦驱动结构，因而聚焦和变焦控制需要专门的控制系统。

目前数码相机不仅可拍摄静止的数码照片，还能拍摄视频、动态的图像，接收伴音信号，还可以将图像和伴音信号送到大屏幕显示器上欣赏，内设相应的电路及输入输出接口。

图 15-12 为典型数码相机各电路之间的关系图。

① 数字图像信号处理电路。数码相机在拍摄景物时，景物的光图像经过镜头照射到 CCD 图像传感器的感光面上，CCD 在驱动脉冲的作用下，将光图像变成电信号，并经过软排线送到 CCD 图像信号处理电路中进行预防、消噪和 A/D 变换处理，将模拟图像信号变成数字信号，再送到数字信号处理芯片中进行处理，经处理后将数字图像记录到存储卡中。

② 液晶显示电路。数码相机在进行取景和拍摄时，镜头对准的景物图像在进行处理时，同时送到 LCD 液晶显示屏，使 LCD 液晶显示屏上能显示镜头捕捉的景物图像。

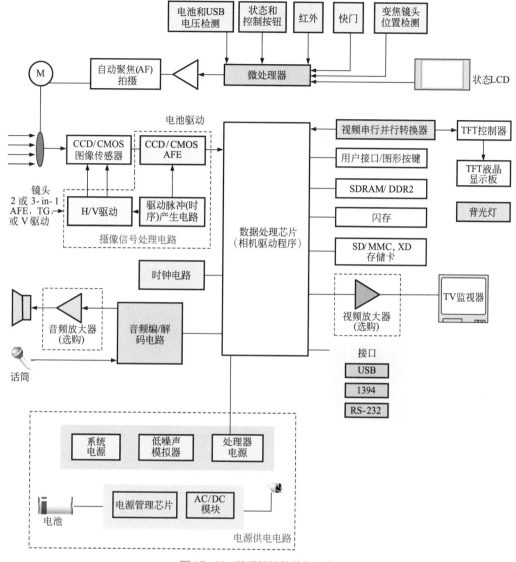

图 15-11 数码相机的整机电路

③ 微处理器控制电路。数码相机的设置和操作都是由微处理器进行控制的，人工操作键的控制信号，如变焦控制和模式选择，微处理器收到人工指令后，分别通过接口电路对镜头组件中的变焦电机和聚焦电机进行控制。用户觉得满意时，便可按下拍摄键。

④ 电源供电电路。电池经过接口将直流电压送到数码相机中。在数码相机中设有电源供电电路，电池电压经电源供电电路的处理、升压和稳压，输出多种直流电压。

15.3.2 蓝光播放器的电路构成

图 15-13 为蓝光播放器的整机电路。从图可见，它是由蓝光驱动电路、蓝光信号处理芯片、视频信号输出电路、多声道音频信号输出电路、操作显示电路和电源供电电路等部分构成的。它与数字平板电视机和多声道环绕立体音箱相配合可构成家庭影院系统。

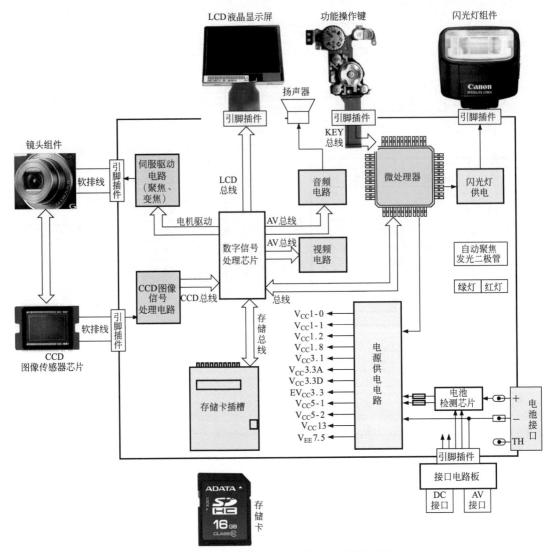

图 15-12　典型数码相机各电路之间的关系图

① 蓝光驱动电路。蓝光驱动电路是由蓝光驱动器、激光器驱动电路、激光头放大器、伺服电机驱动电路、光驱控制器电源等构成的。

蓝光驱动器可以播放蓝光 DVD，同时可兼容普通 DVD 光盘。

② 蓝光信号处理芯片。蓝光信号处理芯片是蓝光 DVD 信息的处理电路，它在外围存储器的配合下完成对光盘信息的解压缩处理，即音频和视频信号的解压缩过程处理。

蓝光信号处理芯片处理的信号还可以以高清数字格式的信号输出（HDMI）。

③ 视频信号输出电路。解压缩处理后将数字音频和数字视频信号还原，然后再经视频编码器和 D/A 转换器变成模拟视频输出，它可以以 S- 视频（亮度、色度分离的视频）、复合视频和分量视频的格式输出。

另外，视频信号经射频调制器调制后，还可以输出射频调制信号。

④ 多声道音频信号输出电路。蓝光 DVD 可记录多声道环绕立体声编码的信号，因而在解码芯片中可输出多声道环绕立体声的数字音频信号。

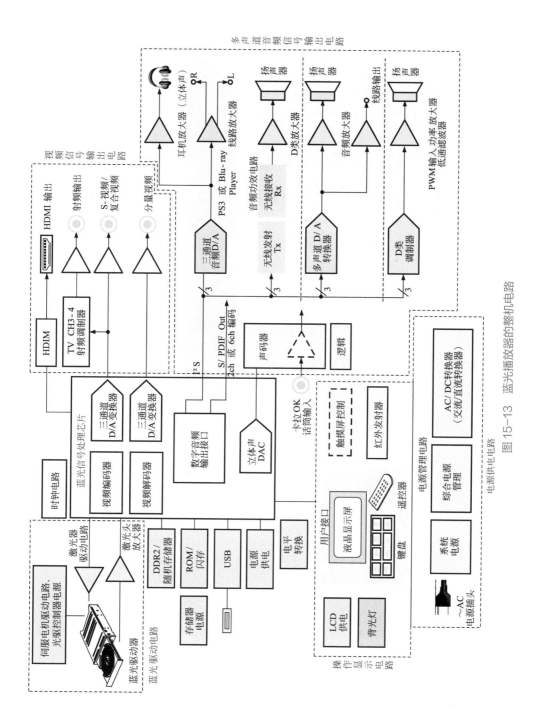

图15-13 蓝光播放器的整机电路

数字音频信号可以有四种处理和输出模式。

第一种，经三通道 D/A 转换器输出双声道音频信号（线性输出）和驱动立体声耳机的信号。

第二种，通过无线传输的方式传输到音频功效电路中。

第三种，通过多声道 D/A 转换器输出多路音频信号。

第四种，经 D 类调制器，将数字音频信号变成 PWM 信号再经 PWM 输入功率放大器和低通滤波器后去驱动扬声器。

⑤ 操作显示电路。操作显示电路是由键盘、触摸屏控制、遥控器、红外发射器和液晶显示屏构成的。其功能是为数字处理芯片输入人工指令，同时显示整机的工作状态。

15.3.3　电子书阅读器的电路构成

电子书阅读器（Electronic Book Reader 简称 eBook Reader），是专为查看和阅读数字媒体而设计的手持电子设备。图 15-14 是电子书阅读器的整机电路。

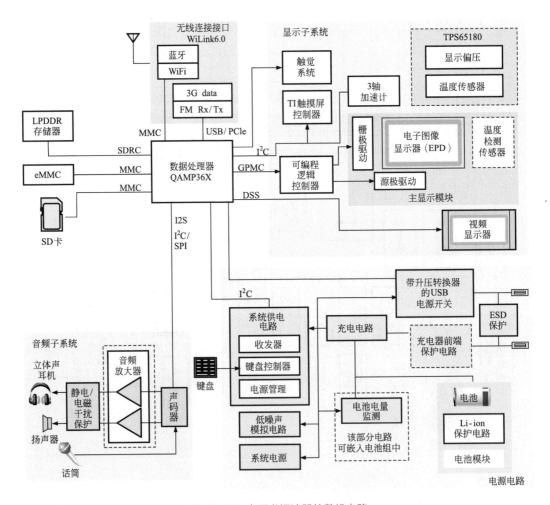

图 15-14　电子书阅读器的整机电路

从图 15-14 可见，数据处理器（QAMP36X）是它的核心控制电路；显示子系统和音频子系统是显示电子书图文和伴音的系统；电源电路（含电池充电电路）是整机的供电电路；键盘是电子产品的操作控制部分。

① 数据处理器。电子书阅读器的核心电路是数据处理器。QAMP36X 系列的处理器是常用的芯片，它是专门针对低功耗操作进行优化设计的产品。整个阅读器的控制运行都由该芯片控制，例如电子文本的调用、视频显示器的显示和音频信号的播放。它的使用操作系统为 Linux 和 Android。

② LPDDR、eMMC 存储器。LPDDR（Low Power DDR）是一种功耗低、体积小的存储器。

eMMC（Embedded Multi Media Card）为 MMC 协会所订立的内嵌式存储器标准规格，主要是针对便携式手机产品为主。eMMC 的一个明显优势是在封装中集成了一个控制器，它提供标准接口并管理闪存。

③ 无线连接接口。无线连接接口采用 WiLink6.0 芯片，该芯片是一款单芯片 WiFi、蓝牙和 FM 解决方案，可以满足电子书对低功耗、小尺寸和低成本的要求。

④ 显示子系统。显示子系统主要由电子图像显示器、触觉系统及相关电路构成。与传统显示屏（如 LCD）相比，电子图像显示器（EPD）具有双稳定的优点。双稳定性可在显示文本时实现零功耗，它仅在刷新显示屏（即翻到下一页）时消耗功率，从而使系统具有极低功耗。

TI 的触摸屏控制器解决方案可提供低功耗、高 ESD（静电放电）保护和小尺寸封装选项，它们可以消除振动和显示噪声。TPS65180 可提供完整的 EPD 偏置解决方案。

⑤ 音频子系统。音频子系统采用低功耗音频编解码器，该系统集成了立体声耳机放大器和 D 类扬声器放大器，可延长电池寿命。该系统具有高级音频处理功能，可对增强的语音和音乐进行处理。该系统还具有引脚至引脚和软件兼容性，可实现快捷简便的产品开发。同时提供适用于 OMAP 的软件。通过使用 TPA6141A2G 类 DirectPath（无电容）立体声耳机放大器，可以进一步节省电源。

⑥ 电源电路。电源电路包括电源管理系统和电池管理系统两部分。

其中，电源管理系统为电子书设计提供了完整的电源管理解决方案，出众的电源转换效率可延长电池工作时间，并且可以最大程度地降低散热量。

电池管理系统包括充电电路、电池电量监测、ESD 保护等部分。精确的电池电量监测可以最大化电池的使用率。

系统端和封装端电池电量监测选择为客户提供了设计的灵活性。TI 推出广泛的线性和开关充电器电路。如果使用了高电压充电器，则不需要充电器前端保护电路。但是，如果充电器集成在低电压 PMU 或芯片组中，则充电器前端保护电路对于防止系统免受过压和过流损坏至关重要。

15.3.4　数码收音机

图 15-15 是数码收音机的整机电路。由图可见，它主要是由广播信号接收电路、A/D 和 D/A 转换电路、数字信号处理电路（含微处理器）、音频信号输出电路和电源供电电路等部分构成。

在接收无线电信号时，天线接收的射频信号经 RF 滤波器（BPF）提取出交频信号，然后经低噪声高频放大器（LNA）送到混频电路。外差信号产生电路是由数字式频率合成器和压控报端器（VCO）组成的，它输出的外差信号也送到混频电路。高频信号和外差信号经混频器后输出差频信号（中频信号）再经中频（IF）滤波器和放大检波电路检出音频信号。音频信号自经 A/D 变换器变成数字信号，送到数字信号处理电路中进行处理，处理后的音频信号再送到声码器中进行 D/A 转换，然后经音频功放去驱动扬声器或耳机。

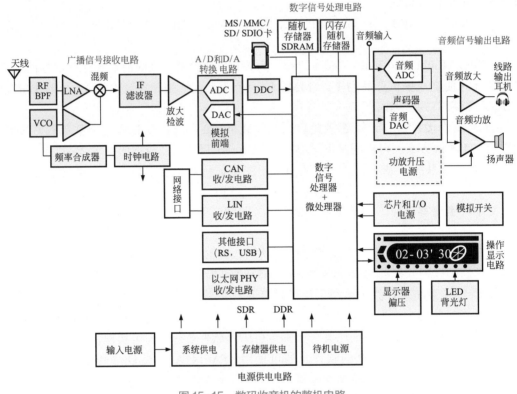

图 15-15　数码收音机的整机电路

15.4 家电产品的电路设计

15.4.1　数字平板电视机（液晶）电路

图 15-16 是数字平板电视机（液晶）的整机电路。从图可见，它主要分成三部分，即主电路部分、接口电路和液晶屏显示部分。其中接口部分分为前面板接口和背部接口部分。

主电路部分有两个核心电路，即数字电视信号处理器（DTV SoC）和 MPEG2 解码 / 编码器。

数字电视信号处理器（DTV SoC）是处理电视信号的芯片，处理有线电视系统传输的信号、卫星接收机的信号、外部输入的各种格式的视频信号以及音频信号。

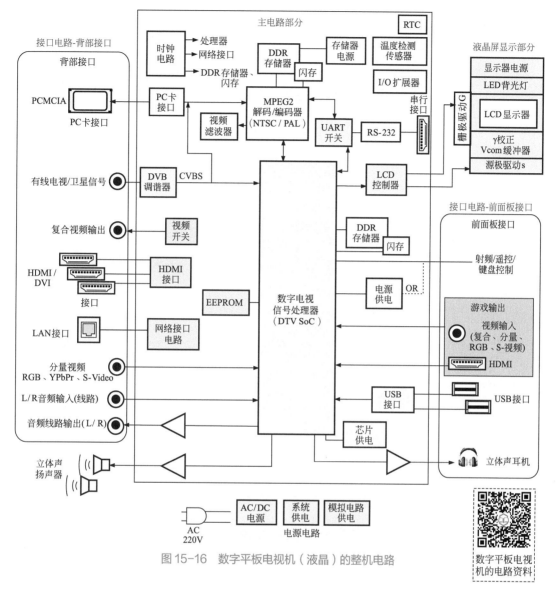

图 15-16 数字平板电视机(液晶)的整机电路

MPEG2 解码 / 编码电路是处理数字视频信号的电路,它可以将按 MPEG2 格式压缩的视频信号进行解压缩处理(解码),还原出原数字视频信号。数字视频还可以按照电视信号的标准进行编码变成 PAL 制或 NTSC 制的视频信号。

15.4.2 高清数字电视机(HDTV)电路

图 15-17 是高清数字电视机(HDTV)的整机电路。从图可见,它主要是由 LCD 或 PDP 显示屏(含驱动器)、TV 信号处理器芯片(又称内核媒体引擎)、立体声解码器、视频解码器、放大器、调谐器、接口电路和电源供电电路等部分构成的。

TV 信号处理芯片是整个电视机的核心电路,其中包括数字音频和视频信号的处理器以及微处理器。它可以处理各种信号源的音频和视频信号,来自天线和有线的电视信号经过各自的调谐器解出视频信号经视频放大器和 A/D 变换器送到 TV 信号处理芯片。

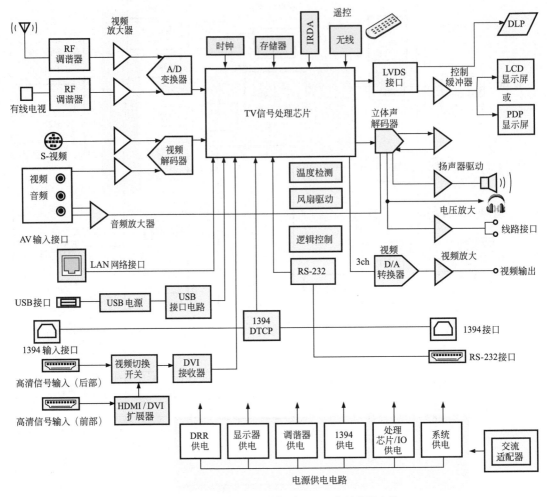

图 15-17　高清数字电视机（HDTV）的整机电路

来自外部音频和视频输入接口的信号经解码器也送到 TV 信号处理芯片，还有来着网络、USB、1394 输入接口、HDMI 等接口的数字音频视频信号也可以送到 TV 信号处理芯片，在芯片内进行切换和处理，经处理后形成显示驱动信号 LVDS（低压差动信号），再送往显示器。显示器可采用多种方式，即投影（DLP）方式、液晶显示屏（LCD）方式及等离子（PDP）方式。

15.4.3　数字电视机顶盒电路

图 15-18 是数字电视机顶盒的整机电路。从图可见，它主要是由数据处理芯片、视频相关电路（包括视频放大器、视频解码等）、音频相关电路（包括声码器、音频放大器、耳机等）、外部输入接口电路以及外围电路等部分构成的。

有线电视的信号和卫星接收天线接收的信号分别送到各自的调谐器中进行放大、调谐和解调等处理。经处理后解出视频图像信号和伴音信号，再分别送到数据处理芯片中进行处理。经处理后数字信号分别经音频和视频输出电路输出不同格式的视频信号和立体声音频信号。

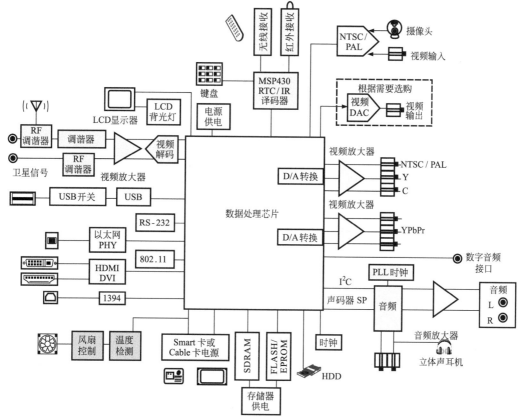

图 15-18　数字电视机顶盒的整机电路

　　数字有线机顶盒的功能是接收有线电视中心播出的数字电视节目。经数字解调、解码处理后输出模拟视频信号和模拟音频信号（L、R），该信号可送到模拟电视机的 AV 接口，用普通模拟电视机欣赏数字电视节目。机顶盒中还设有射频分路器，将有线电视电缆送来的 RF 射频信号分出一路直接输出，该信号还可以送到其他视频设备的 RF 信号输入端。RF 信号中有数字有线电视信号也有模拟有线电视信号。

　　图 15-19 是一种典型的数字有线机顶盒的整机电路，来自有线电视系统的数字电视信号由 RF 输入插口送入调谐器，该调谐器是一体化的调谐解调器。RF 信号的输入端设有射频分路器，将有线输入的 RF 信号一路送入本机的调谐器，另一路经 RF 输出端输出，可以送到其他电视机中。

　　RF 信号在调谐器中经高放和混频处理变成中频载波信号，该中频载波信号在 QAM 解调器中进行数字解调处理，从载波上提取出数字信号。

　　数字信号送入数字信号处理电路 STi5518 中进行解码处理。STi5518 是一种超大规模数字处理芯片，数字信号送入其内部后先经过传输流解复用器，然后经解扰处理，再经 MPEG-2 解码器进行音频、视频解码处理，还原出数字音频和数字视频信号，数字视频信号再经视频（PAL/NTSC）编码输出模拟亮度和色度信号以及复合视频信号。MPEG-2 解码后输出的数字音频信号直接输出送到音频 D/A 变换器再变成模拟音频信号（L、R）。

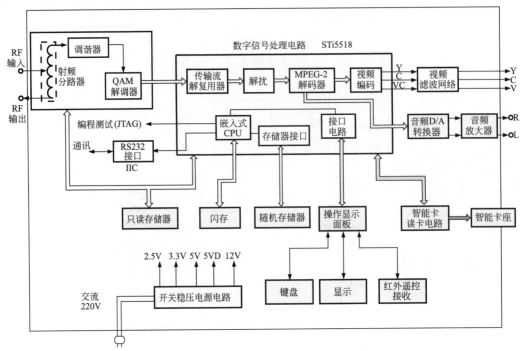

图 15-19　典型的数字有线机顶盒的整机电路

　　整机系统控制微处理器（CPU）制作在数字信号处理集成电路之中，称为嵌入式 CPU，通过各种接口电路，分别与操作显示面板、智能卡读卡电路、存储器（只读存储、闪存、随机存储器）和 RS232 接口相连。

　　开关稳压电源电路为整机提供 2.5V、3.3V、5V 和 12V 等多路直流电压。

15.5
变频设备的电路设计

15.5.1　变频电冰箱电路

　　图 15-20 是变频电冰箱电路的整机电路。从图可见，它的控制核心是一个数字信号控制器（IEC60730），实际上是一个具有变频电动机控制功能的微处理器。操作显示电路和触摸屏为微处理器输入人工指令，设在不同部位的温度检测传感器为微处理器提供冷藏室、冷冻室和箱外环境的温度信息。微处理器根据内部程序和温度状态输出控制压缩机电机的信号，该信号为 PWM 信号。微处理器的输出的信号经控制电路去驱动三相逆变器。由逆变器为变频电动机（压缩机电动机）提供驱动电流。

　　交流 220V 电源经滤波器和桥式整流电路输出 +300V 直流电压为三相逆变器提供直流电源。电流检测电路实时检测三相逆变器的工作电流（变频电机的电流）并将过流信息送给数字信号控制器，一旦出现过载的情况立即实施断电保护。

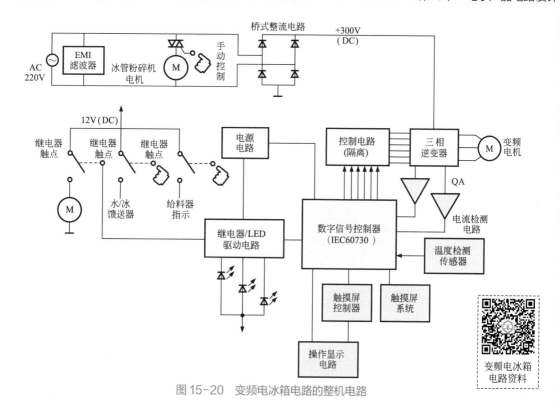

图 15-20 变频电冰箱电路的整机电路

15.5.2 变频空调器电路

图 15-21 是变频空调器的整机控制电路。变频压缩机是空调器制冷剂循环的动力源，也是室外机控制的主要对象。室外机微处理器根据室内机微处理器的指令对变频压缩机进行控制。变频驱动电路主要是由栅极驱动电路和三相逆变器构成的，微处理器输出的变频控制信号（PWM），经栅极驱动电路和逆变器去驱动三相变频电机。通过改变驱动电源的频率实现压缩机的变速控制。

此外空调器还可以通过电源线通信电路实现远程通信和控制。

15.5.3 太阳能逆变器电路

图 15-22 是太阳能逆变器的整机电路。由图可见，它主要是由太阳能板、充电控制电路、蓄电池、DC/DC 电源电路、DC/AC 电源电路和控制电路等部分构成的。

太阳能板工作时产生的直流电流先经充电控制电路为蓄电池充电，使蓄电池的电压达到稳定值。该电压送到 DC/DC 电路进行升压变换，将直流电压提升。提升后的直流电压再送到 DC/AC 变换电路，将直流电压变成交流 220V 电压（50Hz 或 60Hz）供给电网。如可能还可进行交流升压或远距离传输。

微控制器是一种数字信号控制器，具有强大的软件控制功能从而事项精确地控制。它输出两种 PWM 信号去控制 DC/DC 变换电路和 DC/AC 变换电路中的开关场效应晶体管，并通过电流检测使之稳定可靠的工作。

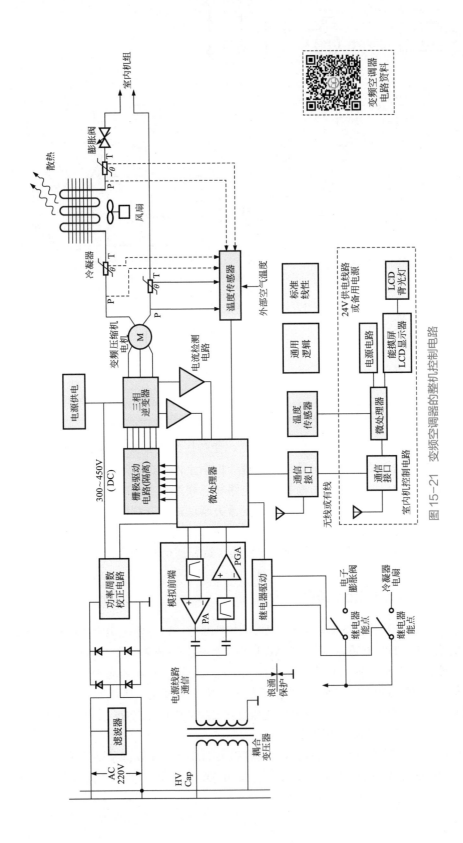

图 15-21 变频空调器的整机控制电路

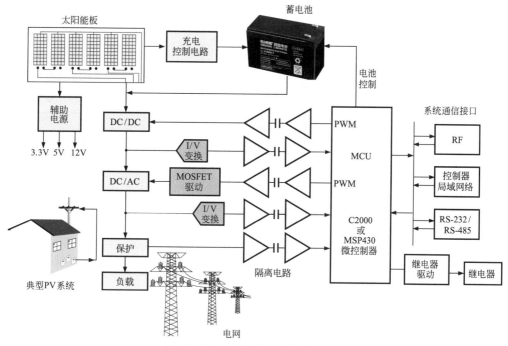

图 15-22　太阳能逆变器的整机电路

15.6
通信设备的电路设计

15.6.1　SMS/MMS电话机电路

图 15-23 为 SMS/MMS 电话机的整机电路。它不但能与公共交换电话网相连，还能连接到移动网络，通过由常规电话线链接到 SMS/MMS 网关服务器与移动电话交换 SMS 和 MMS 信息。

主芯片和单元电路的结构功能如下。

① 数据处理芯片。该电话机的核心电路是数据处理芯片（DSP），电路中采用 TMS320C55x 系列的处理芯片。该机除可以拨打常规电话以外，还可以上传和下载 SMS 和 MMS 信息（调制解调器）、播放声音信息、处理应用程序代码（JPEG 解码器等）。

② 声码器电路。声码器电路是连接耳机话筒、扬声器和电话线路接口的电路。用户说话的信号经话筒预放电路送入声码器进行 A/D 变换和数字编码，再经数据收发控制电路（DAA）送到电话线路接口进行传输。由线路传来的电话信号经 DAA 后送入声码器，同时送给数据处理芯片进行振铃显示、记忆存储等。声码器将数据信号进行解码和 D/A 转换后变成模拟信号去驱动耳机或经音频功放电路后去驱动扬声器。

手机信息经无线网络和 SMS/MMS 网关也可送到电话线路的接口。

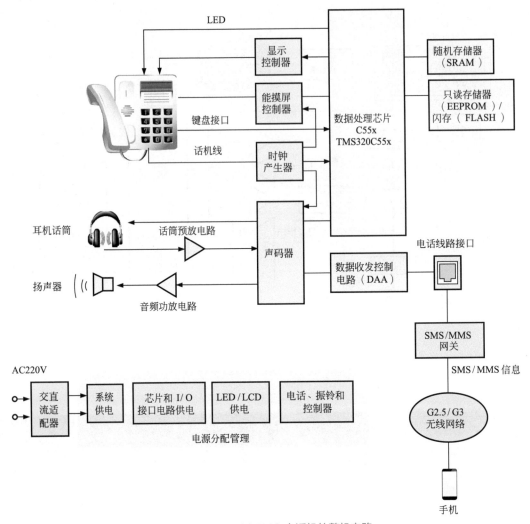

图 15-23　SMS/MMS 电话机的整机电路

15.6.2　IP无线视频电话机

图 15-24 是 IP 无线视频电话机的整机电路。它同有线视频电话相比，主要是增加了信号收发天线和无线网络（LAN）收发电路（基带处理器）。

基带处理器具有电话信息的调制和解调功能。音频 / 视频处理器是一种数字信号处理电路，它是将音频 / 视频的数据处理和微处理器集于一体的大规模集成电路，简称 DSP 电路，它对电话进行呼叫控制和音频（语言）和视频图像处理，微处理器控制手持话机的用户界面。

声码器是语言信号的处理器，它对话筒信号进行数字变换（A/D）和数字编码处理，对网络接收的数据进行解码和 D/A 变换后然后去驱动扬声器和耳机。

视频处理器是处理摄像头的视频图像信号并经数据处理后连同语言数据一起传输出去，接收的数据信号经数字分离后由视频处理器进行解码然后再经视频 D/A 转换器去驱动显示器，显示对方的图像。

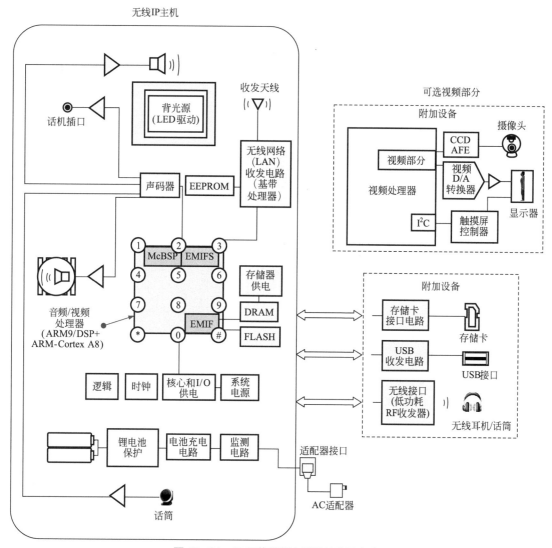

图 15-24　IP 无线视频电话机的整机电路

15.6.3　电信基带单元电路

图 15-25 是电信基带单元电路的整机电路，它是一种目前通用的多模式基站设备的电路，它可以支持目前所有的蜂窝技术，包括 WCDMA、LTE、WiMAX、CDM2K、GSM/EDGE、UMTS 和 TD-SCDMA 等。它主要是由基带处理卡、控制和时钟卡、滤波器开关、电源提示卡和系统供电卡等部分构成的，此架构的核心是基带处理器。

基带处理器上具有多个嵌入式处理器，可以轻松处理无线基站的各种信号，进行编码和解码工作。

时钟电路采用数字锁相环的方式，可提供高稳定度时钟信号。

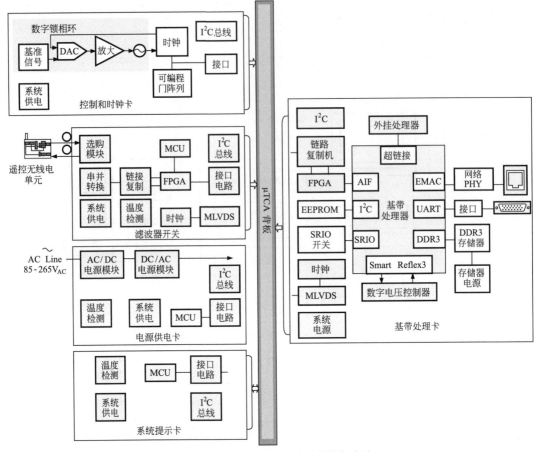

图 15-25　电信基带单元电路的整机电路

15.7
汽车电器的电路设计

15.7.1　具有PFC的AC/DC非隔离电源（>90W）

（1）具有 PFC 的 AC/DC 非隔离电源（>90W）的特点

具有 PFC 的 AC/DC 非隔离电源是将交流 220V 电源变成直流电源的电路，这种电路可提供输出电压较高（400V），功率较大（>90W）的直流电压。

（2）具有 PFC 的 AC/DC 非隔离电源（>90W）的电路结构

图 15-26 是具有 PFC 的 AC/DC 非隔离电源（>90W）电路，交流 220V 电源经桥式整流电路变成约 300V 的直流电压，再经电感 L 和功率周数校正电路（PFC），变成高压开关脉冲，再经整流和滤波电路输出直流电压。该电路结构简单，效率高，但是未与交流电源隔离。

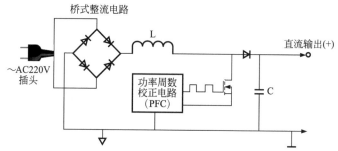

图 15-26 具有 PFC 的 AC/DC 非隔离电源（＞90W）电路

15.7.2 AC/DC隔离电源（开关电源）

（1）AC/DC 隔离电源的功能特点

AC/DC 隔离电源是将交流 220V 电源变成低压直流电源，输出直流电源与交流电源隔离，安全性好，稳定，适于＞90W 的电源。

（2）AC/DC 隔离电源的电路结构

图 15-27 是 AC/DC 隔离电源电路，它是由桥式整流电路、开关振荡电路、次级输出电路和稳压电路等部分构成的。

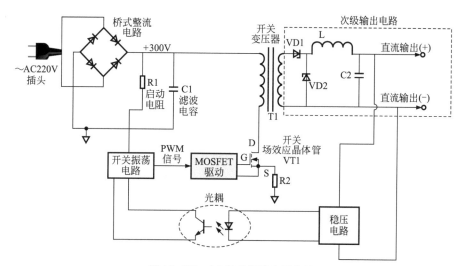

图 15-27 AC/DC 隔离电源电路

交流 220V 电压经桥式整流电路和滤波电路滤波后形成约 300V 的直流电压。该电压经开关变压器 T1 初级绕组为开关场效应晶体管 VT1 的漏极 D 供电，同时经启动电阻 R1 为开关振荡电路提供启动电压，使其起振，开关振荡电路输出 PWM（脉宽调制信号），经驱动电路去驱动开关场效应晶体管 VT1，使 VT1 工作在开关振荡状态。开关变压器次级输出低压开关脉冲经整流滤波后形成直流电压输出。

稳压电路将误差信号转换成控制光耦发光二极管的电压，经光耦反馈到开关振荡电路，通过改变 PWM 信号的脉宽使输出直流电压得到稳定。

15.7.3 具有PFC的AC/DC隔离电源（>90W）

（1）具有PFC的AC/DC隔离电源（>90W）的特点

具有PFC的AC/DC隔离电源（>90W）是在开关电电源电路的基础上增加了功率周数校正电路（PFC）。这种电路是将交流220V电源先整流成直流电压，再经功率周数校正电路（PFC），采用振荡的方式进行升压再整流变成直流电压，然后再经开关电源电路输出直流电压。交流输入电压通常为85V～265V，直流输出通常为12V～20V。功率小于90W时，可不是用功率周数校正电路（PFC）。

（2）具有PFC的AC/DC隔离电源（>90W）的电路结构

图15-28是具有PFC的AC/DC隔离电源（>90W）电路。从图可见，它主要是由交流输入电路（含整流电路）、功率周数校正电路、PWM信号控制电路（开关振荡）、MOSFET驱动电路和稳压控制电路构成的。

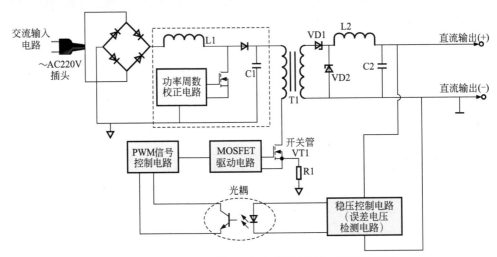

图15-28 具有PFC的AC/DC隔离电源（>90W）电路

15.7.4 汽车充电器电路

汽车充电器是将交流220V电源变成直流电源为汽车充电，它采用微处理器进行功率控制和通信控制。系统采用高性能驱动器和场效应功率管。

图15-29是汽车充电器电路。由图可见，它主要是由功率输出电路和数字功率控制电路构成的。

① 功率输出电路 功率输出电路是由交流输入电路、4相交错功率周数校正电路（PFC）、全桥式驱动电路和直流输出电路等部分构成的。

交流220V电源经继电器为桥式整流电路供电，桥式整流电路将交流220V电压整流成约300V的直流电压，该直流电压经4相交错功率周数校正电路（PFC）进行功率校正。每一相PFC电路是由一个电感和一个场效应晶体管构成。经4路PFC电路合成输出直流电压，并为全桥式驱动器供电。全桥式驱动器中的4个场效应晶体管在微处理器的控制下

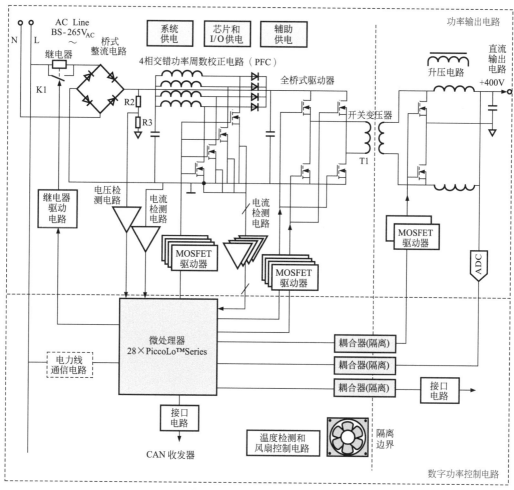

图 15-29　汽车充电器电路

为开关变压器 T1 初级绕组提供 PWM 脉冲驱动电流，变压器次级经升压电路输出 400V 直流，为汽车电池充电。

②　数字功率控制电路　微处理器（MCU）是整个电路的控制核心，它分别输出多组脉冲信号去驱动 4 相交错功率周数校正电路（PFC）、全桥式驱动器和次级输出电路中的开关场效应晶体管。

在工作中还分别检测供电电压和各级的工作电流，如有过压或过流的情况可立即进行保护。

此外微处理器还可通过电力线通信电路进行远距离信息传输。

15.7.5　混合动力车充电器电路

图 15-30 是混合动力车充电器电路。从图可见，其基本电路结构与前述的充电电路相同，只是该电路采用了三相交流（380V）供电方式，4 相交错功率周数校正电路（PFC）和次级输出电路都采用三相方式，因而输出电流的能力更强。

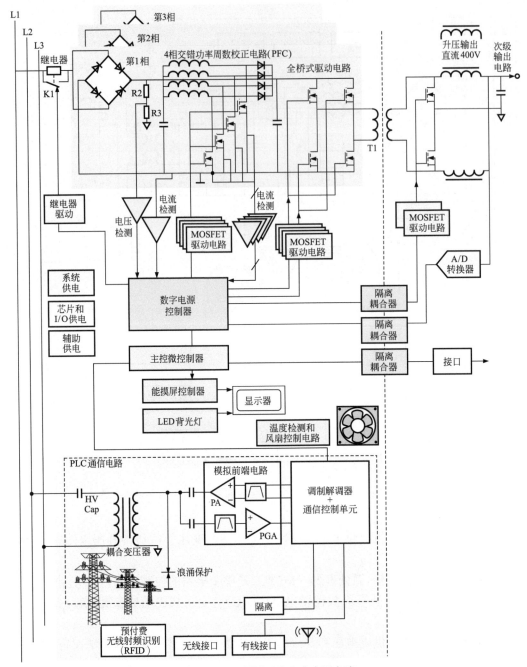

图15-30　混合动力车充电器电路

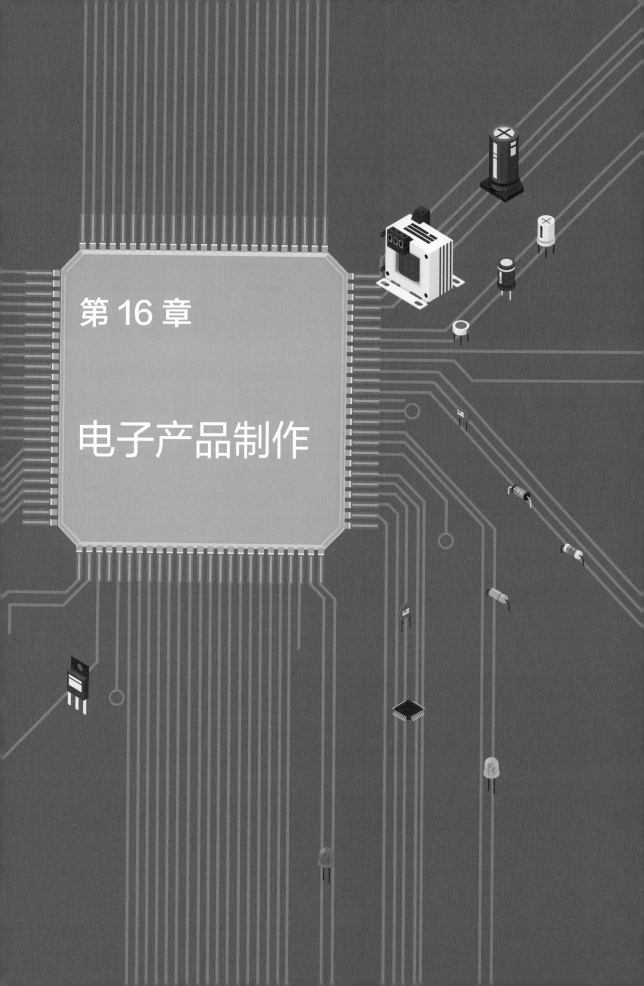

第 16 章

电子产品制作

16.1
微型收音机的制作

16.1.1　微型收音机电路的设计

在制作电子产品之初，首先需要完成对电路的设计工作。图16-1为微型收音机的电路原理图。从图中我们可以清楚地了解该电子产品的整体功能、基本结构、信号流程及各组成部件。

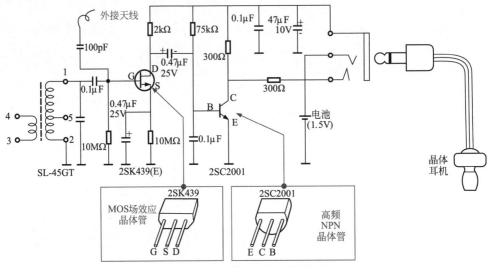

图16-1　微型收音机的电路原理图

该电路是由两只晶体管构成的。调谐电路是由 L1 和 TC 构成的并联谐振电路。L1 是绕在磁棒上的线圈，TC 是一个单联可变电容器。调整电容谐振频率可覆盖中波广播频段。

天线感应的信号送到场效应晶体管的栅极，场效应晶体管具有增益高、噪声低的特点，它将高频信号放大后经 C3 送到 VT2 的基极，VT2 晶体管具有检波和放大功能，它将调制在高频载波上的音频信号检出并放大后，由集电极输出送到耳机。

16.1.2　微型收音机印制电路板的制作

根据电路原理图，结合印制板设计要求，完成微型收音机印制电路板的设计草图。印制电路板制作完成，即可根据设计要求将元器件安装焊接到电路板相应的位置。

绘制印制板设计图就是将此电路原理图，按照印制板设计要求，变成如图16-2所示的印制板草图。

将印制板设计草图进行规范的绘制，使其成为规则的印制板黑白布线工艺图。图16-3为微型收音机的印制板黑白布线工艺图。

印制板黑白布线工艺图绘制好后，直接通过光绘图机制作原版底片。然后再经过转印制版、蚀刻、金属孔电镀及助焊、阻焊等一系列处理后就完成了印制电路板的制作。接下来即可根据设计要求完成对电路板元器件的焊接。

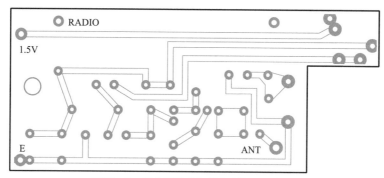

图16-2 超小型收音机的印制板设计草图

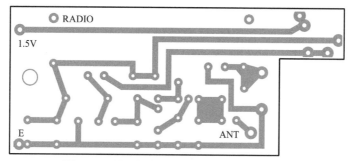

图16-3 微型收音机的印制板黑白布线工艺图

16.1.3 微型收音机的装配

微型收音机的装配分为两部分，第一是根据电路板装配图完成电路板的装配。图16-4为直放式收音机的印制电路板装配图。

第二是根据整机装配图完成微型收音机整机的装配。收音机整机组合安装图见图16-5。

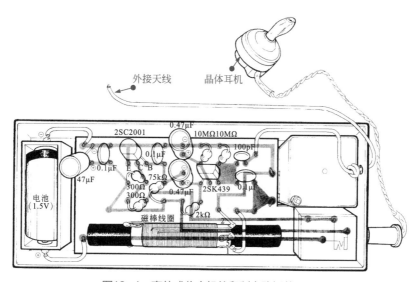

图16-4 直放式收音机的印制电路板装配图

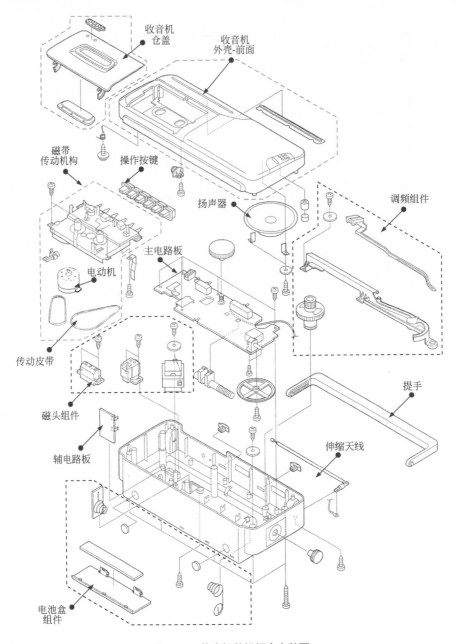

图16-5　收音机整机组合安装图

由图 16-5 可知，整机的组装工艺有着许多的机械传动部件，因此还需要更加详细的安装图。

（1）收音机传动部件装配

收音机操作按键及电路板部件安装图见图 16-6。由图中可知道各个操作按键的安装方式及安装位置。

（2）收音机调频显示部件装配

收音机调频显示部件安装图见图 16-7。由图中可知道调频显示部件的安装方式。

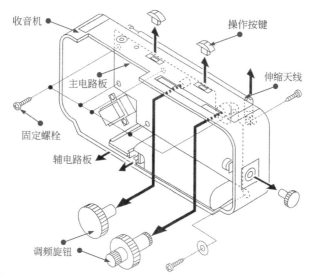

图16-6 收音机操作按键及电路板部件安装图

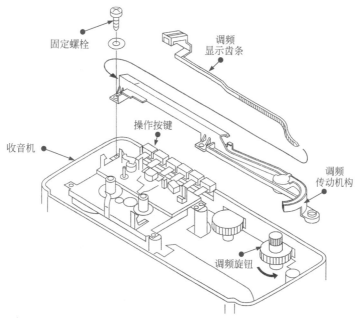

图16-7 收音机调频显示部件安装图

16.2
立体声适配器的制作

16.2.1 立体声适配器的电路设计

图 16-8 为立体声适配器的电路图。它主要是由晶体管移相放大器和双声道音频放大

集成电路以及阻容器件等构成的。由插头送入的单声道音频信号经电缆和输入电路将信号送到晶体管（2SC1815）的基极。输入电路中设有一个可调音量的电位器（10kΩ），可以调节送到晶体管基极的信号大小，接在晶体管基极输入电路中还有一个 4.7μF25V 的电解电容，它作为交流信号的耦合电容，只允许交流信号通过。作为信号放大的晶体管是一只小功率 NPN 型晶体管（2SC1815）。基极 b、基电极 c 和发射极 e 所接的电阻是为晶体管正常工作提供直流偏压的偏置电阻。

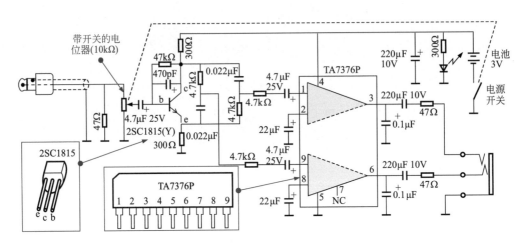

图16-8　立体声适配器的电路结构

交流音频信号作用到晶体管的基极，基极的信号会控制晶体管的集电极和发射极电流。晶体管具有电流放大作用，电流的变化量与基极信号成正比。有电流流过集电极电阻和发射极电阻，会在各自的电阻上形成电压降，于是在晶体管的发射机便有相位相同的电压信号输出。在晶体管的发射极和集电极之间加两组移相电路，便有两路信号输出，这两路信号与输入的单声道信号不同。两路信号中都包含了相位不同的信号内容，通过两路放大后去驱动立体声耳机便会有立体声的效果。

这两路信号由双声道集成电路 TA7376P 进行放大。①脚和⑨脚是信号输入端，两信号经耦合电路中放大后分别由③脚和⑥脚输出，再经音频输出电路的电容（220μF）、电阻（47Ω），送到立体声耳机。在信号的输出端对地接一个 0.1μF 的无极性电容，具有滤除音频噪声，改善音质的作用。集成电路 TA7376P 的④脚为 3V 电源供电端，⑤脚为接地端，②脚和⑧脚为负反馈端，各对地接一个 22μF 的电解电容。

16.2.2　立体声适配器的电路板制作与装配

根据电路原理图，完成立体声适配器的电路板制作。图 16-9 为立体声适配器的电路板安装图。

立体声适配器电路板制作完毕，如图 16-10 所示，根据装配要求完成立体声适配器的整机装配。

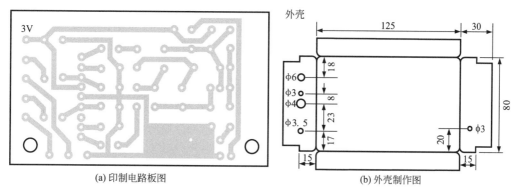

(a) 印制电路板图　　　　　　　　　　(b) 外壳制作图

图16-9　立体声适配器的电路板安装图

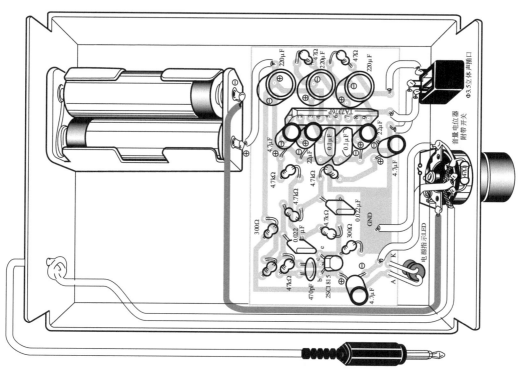

图16-10　立体声适配器电路板的元器件布局图

提示说明

元器件及材料清单如表 **16-1** 所列。

表16-1　元器件及材料清单

元器件	数量		元器件	数量
集成电路 TA7376P	1只		470P 50V（陶瓷）	1只
晶体管 2SC1815（Y）	1只	电容器	0.022μF 50V	2只
发光二极管 TLR124	1只		0.1μF 50V	2只
5 号电池	2只		4.7μF 25V 电解电容	3只
电池仓	1个		22μF 10V 电解电容	2只
感光基极（印制板）	1块		220μF 10V 电解电容	3只
显影剂	1瓶	电阻器	1/4W 碳膜 47Ω	3只
带开关的电位器（10kΩ）	1只		1/4W 碳膜 300Ω	3只
3.5mm 插头	1只		1/4W 碳膜 4.7kΩ	4只
立体声耳机插口（座）	1只		1/4W 碳膜 47kΩ	1只
螺钉 M3×5	2只	屏蔽线		50cm
细导线	50cm			

立体声适配器制成的成品如图 16-11 所示。

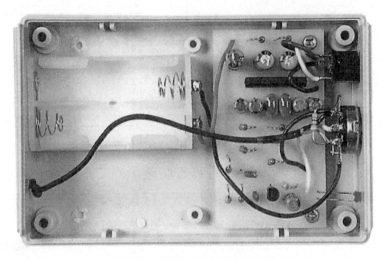

图16-11　立体声适配器制成的成品图

16.3
AM调制小功率发射机的制作

16.3.1　AM调制小功率发射机的电路设计

图 16-12 为 AM 调制小功率发射机的电路图。该电路可将音频信号进行幅度调制（AM）并进行近距离发射（远距离发射是受管制的）。

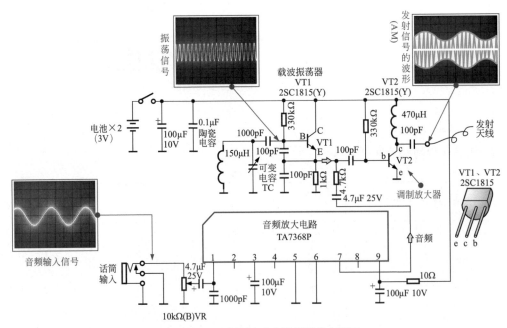

图16-12　AM调制小功率发射机的电路图

该电路采用 TA7368P 集成芯片对音频信号进行放大。话筒输入的信号经电位器（VR）和耦合电容后送到 IC 的①脚，经放大后由⑦脚输出，经耦合电容和电阻器后送到调制信号放大器 VT2 的基极。

由 VT1 和外围元件构成载波振荡器，振荡频率可通过可变电容器微调（频率为 0.5～1.5MHz）。振荡载波由 VT1 的发射极输出，也送到 VT2 的基极。VT2 的集电极会输出调幅信号，该信号经天线就可以发射出去。使用收音机就可以收听所发的声音（载波的频率在收音机的频段范围之内）。

16.3.2　AM调制小功率发射机的电路板制作与装配

根据电路原理图，完成 AM 调制小功率发射机的电路板制作。图 16-13 为 AM 调制小功率发射机的电路板安装图。

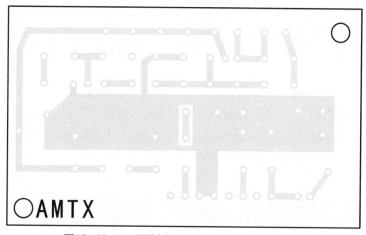

图16-13　AM调制小功率发射机的电路板安装图

AM 调制小功率发射机电路板制作完毕，如图 16-14 所示，根据安装要求完成 AM 调制小功率发射机的元器件安装。

最后，根据装配要求完成 AM 调制小功率发射机的整机装配，如图 16-15 所示。

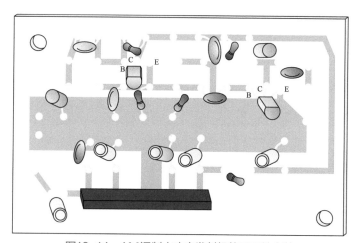

图16-14　AM调制小功率发射机的元器件安装

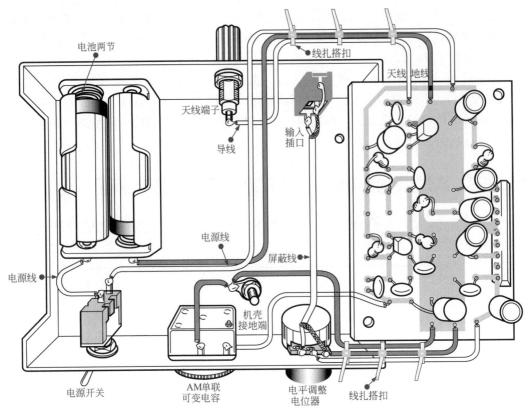

图16-15 AM调制小功率发射机的整机装配

16.4
猜数游戏机的制作

16.4.1 猜数游戏机的电路设计

图 16-16 是猜数游戏机电路图。该电路是由时基芯片 NE555、十进计数器 SN7490 和 BCD 七段译码显示驱动器 SN7446 等构成的。NE555 与外围元件构成振荡器用以产生时钟信号，SN7490 芯片对时钟信号进行计数（十进制），SN7446 对 SN7490 送来的信号进行译码并转换成 7 段数码显示器的驱动信号。

操作启动键 SW2 时 NE555 便产生高频脉冲信号，松开启动键 NE555 停止振荡，在这一瞬间的产生的脉冲数量是随机的，将 SN7446 的⑨～⑮ 脚接到一个数码管上，最后会显示一个 0～9 的随机数字，可进行赌数竞猜游戏，按键后显示数字大者为胜。也可作数字显示用的实验电路。

BCD 码亦称为二进码十进数或二十进制代码。用 4 位二进制数来表示 1 位十进制数中的 0～9 这 10 个数码，是一种二进制的数字编码形式，用二进制编码的十进制代码。BCD 码这种编码形式利用了四位元来表示一个十进制的数码，使二进制和十进制之间的转换得以快捷地进行。由于十进制数共有 0～9 十个数码，因此，至少需要 4 位二进制码来表示。1 位十进数。4 位二进制码共有 $2^4=16$ 种码组。

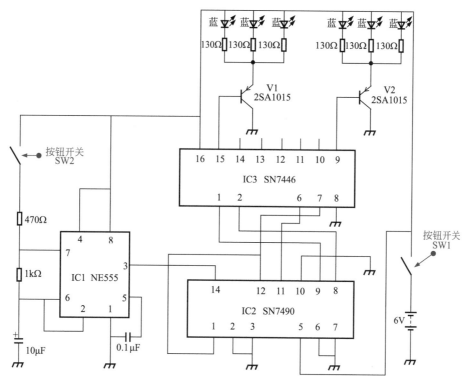

图16-16 猜数游戏机电路图

SN7490是一种十进制计数器芯片。它的内部功能框图如图16-17所示。输出与十进制数的对应关系，见图中右侧表格所列。计数脉冲从 ⑭ 脚输入，⑧、⑨、⑪、⑫脚输出 4 位二进制信号。

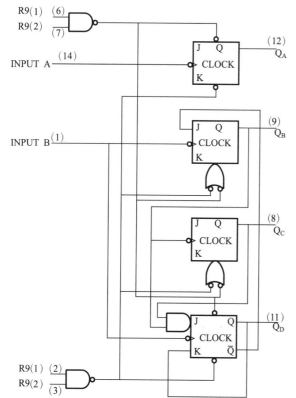

计数	输 出			
	Q_D	Q_C	Q_B	Q_A
0	L	L	L	L
1	L	L	L	H
2	L	L	H	L
3	L	L	H	H
4	L	H	L	L
5	L	H	L	H
6	L	H	H	L
7	L	H	H	H
8	H	L	L	L
9	H	L	L	H

输出QA连接到输入B端

图16-17 SN7490内部框图

SN7446 是一种 BCD 码 7 段译码器 / 驱动器芯片，其逻辑功能图如图 16-18 所示，引脚排列如图 16-19 所示。4 位二进制信号由 A、B、C、D 端送入芯片，经译码后由⑨～⑮脚输出 7 段数码显示驱动信号。

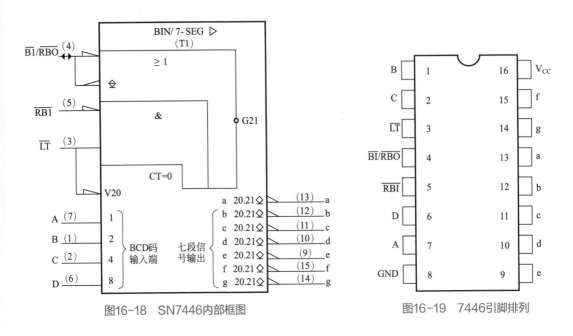

图16-18　SN7446内部框图　　　　　　　　图16-19　7446引脚排列

16.4.2　猜数游戏机的电路板制作与装配

根据电路原理图，完成猜数游戏机的电路板制作。图 16-20 为猜数游戏机的电路板安装图。

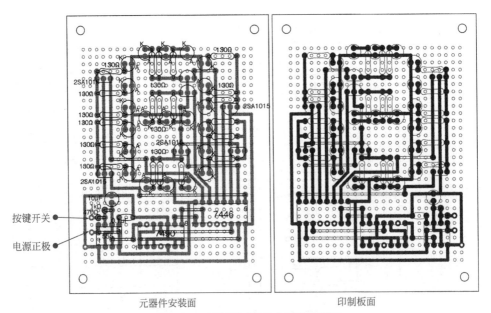

元器件安装面　　　　　　　　印制板面

图16-20　猜数游戏机的电路板安装图

16.5
多音调报警器的制作

16.5.1 多音调报警器的电路设计

图 16-21 是多音调报警器电路图，该电路是由时基芯片 NE555、4D 触发器和多谐振荡器等部分构成的。

扬声器受多谐振荡器驱动，4D 触发器的 4 路输出经驱动晶体管和 4 个半可变电阻并联后再经 1kΩ、6.8kΩ 电阻去驱动多谐振荡器，这是改变振荡音程的电路。

4D 触发器的时钟信号是由 NE555 构成的振荡器提供的、NE555 的②、⑥、⑦脚外接的 RC 值决定着振荡频率，其频率可由⑥脚外的半可变电阻器微调，振荡脉冲由③脚输出。

接通电源开关扬声器便会发出多音调的报警声。

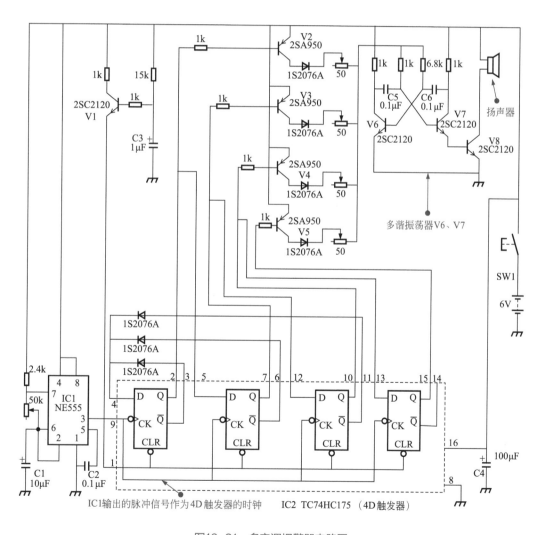

图16-21 多音调报警器电路图

16.5.2 多音调报警器的电路板制作与装配

根据电路原理图，完成多音调报警器的电路板制作。图 16-22 为多音调报警器的电路板安装图。

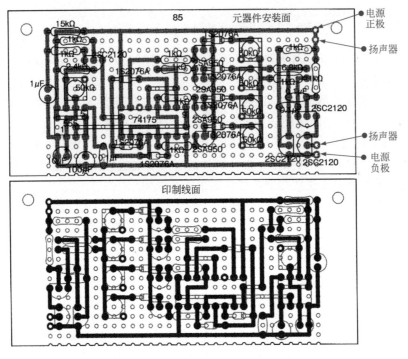

图16-22 多音调报警器的电路板安装图

16.6
LED交替闪光电路的制作

16.6.1 LED交替闪光电路的电路设计

利用双稳态电路可以制成一个简易的 LED 交替闪光电路，其电路结构如图 16-23 所示，它是一个多谐振荡器，接通电源后两个晶体管交替导通与截止，接在晶体管集电极电路中的发光二极管 LED 便随之交替闪光。闪光的频率与电容 C1、C2、R1、R2 的时间常数有关，R、C 的值越大闪光变换速度越慢。

为增强闪光的亮度可增加并联 LED 的数量，其电路结构如图 16-24 所示。

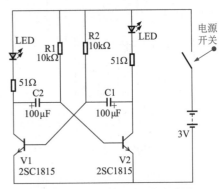

图16-23 LED交替闪光电路图

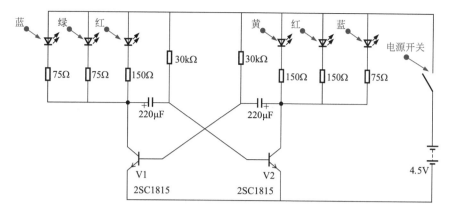

图16-24　多LED并联闪光电路

16.6.2　LED交替闪光电路的电路板制作与装配

　　根据电路原理图，完成 LED 交替闪光电路的电路板制作。图 16-25 为 LED 交替闪光电路板元器件安装位置和印制线面。

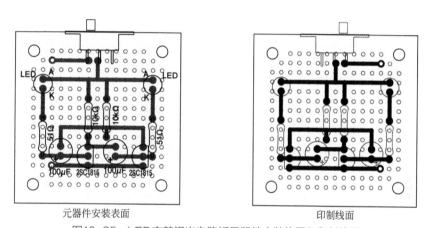

元器件安装表面　　　　　　　　印制线面

图16-25　LED交替闪光电路板元器件安装位置和印制线图

　　多 LED 并联闪光电路的元器件安装位置和印制线图如图 16-26 所示。

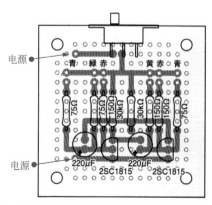

图16-26　多LED并联闪光电路的元器件安装位置和印制线图

电路的制作可选购现成的"万用电路板"（万能实验板），又称"洞洞板"。这种板是由单面或双面敷铜板腐蚀而成，可在上面直插焊接集成电路和各种元器件。按其焊盘形状不同可分为点阵式电路板（单孔圆形焊盘）、孤岛式电路板（多孔方形焊盘）两大类。板上布满相距 2.54mm（标准集成电路引脚的间距）的带孔圆形焊盘。各种元器件插装在板子的正面（元器件安装正面），并在板子背面（焊接面，相当于印制线面）通过焊盘和元器件引脚线、电线或焊锡丝等焊通电路。

全彩色图解，电子工程师轻松入门

本书采用全彩色图解的形式，由浅入深、循序渐进地介绍了电子工程师所要掌握的基础知识和技能。通过学习本书，零基础读者不仅可以轻松入门，而且还能迅速成长为一名合格的电子工程师

 ## 电子技术知识全面覆盖

本书内容全面、系统、实用，具体包括：电路基础，电子元器件、常用半导体和集成电路的种类、识别与检测，模拟电路和数字电路的特点与电路分析，电子仪器仪表的使用，常见信号的特点与测量，常见功能部件的特点与测量，传感器与微处理器电路，实用电路的装配技能，电子产品的检修方法与焊接技能，电子产品装配制造，电子电路调试，电子产品电路设计和电子产品制作

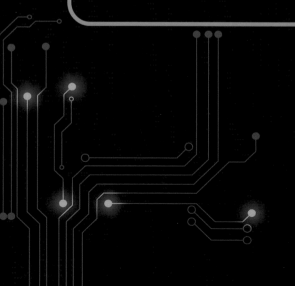 ## 教学视频及相关资料辅助讲解

本书配套大量高清教学视频及相关资料，视频、资料内容与图书内容互动互补，重点难点一看就懂，大大提高了读者的学习效率

ISBN 978-7-122-38085-2

9 787122 380852 >

销售分类建议：电子技术   定价：99.00元